PHILOSOPHY
SCIENCE
FAITH

探索的轨迹

信仰 科学 哲学

杜镇远◎著

科学出版社

北京

图书在版编目(CIP)数据

哲学 科学 信仰：探索的轨迹/杜镇远著.—北京：科学出版社，2015.6
ISBN 978-7-03-044854-5

Ⅰ. ①哲… Ⅱ. ①杜… Ⅲ. ①科学哲学-研究 Ⅳ. ①N02

中国版本图书馆 CIP 数据核字（2015）第 124962 号

责任编辑：牛　玲　张春贺 / 责任校对：李　影
责任印制：徐晓晨/ 封面设计：无极书装

科 学 出 版 社 出版
北京东黄城根北街 16 号
邮政编码：100717
http://www.sciencep.com

北京厚诚则铭印刷科技有限公司 印刷
科学出版社发行　各地新华书店经销
＊
2015 年 7 月第　一　版　开本：720×1000 B5
2018 年 8 月第二次印刷　印张：19 1/4
字数：371 000
定价：98.00 元
（如有印装质量问题，我社负责调换）

自序

　　本书是我几十年来有关哲学、科学和信仰问题思考的结果。在此过程中，我曾主持并完成了国家教委"七五"重点课题"西方现代唯物主义"研究；随后又应邀参与中国社科院"新宗教运动和科学哲学"课题研究，负责撰写科学哲学部分。这两项研究的成果均已先后出版，即《哲学与科学》①与《现代迷信分析》的下篇《科学与信仰》②。现在这本书也可以看作上述两项课题研究的副篇和续篇。

　　作为一名哲学教师，我长期主讲西方哲学史和科学哲学两门课程。在我看来，为科学辩护，为科学文化摇旗呐喊，鸣锣开道是哲学的天职。这就是本书论述的宗旨和主题。

　　在庆祝普朗克60岁生日的致词中，爱因斯坦打了一个十分生动而又意味深长的比喻。他说，进入科学庙堂的人，有的是为了娱乐，看热闹；有的是为了功利，求神保佑。这两种人占大多数，天使都会把他们赶出庙堂。只有像普朗克这样的一

① 杜镇远：《哲学与科学》，山西人民出版社，1991年。
② 杜镇远：《现代迷信分析》下篇《科学与信仰》，社会科学文献出版社，2001年。

些人，他们受纯粹热情的驱使，渴望理解宇宙内在和谐的人，才会得到天使的宠爱，让他们留在科学庙堂之内。他们对大自然的诚挚热爱和无比眷恋，这种精神状态，同信仰宗教或谈恋爱的人的精神状态是相类似的。爱因斯坦一再强调，力求理解大自然内在和谐的渴望，是一切科学研究最深沉的动机。

爱因斯坦的这一论述，使我不由自主地联想到马克思的名言。他在《〈政治经济学批判〉序言》中指出，科学研究的"目的不是为了付印，而是为了自己弄清问题"。这和爱因斯坦"求理解的渴望"是一致的。一切科学研究，不论自然科学还是包括经济学在内的社会科学研究的动机，都是只求真理，即弄清问题，不计功利的。否则，上帝的使徒就会毫不客气地把你赶出科学的庙堂。

说到这里，不禁勾起我一段难以忘怀的记忆。半个多世纪前，当我还是一个大学三四年级学生的时候，曾被挑选出来参加人民大学和北京大学两校联合组成的农村人民公社调查组，在河南省信阳县鸡公山公社生活了半年多（1958.11—1959.6）。调查组由两校党委共同领导，具体负责人是时任人大-北大常务副校长的邹鲁风同志。1958 年 10 月，调查组出发前集中学习文件时，他反复强调要我们认真学习、深刻领会马克思的名言，科学研究的目的是"为了自己弄清问题"。在 1959 年 8 月下旬开始的反右倾运动中，邹校长不堪重压，被迫以死相争，于 1959 年 10 月 25 日饮弹殉职了。笔者也因为调查组期间遵照组织上的安排，执笔写了反映粮食产量上的严重浮夸风和粮食浪费问题的调查报告，并在私下流露过"大跃进"是"小资产阶级狂热性"的看法，受到了多次（1959.11～1960.1）重点批判和严厉处分（1960 年 7 月）。最后一次上会前，校党委派来主持会议的人找我谈话说，如不认罪，就按"新生反革命"处理。为防止我出现意外，他们把我平时服用的安眠药也搜走了。我当时极为恐惧，心里想，只好先承认下来再说。但我很明白：不论戴什么帽子，我绝不自杀。我想只要能活着，就总还有某种希望。在处于挨整、受批判的极度精神困境时，我非但没有想过自杀，居然也没有生病。直熬到两年半之后（1962 年春），组织才纠正了对我的错误批判，撤销了对我的处分。邹鲁风校长直到十一届三中全会后，1979 年 3 月才得到平反昭雪。

反右倾挨整、受处分的经历，使我对马克思的名言刻骨铭心，对独断论、一言堂深恶痛绝。邹校长的悲剧使我从梦中惊醒。从此以后，我总是以审视的态度来对待世界和自我，也不再把理想和现实混为一谈。本着"为了自己弄清问题"的热望，我着重于思考和研究马克思著作的学术性的一面，逐渐抛弃了单纯从革命性的视角来解释马克思的幼稚幻想。

　　"大跃进"之后，现实生活迫使我思考：人们（特别是领袖人物）主观能动性的极限（合理限度）在哪里？它和亿万群众的自发性活动、经济运行的自然过程的相互关系是怎样的？如此等等。"文化大革命"之后，我总在一再追问自己：某个领袖人物陷入谬误是不难理解的。为何大批大批的凡人跟着发疯？社会意识形态与科学有无关系？有怎样的关系？等等。这些都需要作出科学的解释。不论是"大跃进"的灾难，还是"文化大革命"的浩劫都深刻地昭示人们，我们这个民族，科学文化是多么的欠缺和薄弱。而我们的信仰，在诸多方面又是多么的陈旧。尽管30多年来，经济有了长足的、甚至可说是奇迹般的增长，"科学技术是第一生产力"，已成为全民族的共识。然而，科学文化的启蒙，民族文化心理的转型，远远落在经济发展的后面。科学文化作为精神文明的第一推动力，远未取得全民族（社会）的共识。从社会大众到文化精英（包括一些高级领导干部和有世界影响的双院士在内），深受巫术迷信的困扰。从改革开放之初的耳朵识字、特异功能，风行一时，到新近某落马高官动用公款数千万元为祖宗迁坟的封建迷信活动，以及各种民间邪教秘密传播的层出不穷，等等。所有这些现象，无不折射出全民族科学人文精神素质的低下（缺失），无不提醒我们，强力地、持久地推动科学文化启蒙的迫切需要。

　　我这里讲的科学文化，除了通常讲的科学思想、科学精神、科学态度、科学方法外，更重要的是指科学信仰、科学道德，特别是科学的思维方式，即客观的、理性的、批判的，而非主观的、非理性的、独断的传统习惯的思维定势。社会信仰的转型，思维定势或思维方式的改变，涉及潜意识层面的民族文化心理的改变。信仰转型是社会转型的精神支撑。信仰转型要求人们从巫术迷信中解脱出来，从权力膜拜和金钱万能的精神枷锁中超越（提升）出来。文化心理的转型要求全社会转向尊重科学、尊重理性、尊重人的自由思想，尊重人的独立思考的权利。

一个民族要想自立于当今世界文明之林，一刻也不能没有现代科学的理性思维，一刻也离不开科学文化，特别是科学信仰的支撑。科学文化在当今中国的命运如何？这是国人需要面对的一个重大问题，也是我一直关注的重点。据我观察，科学文化受到来自前现代和后现代两个不同方向的冲击。一些人担心科学文化会损害对某种主义的信仰，始终抱着异样的阴暗心理，提防科学精神的传播和普及。另一些人则跟着西方后现代思潮跑，以否认启蒙者自居，批判所谓"对科学的神话"。面对滞后和超前的夹击，科学文化可谓处境艰难。更何况，科学发展需要一定的精神环境，而这种精神环境的营造，很可能触及一些社会群体既得的物质利益。因此，科学文化的命运，存在着很大的不确定性。

命运啊，命运！难道一切都是先天注定、不可改变的吗？我不信这类邪说。在我看来，命运就是伊壁鸠鲁注重的偶然性，也就是机遇。这刚好是马克思博士论文的主题。人是有理性选择能力的生物，只要牢牢抓住机遇，就能在一定境况下掌握自己的命运。只有深知自己弱点的人，才能成为真正的强者。也只有深知自己弱点的民族，在机遇面前才能作出明智的选择。

感谢上苍，我在将近不惑之年时，作出了颇为明智的一次选择。1972年，"文化大革命"后期，当我结束农村插队生活返回省城太原时，许多年轻时的朋友和同事，为了摘掉"臭老九"（地、富、反、坏、右、叛徒、特务、走资派、资产阶级知识分子）的帽子，设法挤进机关或企业，对学校唯恐避之不及。而我却认定自己只能干点"臭老九"的活儿，毫不犹豫地选择了到学校做教学工作。这给我争取到了下半生 30 多年的宝贵时间，做点自己想做的事情，这就是教书育人，为科学辩护，为传播哲学和科学文化，尽心尽力。回想起来总算命运没有亏待我。

抓住机遇就是掌握命运。个人命运如此，民族传统文化的命运也与此类似。关键在于，你是否真正了解自己的弱点所在。只有全民族真正弄清楚了传统文化的弱点就在于科学文化的缺失，而这种缺失正是关系我们民族存亡的软肋之处。只有清醒地意识到这一点，我们才会紧紧抓住机遇，奋起直追，将民族复兴的命运掌握在自己手里。

几个世纪以来，我们丧失的机遇多矣。李贽（1527—1602 年）因反对正统儒教而被迫自杀，与布鲁诺（1548—1600 年）因反对地心说的教条而被教会活活烧死，仅仅相距两年。这是近代人类文明史上，极具象征性的两个事件。它说明，直到 17 世纪初，中西文化发展的精神环境和社会氛围是相近或相似的。以此为时间标界，中华文明因缺少科学文化的生存和发展而逐渐被边缘化了。近代中华民族的落伍，归根到底是科学文化的缺失所致。慈禧太后利用义和团对抗八国联军最具代表性。以封建迷信和神异巫术对抗洋枪大炮，结果怎么样人所共知。明末清初，西学东渐，自徐光启、利玛窦以来，西方近代的科学文化开始与古老的中华文化相互接触与交流。历史的遗憾是，这种接触和交流，刚一起步，就被所谓的"康乾盛世"人为地阻隔和割断了。300 多年间，我国多次丧失主动接纳西方科学文化的大好机遇。

晚清末年，张之洞提倡"中体西用"，幻想只吸取西方的先进技术，排斥西方的科学文化。启蒙思想家严复力倡西学"自由为体，民主为用"，孤掌难鸣。直到五四，国人才选择了赛先生和德先生。然而，德先生在华夏大地落户不易，赛先生在内地扎根更难。因为，传统文化中重技艺、轻学理的社会文化心理根深蒂固，源远流长。这种文化心理，是与科学文化相悖的。

新中国成立之后，这种重技轻学的文化心理和历史传统仍在某种程度上延伸和继续。半个世纪前（1964 年），我们已跻身于核俱乐部，21 世纪伊始，我们又将探测仪器成功地送上了月球，特别是，近几年的经济总量已提升为世界第二，等等。所有这些，都令国人感到自豪和鼓舞。现在，我要问的是，何以新中国成立 60 多年后，我国内地却没有一个自然科学的诺贝尔奖？世界公认，自然科学的诺贝尔奖是科学软实力的重要标志。为什么综合国力远逊于中国的巴基斯坦早已有学者获得诺贝尔物理学奖，我国台湾地区也已拥有诺贝尔化学奖多年，唯独广袤的中国内地却无人问津自然科学的诺贝尔奖？更令人不安的是，据瑞士洛桑国际管理开发研究院《国际竞争力年度报告》显示，中国的科技竞争力从 1999 年的 47 个国家中排名第 25 位，下降到 2003 年 51 个国家中排名第 32 位。近几年的排名情况我不知道，但无缘于诺贝尔奖的现实却不能不令国人深省。它至少说明，我们的科学基础理论的发展明显不如科学技术的成就。科学与技术的发展这种不相匹配的情况，原因固然很多，但重技（术）轻学（理）的传统文化心理，不能不说是其中一个根本性的思想障碍。

我们不必云里雾里地求解（谈论）"李约瑟难题"，更不要拐弯抹角、不痛不痒地炒作什么"钱学森之问"。为什么三代人（每代以20年计）还出不了一个自然科学诺贝尔奖？恕我愚见，说透了是我们缺乏产生诺贝尔的自然科学奖的必要的文化氛围和精神环境。这是明摆着的客观现实，并没有什么高深的奥秘。问题就在我们有没有决心和勇气去直接面对现实。

技术是科学的硬实力，理论是科学的软实力。科学技术与科学文化是科学发展不可偏重、也不可分割的两个车轮。基础理论是科技创新的源泉。如果说，科学技术相当于人的躯体，那么，科学文化就相当于人的头脑。极而言之，一个肢体残疾的人可以拥有一个智慧的大脑为科学作出贡献，如，S. 霍金。而一个头脑简单的人绝不可能成为科学家。

简而言之，科学不等于技术，经济更不等于文化。科学文化是人文素质的基础。只有从单纯利用科学（技术）的潜意识心理提升到尊重科学（精神）的自觉意识水平上来，学会科学思维，努力提高科学文化的素养，才是振兴中华传统文化的根本。对此，我抱有高度的期待和信心。

再说一遍，只有从独断论思维方式的迷梦和束缚中解放出来，坚持不懈地学会现代科学的理性思维，我们这个民族才有希望对人类文明作出自己应有的贡献。目前奉献给读者的这本书，是我从独断论走向现代科学理性的真实记录。它的全部论述都是秉着"为了自己弄清问题"的渴望，独立思考的结果。因此，我可以坦然自信地认为，上帝的使徒没有理由把我从科学的庙堂里赶出来。至于这种思考和探索的结果是否站得住脚，只有请同行专家指正，请有兴趣的读者评判了。

"我已经说了，我已经拯救了自己的灵魂。"[1]

作者
2015 年 3 月

---

① 中共中央马克思恩格斯列宁斯大林著作编译局：《马克思恩格斯选集》（第 3 卷），人民出版社，1972 年版，第 25 页。

目录

第三篇

为现代科学家的哲学思想辩护

第四篇

哲学的历史与未来

第五篇

科学与信仰转型

附录
————

导论：从独断论到现代科学理性

一、马克思和休谟

为什么科学需要辩护？为什么科学文化还需要高声呐喊？这并不是什么深奥的理论问题，而是振兴中华文化的现实需要。三十多年前，改革开放之初，面对思想僵化的重重障碍，冲破独断论思维方式①的严重束缚，是哲学和科学的共同任务。1979 年发表的《论德国古典唯心主义的历史进步作用》和《爱因斯坦与斯宾诺莎》两篇论文就是直接为此而写作的。

前者针对的是前苏联流行的"德国古典哲学是对法国唯物论的贵族反动"的教条，后者针对的是否认现代科学家的哲学贡献的错误论断。思想解放的序幕一旦开启，就浩浩荡荡，成为不可阻挡的历史潮流。我为自己有幸曾积极投身于科学和哲学思想解放的洪流感到欣慰和自豪。

这里，值得略为谈一下马克思和休谟。谁是现今英国人心目中最伟大的哲学家？据英国 BBC 广播公司 2006 年 7 月 14 日公布的调查结果显示，共产

---

① 独断论即通常所说的一言堂，是信仰主义特有的一种思维方式。它推崇信仰，贬低理性。其典型论断见德尔都良（Tertullianus，约公元 160～222 年，基督教第一位拉丁教会神父，神学家）《论基督教的肉身》第五章："上帝之子死了，虽然是不合理的，但却是可信的；埋葬后又复活了，虽然是不可能的，但却是肯定的。"因为不合理、不可能，所以信仰；或，不可理喻，唯有信仰。这就是信仰主义的逻辑，即独断论的思维方式。（参看罗素《西方哲学史》，商务印书馆，1981 年版，上卷，325 页；下卷，449 页。又，全增嘏主编《西方哲学史》，上海人民出版社，1983 年版，上册，279 页）。

主义理论奠基人卡尔·马克思以 27.9% 的得票率荣登榜首，居第 2 位的就是苏格兰哲学家大卫·休谟，得票率为 12.6%。柏拉图、康德、苏格拉底、亚里士多德，远落其后，黑格尔甚至没能进入前 20 名[1]。这项调查结果令人深思。它使我联想到改革开放以来，总有一种把马克思和启蒙思想家对立起来的声音不绝于耳。一些人以为，倡导科学和民主，倡导启蒙就是要否定马克思；另一些人以为，坚持马克思主义，就是不准谈启蒙。两种调子，异曲同工。上述 BBC 的调查结果，恰好是对这种杂音的一种反证。

大学二年级时，陈修斋先生在课堂里，曾经情绪激动地说：休谟的怀疑论就是怀疑论，不能把它和唯心论混为一谈。这给我留下了很深印象。后来，据我的研究，休谟哲学，特别是他对中世纪独断论思维方式的毁灭性批判，使他成为近代启蒙思想家中一颗耀眼的明星。一方面，他继承和大大推进了弗·培根批判盲目崇拜权威（"四偶像说"）的经验主义传统，为科学发展扫除思想障碍；另一方面，他着重阐明了怀疑和批判是科学精神的精髓，为科学理性的发展奠定了坚实的基础。更重要的是，他将洛克宽容宗教异端、政教分离的原则，提升为一条更普遍的思想自由原则，用以处理科学和宗教的相互关系。休谟的怀疑论，既为科学文化的发展提供了广阔的自由思想空间，又为宗教信仰留下了足够的私人生活的活动余地，从而稳定了资产阶级在意识形态、思想文化领域的统治地位。

休谟援引伊壁鸠鲁，强调了思想自由原则对于科学文化发展、保持社会稳定的重要性。他说："我想国家应该容忍各种哲学原则，……我们如果要限制他们的推论，那一定会危及于科学，甚至危及于国家，因为这样慢慢就可以在一般人所十分关心的那些方面准备好杀戮和压迫的道路。"[2] 应该说，处理好科学和宗教的关系是近现代意识形态发展的根本问题。使科学和宗教相安无事，这正是休谟哲学的智慧所在，也是资产阶级作为一个新兴的统治阶级成熟的标志。依笔者看来，宽容原则之于精神生活，正如价值规律之于市场经济，是一条不以人的意志为转移的自然法则。在经济生活中，违背价值规律只会弄到经济濒临破产崩溃，造成千百万人非正常死亡，这是我们付

---

① 见《新华文摘》，2007 年第 2 期，第 67 页。
② 休谟：《人类理解研究》，商务印书馆，1995 年版，第 130 页。

出极大代价才醒悟过来的。类似的，在精神生活领域，抗拒宽容原则，也只会弄得思想压抑、万马齐喑，堵塞科学创新的道路，以至于个人迷信盛行，人格扭曲，造成全社会性的精神分裂。因为，在思维领域，通行的是论点、论据、逻辑和推理，不同意见的相互辩论，靠的是以理服人，而不是盲从和迷信。独断论思维方式之所以必定衰落，一言堂之所以站不住脚，原因盖在于此。休谟发现和论证的思想宽容原则，既是反对中世纪神权斗争经验的历史总结，又是资产阶级稳定自己思想统治的无上法宝。

恩格斯明确指出，休谟哲学是羞羞答答的唯物主义，它的"自然观，完全是唯物主义的"①。休谟对因果性的怀疑也有其合理之处。某些自然现象的依次出现，并不是因果性的证明，"在这个范围内休谟的怀疑论说得很对：有规则的重复出现的 post hoc［在这以后］绝不能确立 propter hoc［由于这］"②。休谟的怀疑论是实证主义的先驱。可以说，孔德的实证主义和詹姆士、杜威的实用主义，不过是休谟主义的法国版和美国版而已。它们都对各自国家的社会稳定和科学发展起了积极的推动作用。处在社会和文化转型中的中华文明，很值得借鉴休谟倡导和论证宽容原则的成功的历史经验。宽容不是容忍邪恶，恰恰会提高国民的精神素质，大大促进科学文化的发展，使社会转型有宽松的环境，使中国走出守旧与激进的轮回，走向民主法治、自由平等的美好未来。

毫无疑问，马克思的思想和著作继承和大大推进了包括休谟在内的近代启蒙思想的伟大传统，尤其是休谟批判独断论的思维方式，坚持自由思想的基本原则。早在马克思的博士论文《德谟克里特的自然哲学与伊壁鸠鲁的自然哲学的差别》中，他就强调指出，"德谟克里特注重必然性，伊壁鸠鲁注重偶然性"③。两者的这种差别，从思维方式上看，"一个是怀疑论者，一个是独断论者"④。休谟认为，经验科学的一切推论都只能是一种或然性的推

① 中共中央马克思恩格斯列宁斯大林著作编译局：《马克思恩格斯选集》（第3卷），人民出版社，1972年版，第386页。
② 中共中央马克思恩格斯列宁斯大林著作编译局：《马克思恩格斯全集》（第20卷），人民出版社，1971年版，第537页。
③ 马克思：《德谟克里特的自然哲学与伊壁鸠鲁的自然哲学的差别》（单行本），贺麟，人民出版社，1962年版，第13页。
④ 马克思：《德谟克里特的自然哲学与伊壁鸠鲁的自然哲学的差别》（单行本），贺麟，人民出版社，1962年版，第15页。

论，"这种推论形式形成了大部分人类知识，并且是一切人类行为的源泉"①。不难看出，马克思发现伊壁鸠鲁注重偶然性，强调他是怀疑论者，与休谟援引伊壁鸠鲁②着重或然性推论的思想是高度贯通的。从理论上讲，对偶然性的肯定，也就是对个人自由的肯定。在《共产党宣言》中，马克思和恩格斯对"封建的社会主义"进行了尖锐的批判，同时，强调指出，未来的理想社会，"每个人的自由发展是一切人的自由发展的条件"③。直到马克思晚年，他对古代社会的关注和研究，充分体现了马克思对文化多样性的肯定。④ 可以看出，从对伊壁鸠鲁关于偶然性的重视，到对个人自由发展的纲领性宣言，最后关于文化多样性的关注，马克思终其一生，从未将批判资本主义与继承启蒙传统对立起来；终其一生，也从未放松过对独断论思维方式的批判。诚然，马克思主义哲学并不是直接源于休谟，而是来自于德国的古典哲学。应该强调的是，恰恰是在这里，马克思对黑格尔绝对精神唯心主义的独断论教条进行了最深刻地批判。而他和恩格斯一直告诫自己学说的追随者，千万不可把他的理论视为教条，从而显示出他对独断论思维方式的憎恶，坚决维护了近代启蒙运动精神的光荣传统。

在改革开放新时期，在思想不断解放的情况下，始终有一种敌视科学文化，否认启蒙，批判"五四"，反对现代性的思潮。这是值得注意的。例如，打着科学文化人的旗号，批判所谓唯科学主义等。笔者以为，必须明确地区分，从反动的封建专制主义对资本主义的批判和从科学的马克思主义对资本主义的批判。两者的一条重要分界线，就是看它对启蒙运动和科学理性的态度。真假马克思主义的分界也就在这里。

二、恩格斯和肖莱马

怎样为科学辩护？如何为科学文化鸣锣开道？有两方面的工作要做。一是从文本出发，重新研究恩格斯的《自然辩证法》手稿；二是关注现当代理

---

① 休谟：《人类理解研究》，商务印书馆，1995年版，145页。
② 休谟：《人类理解研究》，商务印书馆，1995年版，第117-131页。
③ 马克思：《马克思恩格斯选集》（第1卷），人民出版社，1972年版，第273页。
④ 马克思：《马克思恩格斯全集》（第45卷），人民出版社，1985年版。

论自然科学，即基础理论的前沿进展。

1978～1982 年，我花了 3 年多的时间，坚持从文本出发，采取"我注六经"的办法，仔细地、反复地研究了恩格斯生前未出版的有关自然哲学，即后来被称为《自然辩证法》的手稿。我发现从上大学开始就接触到的恩格斯的这部手稿，被苏联马克西莫夫等人，用"六经注我"的办法，弄得几乎面目全非了。不仅主题思想被歪曲得不成样子，把关于自然史的论述当作主题（恩格斯亲自编定的原稿第三束），而且拆散了哲学与科学相互关系（第一束手稿）、科学认识论（第二束手稿），以及全部的第四束手稿。这样一来，模糊并且严重偏离了恩格斯关于哲学家和自然科学家"相互补偿"的基本思想。[①] 从而，为哲学充当"科学的皇后"，使哲学凌驾于科学之上，充当科学的判官开辟了道路。

恩格斯强调，"黑格尔的辩证法同合理的辩证法的关系，正像热素说同热之唯动说的关系，燃素说同拉瓦锡理论的关系一样"[②]。为此，恩格斯在原来的第四束手稿中，还特意保存了几页数学计算手稿，其中有一页数学手稿就是关于气体分子运动的卡诺函数倒数的推导。恩格斯指出："卡诺函数的倒数 $1/c$ ＝绝对温度。如果不这样倒过来，那么它是毫无用处的。"很清楚，恩格斯认为，黑格尔的辩证法，不倒过来也是毫无用处的。看来，马克西莫夫等并未真正懂得这一点。他们从一开始，就认为"未附有文字说明的片断的数学计算""显然与《自然辩证法》无关"[③]，就是明证。他们把这几页数学计算手稿撇在一边，莫名其妙地不予刊载。笔者费了很大的劲，才从 20世纪 70 年代末于光远先生从荷兰带回的手稿原件的复制件中见到这几页手稿。笔者以为，把它排除在手稿之外，是没有道理的。因为，这几页数学计算手稿对理解恩格斯的某些重要思想有直接的帮助。有兴趣的读者，可以参看《哲学与科学》[④]，笔者已将有关卡诺函数推导的数学计算手稿公布出

[①] 中共中央马克思恩格斯列宁斯大林著作编译局：《马克思恩格斯全集》（第20卷），人民出版社，1971 年版，第 382 页。

[②] 中共中央马克思恩格斯列宁斯大林著作编译局：《马克思恩格斯全集》（第20卷），人民出版社，1971 年版，第 388 页。

[③] 中共中央马克思恩格斯列宁斯大林著作编译局：《马克思恩格斯全集》（第20卷），人民出版社，1971 年版，第 751 页。

[④] 杜镇远：《哲学与科学》，山西人民出版社，1991 年版，第 272-273 页。

来了。

根据笔者的研究，如果说，哲学和自然科学的相互关系是贯穿全部手稿的主线，那么，科学认识论和辩证自然观的紧密联系就构成全部手稿的核心部分。而关于自然发展史的论述，则只具有受到当时（19世纪下半叶）科学发展水平严格限制的历史意义，它绝不能代替辩证的自然观①。批判地吸取黑格尔《自然哲学》的合理思想，以创造新的自然观和认识论方法论，才是恩格斯写作《自然辩证法》手稿最后的目的。

在重新研究恩格斯手稿的过程中，笔者以为至关重要的是要弘扬恩格斯的"脱毛"②精神，恢复和坚持哲学家和自然科学家相互取长补短、"相互补偿"的基本思想。恩格斯曾花了整整8年的时间（1870～1878年）学习和研究数学和自然科学，以求具备同科学家对话和交流的相应的知识条件。他对科学家总是采取"礼贤下士"的态度，绝不以理论行家的身份出现；在介入科学理论学派争论时，十分谦虚谨慎。在将近30年（1858～1886年）对自然科学哲学的持续研究中，生前始终未以相关手稿示人，就是明证。

在这里，对比一下恩格斯的手稿和列宁的《唯物主义与经验批判主义》，是富于教益、发人深省的。两者在切入问题的角度、论述风格乃至精神气质上均有明显的差异。恩格斯从学习和研究科学基础理论入手进行有关科学哲学问题的探讨，与科学家进行平等的对话。手稿中大部分的论文和摘要是关于科学理论的，从力学、物理学、天文学、化学、生物学、人类学，乃至心理学和气象学，以及数学的研究和论述。从科学本身出发来探讨哲学，是一种着眼于"他者"的客观研究方法。列宁的《唯物主义与经验批判主义》则是从政治斗争和哲学派别划分的需要出发，直接介入科学认识论问题评判，是一种着眼于"自我"的思路。在科学家看来，这种论述路数，不免给人一种居高临下的感觉（印象）。在科学面前以裁判官自居是一种很不明智的做

---

① 中共中央马克思恩格斯列宁斯大林著作编译局：《反杜林论》2版序言，1885年9月23日，见《马克思恩格斯全集》（第20卷），人民出版社，1971年版，第16页。

② "脱毛"系恩格斯援引化学家尤·李比希的用语。意为科学家要想赶上科学的最新进展，就必须努力更新知识，使自己"处于不断脱毛的状态。不适于飞翔的旧羽毛从翅膀上脱落下来，而代之以新生的羽毛，这样飞起来就更有力更轻快"（中共中央马克思恩格斯列宁斯大林著作编译局：《马克思恩格斯全集》（第20卷）第13页，第718-719页）。

法。它不仅无益于哲学，更有害于科学。这种历史教训，不能不引以为戒。

《黑格尔〈自然哲学〉的理论遗产》是应贺麟先生之命写作的。1982年9月，笔者从北京西郊去看望贺先生，原来预定最多谈一个小时就告辞。在客厅里刚一坐下，贺先生很兴奋，拿出他新收到的《新华文摘》1982年第8期，指着上面转载的笔者写的《重新研究恩格斯〈自然辩证法〉手稿》一文，天南海北地谈起来。坐了不到一个小时笔者起身要走，老先生几次又拉我坐下，郑重地对笔者说，希望笔者把从黑格尔《自然哲学》到恩格斯《自然辩证法》这一前后相续的理论继承关系研究清楚。笔者说，因为不懂德文，怕难以胜任。老先生一再鼓励笔者，叫笔者把这个问题搞清楚，这样一直谈了两个多小时，笔者才从老先生家告辞离开。笔者虽然当面未答应贺先生的嘱咐，但此后一直想，老师出了题，学生无由推脱。只好重又啃黑格尔《自然哲学》，并把它同恩格斯的《自然辩证法》手稿进行对比思考。4年后，即1986年冬，笔者终于写成了《关于黑格尔〈自然哲学〉的理论遗产》一文，1987年年初写成《从当代哲学看黑格尔〈自然哲学〉》，摘要在《晋阳学刊》先行发表，全文随后被载于《外国哲学》，总算勉强给老先生交了卷。当全文刊发时，老先生已仙逝。是否及格，笔者无从知晓。但不论如何，笔者总算是努力了。

聊以自慰的是，经过一番研究和思考，笔者终于搞清楚了，黑格尔《自然哲学》对近代科学家经验主义的批判是有失偏颇、得不偿失的。他的极端独断论使自己站到了经验科学的对立面，并且给恩格斯留下了消极（负面）影响。恩格斯的手稿强调，19世纪经验科学的发展只是确证了辩证思维，而没有足够地估计到经验自然科学是推动哲学思维发展的根本动力这一面。这在当时虽然是可以理解的，但为后来一些继承者片面否定经验主义埋下了伏笔。黑格尔独断论的消极影响虽然不可低估，然而他毕竟属于德国启蒙思想家之列。他的《自然哲学》对纯属科学学派的争论，不论是物理学上光的波动说还是微粒说，地质学上水成派还是火成派等，均采取比较开放、超脱的态度，从不去支一派，压一派，表现了启蒙哲学家的睿智和宽容。正是这一点，是值得充分肯定和赞赏的。而恰恰是这一点，却被后来一些所谓"马克思主义"的哲学教师爷，忘记得干干净净，抛到九霄云外了。

为科学辩护，除了从文本出发、重新解读恩格斯的《自然辩证法》之外，更重要、也是更艰难的是，关注当代科学基础理论的前沿进展。从自然科学家的哲学著作中吸取营养是哲学作者跟踪前沿的一条有效途径。近30多年中，我一多半的时间是花在读科学家的著作上面，从爱因斯坦、玻尔、薛定谔、海森伯、玻恩、惠勒、盖尔曼、温伯格、霍金、沃森、克里克、莫诺、维纳、普利高津到艾克尔斯、斯佩里、弗洛伊德等。从物理学家到脑科学家、心理学家的哲学著作，给笔者带来无穷乐趣，使笔者大开眼界。在他们的著作中，笔者不仅学到可靠的科学知识，扩大了视野，而且学到生动的哲学思想，深受启发。例如，爱因斯坦的逻辑简单性原则，玻尔的互补哲学，盖尔曼关于规律性来自被冻结的偶然事件，薛定谔的生命就是吸取"负熵"，莫诺关于偶然性的论述，以及波普尔、艾克尔斯自我和大脑相互作用的观点等。

这里，笔者要特别讲一下《维纳问题的哲学辨析》一文。它是专门就现代科学基础理论前沿提出的哲学问题的辩护，是针对当代庸俗唯物论者的驳斥。维纳是控制论的创始人。他不是一般的工程技术专家，而是有很高的哲学造诣的哲人科学家。他指出："机械大脑（即电脑——引者注）不能像初期唯物论者所主张的'如同肝脏分泌胆汁'那样分泌出思想来，也不能认为它像肌肉发出动作那样能以能量的形式发出思想来。信息就是信息，不是物质也不是能量。不承认这一点的唯物论，在今天就不能存在下去。"[①] 很显然，他提出"信息就是信息"的论点，是对"思想犹如胆汁"的庸俗唯物论的驳斥，明确表达了现代科学的唯物论必须随着科学的划时代发展而改变形式、推进到新的水平的迫切要求。

遗憾的是，维纳这样一个深含哲学意蕴的命题，被一位有影响的工程技术专家斥之为"胡说"。他声称，信息无非是物质的变化、运动，这个跟我们在力学里面将物质的运动叫作能量一样。必须强调，从伽利略、牛顿以来，近代科学从认识物质到认识能量，历经几个世纪的发展，到了20世纪中叶才揭示出信息的存在。信息是一种全新的实在。著名物理学家惠勒指出，现实性的基础可能并不是量子，而是比特（bit，即信息度量的单位——引者

---

① 维纳：《控制论》，科学出版社，1985年版，第133页。

注），甚至可以说：存在就是信息①。从物质到能量再到信息，是近现代科学思想的划时代的伟大飞跃。以信息论为核心（基础）的横断学科的兴起，是现代自然科学基础理论发展的方向性转折。从前，科学家注重的是实体，现在，科学家更关注的是功能。因此，将信息重又归并为物质和能量，在科学上是一种倒退，在哲学上只能是一个笑柄。这一案例说明，工程技术专家若无必需的哲学素养，轻易地谈论哲学问题是会落到"思想如同胆汁"的庸俗唯物论者行列中去的。这种滑稽剧也正好说明，恩格斯关于科学家和哲学家"相互补偿"的重要性和必要性，他们都要具备对方要求的起码知识和素养，才可以更好地交流和沟通，从而促进哲学和科学的共同发展。

笔者要郑重说明的是，正如西方哲学从古希腊开始就是一个多元一体的复合结构一样，近现代科学也是一种复杂的多维的社会现象。哲学上至少有理性主义和非理性主义、怀疑论和独断论、唯物论和唯心论、无神论和有神论、幸福论和禁欲论、经验论和唯理论、辩证法和形而上学等不同的思想倾向和体系相互辩论和对立、相互吸收和统一。因此，对现代科学家哲学思想的研究不能局限于自然科学唯物主义，应该是多角度、多层次、多侧面的全方位研究，如科学思想史、科学社会学、文化学、社会心理学等视角的研究。只有这样，才能尽可能地避免简单化、片面性的弊端。

肖莱马是一位卓越的自然科学家，是马克思、恩格斯的追随者和战友。他是有机化学的奠基人之一，又是创建马克思主义自然哲学，即科学哲学的参与者。他毕生的工作表明，一个自然科学家，只有立足于本专业，走从特殊上升到普遍的道路，才能成为一个脚踏实地的马克思主义者，才能指望对哲学有所贡献。有人以为，只要读一点政治哲学的小册子，就可以在科学家面前指手画脚，就可以对科学哲学问题高谈阔论甚至拾起"哲学"大棒，扫遍天下无敌手。这是根本不入流的做法。肖莱马的榜样，就是一面镜子。他的哲学活动从未与专业工作分离过，他的哲学观点是根植于其专门科学基础之上的。

---

① 参看《科学》，1992年，第11期，64页及1991年第10期，73页。

三、借鉴卡·波普尔

如何跟踪基础理论自然科学的前沿，卡·波普尔的批判理性主义很值得借鉴。洪谦先生有言：跟在别人后面走的人，总要受制于人。跟踪西方科学哲学是必要的，但根本的出路还是从科学理论前沿出发进行一级加工。波普尔在这方面提供了一个可资借鉴的范例。

波普尔的批判理性主义，可以视为 20 世纪西方科学哲学发展的坐标原点。它前承逻辑语言哲学，后启下半世纪科学哲学的历史学派，将西方科学哲学明显地划分为两个不同的阶段。波普尔的特殊之处在于，他紧跟现代理论自然科学的划时代发展，敏锐地、及时地作出了哲学上的回应。在广义相对论提出仅 10 多年（1916～1934 年）就发表了《研究的逻辑》，阐述了他的批判理性主义观点，随后又从中提炼出《猜想与反驳》的方法论。在控制论、信息论、系统论提出后不久（1948～1972 年），又从中概括出了"世界3"，即《客观知识》的本体论。他对科学理论前沿的革命进展，反应如此敏锐，概括又如此中肯，令人不胜惊讶。而他的批判理性主义，特别是猜想与反驳的科学方法论的影响远远超出自然科学研究的范围，甚至使文学和影视艺术创作者都趋之若鹜。记得 20 世纪 80 年代初，当笔者开始接触到波普尔的著作时，一部外国电影《尼罗河的惨案》正在热映。侦探在破案时，先设想出种种的可能性，然后一一加以否证，最后才找到真正的凶手。这不就是"猜想与反驳"的方法吗？笔者以为，波普尔之所以能取得如此卓越的哲学成就，原因就在于他能紧跟科学理论的前沿，从哲人科学家的原初哲学创造中，进一步作出科学家难以作出的系统的、成理论体系的哲学创造。有志气的哲学研究者，应该学习和借鉴波普尔的精神，善于从科学家的原初哲学创造中吸取充分的、无限丰富的养料，进行一级加工。如果只研究西方科学哲学家的著作，而不去从源头上关注科学家本人的哲学思想，那只能是舍本求末的二级、三级的，甚至是四级、五级的后续加工。用一句土话讲，就是吃别人嚼过的馍，是没有什么味道的。这大概就是洪谦先生讲的，跟在别人后面走，总要受制于人的深意吧。

说到这里，笔者不能不想到洪先生对我的鞭策和鼓励。1979 年初冬在第一次全国现代外国哲学讨论会上，笔者提交了《爱因斯坦和斯宾诺莎》、《爱因斯坦反对逻辑实证主义斗争的重大意义》①两篇论文，以"重视现代自然科学唯物主义的研究"为题在会上作了发言并被载入了大会简报。洪先生看了论文和简报后问笔者："你还在研究什么？"笔者回答："下一步准备再研究一下薛定谔。"他说："你读过《生命是什么？》吗？"笔者回答："'文化大革命'当中就读过，现在准备重读。"他用怀疑和期许的口气问笔者："你行吗？"笔者肯定地回答："试试看"。洪先生的那次谈话，给了笔者很大的鞭策和鼓励。薛定谔是从现代物理学革命过渡到生物学革命的一位关键人物。而《生命是什么？》又是富含哲理的一本科学读物。笔者认为，我自身虽然缺乏数学和理科知识的功底，但硬着头皮也要把它啃下去。8 年（1979～1986 年）之后，纪念薛定谔 100 周年诞辰时，发表的《薛定谔和他的〈生命是什么？〉》一文就是对洪先生期许的回答，也是借鉴波普尔的一种尝试。笔者试图从科学家本人的理论著作入手，来探讨它所蕴含的哲学深意。这种尝试的结果，是令洪先生赞许还是失望，就不得而知了。

在笔者看来，借鉴波普尔，除了学习他紧跟理论自然科学的前沿进展外，更主要的是学习他贯穿（渗透）在"猜想与反驳"方法论中的批判理性主义精神。他的批判理性主义有时被人简称为证伪主义或否证论。它与传统实证主义，如经验批判主义和逻辑实证主义最明显的区别是，科学方法的重点不在于理论的实证，而在于理论的反驳或否证。一种科学理论的认识价值不在它是否能得到经验的证实，恰恰相反，科学理论的认识价值取决于它的可否证性。科学理论与非科学或伪科学的分界也就在这里。在波普尔看来，只有可否证的理论或命题才能称为科学的猜想；可否证度越高，其猜想或假说的科学认识价值就越大。例如，"地球循封闭曲线轨道绕太阳旋转"这一理论命题和"地球循椭圆形轨道绕太阳旋转"这一理论命题，前者的可否证性远小于后者；因此，后一理论命题显然比前一理论命题的科学价值要大

① 《爱因斯坦反对逻辑实证主义斗争的重大意义》发表于《山西大学学报》1983 年第 2 期，并摘要刊载于当年的《高等学校文科学报选摘》。我原先准备要修改后再发表的，一直在抽屉里压了 4 年未动一字。1983 年春正赶上"清理精神污染"，而我手头又没有别的论文可发表，只好把它拿出来充数。这是一件回想起来令人哭笑不得、尴尬无奈的事情。它从一个侧面反映了当时内地学术生存环境的糟糕。

（高）得多。科学理论的发展（或进化）的程式就是：从科学问题开始，继而提出可反驳的试探性理论，进而试图排除错误用可否证性加以检验，即对所提出的理论假说进行反驳。如果这一否证或反驳能够成立，则成功地否证了现有理论，即排除了错误，那么科学认识就前进了一步，再提出新的科学问题。如此循环往复，否定再否定，从问题到新的问题，不断前进。这就是著名的科学进化图示：问题（P_1）→试探性理论（TT）→试图排除错误（EE）→新的问题（P_2）。"我喜欢用说科学从问题始，以问题终来概括这个图式。"①

这一科学进化的图式，要害在于试错，即试图排除错误这一步。波普尔曾经写过一篇论文，题目是《爱因斯坦和阿米巴》。他用科学家与变形虫相类比，说明科学理论的发展，关键在于试错。科学总是借试错而前进，任何理论，都只能看作试探性的假说，绝不是一成不变的。区别在于，爱因斯坦作为一位"理性生物"，总是用他提出的种种理论假说，不断地试探自然界的奥秘，用他的理论的更替，即头脑的创造来取代他身体（生命）的死亡；而阿米巴（变形虫）作为一个没有理性的原生生物，只能用它的身体的变形来试探世界，随时都面临着死亡的风险。波普尔认为，阿米巴和爱因斯坦之间实际的差别只有一步之遥。他们用各自不同的方式来探寻世界，爱因斯坦用理性，阿米巴用本能。就其用试错法来探寻自然界的奥秘而言，他们是类似的；但就探寻的方式而言，两者则有天壤之别。爱因斯坦用的是人类，尤其是科学家所特有的理性，而阿米巴则只能用它的全部身体，即生命的本能来进行冒险。这就是理性和非理性的明显区别。

波普尔的批判理性主义，即现代科学的理性主义与传统经验主义包括逻辑实证主义在内的近代科学理性的不同，他把休谟开启的对经验的怀疑和批判精神，扩展到了或者说提升到了一个新的认识层次和领域。这就是现代科学家不仅要在日常生活领域，即在宏观世界对经验持怀疑和批判的态度，以免陷入任何独断论的泥坑，而且更重要的是要在理性思维领域保持清醒的头脑，对科学理性本身，秉持怀疑和批判的态度，避免任何思想僵化的危险。

波普尔三段论的科学方法，即试错法或否证论，所传达的一条最根本、

---

① 卡·波普尔：《无穷的探索》（第1版），福建人民出版社，1984年，第139页。

最重要、最具启发性的信息是，理性思维、科学理论都是可错的，都只是人类认识世界的一种试探性理论。这是因为，现代科学以相对论和量子力学为标志，人类的科学认识从日常经验的宏观世界，进入到了微观世界和宇观世界的领域。在这种情况下，认识主体和自然界，即认识客体之间横亘着越来越长的认识中介，从精密的观察仪器到复杂的数学计算方程。人和自然之间，似乎越来越疏远，同时又越来越紧密。在这种知识背景之下，经验渗透着理论，理性认识显得越来越重要。若不对理性保持怀疑和批判的态度，人类将随时可能遇到阿米巴那样的危险。因此，对理性采取批判的态度，使科学理论的探讨富于灵活性，是现代科学发展绝对必需的。这就是波普尔批判理性主义给我们的最大启示。

简而言之，休谟说，经验是可错的。波普尔接着进一步说，理性也是可错的。近现代哲学家和科学家在批判独断论的征途上，几个世纪以来一脉相承，又有划时代的进展。就此而言，波普尔的批判理性主义的出现在近现代哲学史和科学思想史上是值得大书特书一笔的。

最后，关于三篇附录的译文，笔者要说几句。《论爱因斯坦与恩格斯和列宁的观点》和《论列宁分析自然科学家唯物主义的某些迫切的问题》是为了读者可以对照笔者的论文，看笔者离开苏联的教条已经有多远。《斯宾诺莎的理论遗产》则可以对比说明，爱因斯坦生活的精神环境与斯宾诺莎有何相异和类似之处。

第一篇
面对现代科学的挑战

面对现代科学挑战，哲学出路何在？[*]

哲学面临着现代科学的挑战。出路在哪里？这里，只谈一种可供选择的方案。

在哲学和现代理论自然科学之间，存在一个广阔的研究领域。例如，现代科学家的思维方式，有什么特点？科学成果同其哲学背景和历史传统的关系是怎样的？理论自然科学的未来发展趋势如何？如此等等。这些问题，既同哲学有关，也同自然科学和社会科学有关。哲学家、科学家、科学史家、科学学者、未来学者，谁都可能要涉足这些问题，但通常谁都不把这一类问题当作一个有联系的整体，综合起来加以思考。

从哲学工作者的角度来说，不少的人，多半关心的是，从现代科学中，寻找一些实例，来说明现有的结论。可能很多人没有仔细想过，不真正消化现代科学的伟大成果，不具体分析影响科学发展的种种哲学思潮，就不可能使哲学与科学同步发展，更不要说走在科学的前面，充当科学的向导了。

现代科学，像近代科学兴起时那样，对自然科学的唯物主义信念，一直是支持、鼓舞和推动科学家们不断前进的主要精神力量。17 世纪有伽利略和霍布斯，18 世纪有牛顿和狄德罗（或许还有康德），19 世纪有达尔文和马克思、恩格斯。自然科学唯物主义者和哲学唯物主义者，总是像"伴星"那样，成双成对地出现。和以往不同的是，20 世纪有了爱因斯坦，而在他去世

---

[*] 原载于《山西大学学报》（哲学社会科学版），1986 年 4 期。

整整半个多世纪之后，却没有一个同他的名字相配称的马克思主义哲学家。

随着现代科学的飞速发展，唯物主义的自然观正经历着深刻的改变。科学家们的思维方式，也在发生巨大的变化。例如，层次论的宇宙图景，已经取代某种周而复始的自然史观点；主体网络状的辩证理性思维，渗透于现代科学思想之中；等等。不能不看到，站在自然观和思维方式变革最前沿的，并不是马克思主义哲学家，而是大批自然科学家——唯物主义者。哲学唯物主义被现代自然科学唯物主义，从科学思想发展的前台，挤到了默默无闻，但并不是无所作为的后台。这就是我们面临的现实。

哲学落后于现代科学发展的一个重要原因是对现代自然科学唯物主义的无知和偏见。长期以来，一些人把现代自然科学唯物主义，看作"资产阶级的"意识形态。这种看法，硬把科学成果和它的哲学背景截然分开，从而，挡住了人们的视线。一些马克思主义者，轻视自己的哲学盟友，结果是，自己被朋友远远地甩到一边。

此外，注重内心修养，不尚向外物探求；重技艺，轻视理论思维的作用，在我们的民族文化传统中，有很深的影响。这种实用理性的传统，也妨碍我们对西方科学思想的研究。在实行对外开放的情况下，一种抱残守缺的旧心理仍然幻想，只要西方的科学技术，而把哺育它成长的哲学精神，拒之于门外。在一些人看来，电子计算机是有用的，高能加速器是需要的，遗传工程技术是可取的……只是，在它背后，面向自然、崇尚理性、坚持自由思想、反对任何迷信的自然科学唯物主义精神，要加以提防，不值得学习。

现代理论自然科学的发展，除了依靠先进的仪器装备、实验手段等物质条件外，还需要，甚至更加需要一定的精神条件。科学研究，是一种创造性的脑力劳动。没有适宜的精神环境和强固的精神支柱，没有科学家完全出于自愿的劳动热情去进行科学研究，任何科学发现，都是不能设想的。果树的生长，固然离不开适宜的土壤和肥料。如果没有阳光，也不会开花结果。没有光照，就没有能源。同样的道理，人类智慧的大树，要结出科学的硕果，没有哲学的精神光照，更无从谈起。忽视对现代自然科学唯物主义的研究，也就是忽视推动科学发展的精神力量。

面对现实，哲学唯物主义应把注意力放在现代科学思想的研究上面。在哲学和现代科学互相联系、彼此交错的这个中间地带，是各种哲学观点激烈交锋的前沿阵地，也是现代自然科学唯物主义取得突出进展的重要场所。勘探这个边缘区域，或许能为陷于某种困境的哲学，找到一条出路，发现一个新的生长点。

控制论的创始人维纳指出："在科学发展上可以得到最大收获的领域是各种已经建立起来的部门之间的被忽视的无人区。""正是这些科学的边缘区域，给有修养的研究者提供了最丰富的机会。"① 我们借用这个论点，说明研究现代自然科学唯物主义，对发展马克思主义哲学的极端重要性；说明现代自然科学思想，对哲学唯物主义的决定性影响，或许是适宜的。

---

① 维纳：《控制论》，科学出版社，1985年版，第2页。

重视现代科学家哲学思想的研究[*]

一些年来，面对现代科学革命对哲学的挑战，存在着两种有害的倾向。一是盲目地跟着西方科学主义哲学思潮走，"淡化"唯物主义；二是生搬硬套科学概念填充各种体系，将哲学简单化、庸俗化。为了根本改变这种情况，必须对现代西方科学家的哲学思想进行认真的研究，弘扬现代自然科学的唯物主义精神，吸取其丰富的辩证思维成果，同各种怀疑主义、非理性主义及庸俗化倾向划清界线。

科学的前沿就是哲学的前沿。理论自然科学前沿提出的一系列深层认识问题构成了现代哲学的前沿。科学家对有关这些根本性哲学问题的探讨和论述，推动着现代唯物主义的发展。

现代自然科学唯物主义首先是一种唯物主义的本体论，即现代科学家的理性实在论。这种本体论将人和自然视为相互作用的整体，摒弃了机械论，给现代科学的自然观提供了稳固的基础。现实世界不仅具有爱因斯坦强调的独立于人之外的客观实在性，而且具有玻尔所讲的包含人的活动在内的自然能动性。现代科学发展只是大大深化和丰富了科学家对自然本体的认识，并不意味着科学可以离开唯物主义这个前提。可见，断言现代科学革命已使本体论问题"弱化"，或者以为科学可以"超越"本体论问题，并无事实根据。

现代自然科学唯物主义同时又是一种现代科学的认识论和思维方式。它关注的重点是，我们怎样才能在知识总体上把握住对自然和自身的认识，着

---

* 原载于《科学技术与辩证法》，1993 年 5 期。

力于探讨"如何可知"、"怎样思维"。爱因斯坦和玻尔分别代表了现代科学认识发展的两种基本倾向和类型，即唯理论型和经验论型。他们都强调理性和经验、逻辑和直觉是相互依存的，揭示了科学思维中主体和客体、演员和观众的辩证统一。这两种认识论见解互相补充，与教条主义、怀疑主义毫不相容。它们都超越了直观经验论的历史局限，都对现代科学认识的发展作出了独到的贡献。因而，将科学家的认识论争论与实证主义、唯心主义混为一谈是完全错误的。

科学家的唯物主义与现代西方流行的各种科学哲学思潮，原则上不相同。科学家的理论创造，根植于科学的划时代发展。他们进行哲学探讨是为了排除科学前进中的认识障碍，解决"鞋子夹脚"的问题。他们哲学思想的主流和本质是唯物主义的。而科学哲学家的工作只不过是对科学成果的解释和加工；他们主要关心的是论证体系，从而受制于一定的哲学传统。科学家的哲学思想之所以不能硬贴上某种流行的哲学体系、思潮或流派的标签，原因就在于科学不可能顺从现成思想框架的限制。因此，我们只有以科学家的唯物主义为依据，才不至于在已知和未知、传统和创新之间变动不居的分界线上迷失方向。

科学的前沿就是哲学的前沿[*]

将马克思主义哲学的根本理论与现代科学革命的最新成果有机地结合起来，是改革和加强理论课教学的重要任务。10 多年来，笔者坚持教学与科研相结合，为本校哲学系三、四年级开设"哲学与现代科学思想"（概论）选修课和为马克思主义哲学专业硕士研究生开设相应的学位课，在基础理论研究和哲学课教学内容的革新上，取得了显著的效果。

一、扩大视野，加固基础

哲学理论课的教学内容脱离现代科学思想的发展是一个老大难问题。"哲学与现代科学思想"（概论）选修课的开设，突破了"原则加例子"的老套，探索出了一条新路。这门课程着眼于加固基础，扩大视野。它的主要内容是：系统地讲授马克思关于"自然科学是一切知识的基础"，恩格斯关于哲学和科学"相互补偿"的基本观点；充分论述"科学是一种革命力量"的基本理论，即不仅科学技术是第一生产力，而且科学理论是唯物主义哲学的牢固基础。因此，只有十分重视现代理论自然科学革命对哲学的推动作用，才能真正坚持和发展马克思主义哲学，才能引导学生注视哲学与科学前沿的进展，把握住现代科学思想的灵魂。现代物理学讨论的理论和实在的关系；分子生物学提出的偶然性在进化中的地位；当代脑科学探讨的自我与大脑的

＊ 原载于《高数与现代化》（山西大学主办），1993 年 3 期。

相互作用；新兴横断学科揭示的信息世界的本体论含义；等等，这些科学理论前沿提出的根本性哲学问题构成了现代科学思想的精髓，充分证明了科学的前沿就是哲学的前沿。忽视对科学前沿提出的哲学问题的研究，就会从根基上切断了哲学的生机，丧失了哲学的生命力。

选修课自 1983 年春天开设以来，受到学生普遍欢迎，效果良好。截至 1991 年，累积选修学生 400 余人，近 3 年（1989～1991 年）选修率高达学生总数的 93%（86 级，52/56；87 级，47/54；88 级，47/49）。

学生反映，这门课程给马克思主义哲学注入了当代科学的新鲜血液，为他们学习马克思主义哲学提供了新的视角，开拓了新的领域。他们认为，"这门功课在介绍现代科学思想时，更多地兼顾了哲学的有关问题，在方法论上为同学们提供了哲学与科学相互交叉、渗透乃至达到新的融合的途径"；促进了对《反杜林论》、《唯物主义与经验批判主义》等原著的理解和学习，对于解决哲学与自然科学"两张皮"的问题很有帮助。

学生们一再要求增加课时，有的还建议，哲学系应当把这门课当成一门主要支柱课来讲授。选修率从前几年的 80% 提高到 95% 左右。授课时数从 40 课时增加到近几年的 80 课时，同学们仍不满足。

值得一提的是，选修课的讲授，弘扬了现代科学的理性主义精神，增强了他们抵制非理性主义思潮影响的能力。

二、跟踪前沿，把握主流

跟踪学科主流和前沿进展，是哲学理论课内容改革的主题。为此，近几年笔者给硕士生开设了马克思主义哲学原著研究和当代西方哲学思潮专题研究学位课。要求学生深刻理解马克思关于人文科学与自然科学相统一，恩格斯关于唯物史观的科学基础和批判庸俗唯物主义的论述，列宁关于哲学脱离现代自然科学就"不是唯物主义"的论点。指导学生将读马克思主义原著与读爱因斯坦、玻尔、维纳、普利高津等科学家的哲学著作结合起来，深入了解现代科学革命新提出的本体论、认识论和方法论问题，把握住现代自然科学家哲学思想的主流。提倡学生到现代科学家的理论创造中吸取坚定不移的唯物论精神和活生生的辩证法思想，把苦功夫下在消化科学家的哲学思想上。既不盲目地跟在西方科学主义和人本主义哲学思潮后面走；更要努力避免把"唯物"、"唯心"当标签到处乱贴或生搬硬套科学新名词的简单化做法。

硕士生学位课自 1986 年秋开设以来，受到硕士生和进修青年教师（含省外教师）的普遍欢迎，效果明显。近 3 年（含 86 届，1989 年授予学位）内，听课人数累计 30 余人，已培养硕士生 5 名，青年教师 1 名。根据这些学位课的讲授内容，听课的研究生和青年教师累计已发表相关论文 20 余篇，如《恩格斯生前未竟〈自然辩证法〉之原因》、《维纳进步观述评》、《目的性范畴新探》等。这些论文将马克思主义哲学基本理论与现代科学思想成果结合起来，均有一定的深度。

通过学位课的讲授，提高了研究生和青年教师以现代科学思想为基础，分清尊重科学与利用科学，马克思主义与实证主义、实用主义及形而上学思维方式的界限，增强了他们识别各种哲学思潮的能力。

三、立足科研，革新内容

学位课和选修课的开设，均以相关的科学研究为基础。10 多年来，笔者密切结合教学，深入地研究现代科学家的唯物主义哲学思想，努力运用研究的成果革新和充实哲学理论课的讲授内容。这一研究课题，1979 年 11 月笔者在全国第一次现代外国哲学讨论会上业已明确提出。1982 年发表的《重新研究恩格斯的〈自然辩证法〉手稿》一文进一步阐述了研究的思路。1986 年发表的《面临现代科学挑战，哲学出路何在?》一文着重强调了吸取现代科学思想成果，以及改革哲学课教学内容的必要性。以此为基础，1987 年 3 月国家教委批准笔者承担和主持"七五"重点科研项目"现代西方哲学中的唯物主义思想研究"的课题任务。该项研究的主要成果《哲学与科学》（现代自然科学唯物主义引论）一书已于 1991 年 5 月出版。本书密切结合当代科学理论的前沿进展，深入地探讨了现代自然科学唯物主义的内容、特征、根源，表现类型和发展趋势，系统地论证了它是现代自然科学哲学思潮的主流，充分地肯定了现代科学家对推动当代哲学发展的决定性贡献。进行这项科研为革新哲学理论课的教学内容打下了坚实的基础。它的阶段性成果，从

1983年起均被及时充实为课程的讲授内容。

《引论》一书概要地论述了学位课和选修课的内容，它是笔者多年来坚持进行教学内容改革的理论总结。该书把现代科学家的唯物主义哲学思想综合为一个整体进行专门研究，开拓了一个新的研究领域；着重论述了只有从站在科学革命前沿的科学家那里吸取丰富的哲学养料，才能从根本上增强马克思主义哲学的活力，从而填补了基础研究中的一项空白。

四、结　　论

密切追踪现代科学思想的前沿进展，更新教学内容，提高教学质量，是笔者30多年从事普通高校文科哲学理论课教学工作的一贯努力目标。这些年来，笔者在讲授马克思主义哲学原著、西方哲学史、自然辩证法和西方现代哲学等课程的基础上，坚持科研开路，增开选修课和硕士学位课，这种改革探索，对加强哲学理论课教改，具有普遍提倡的价值。

（1）努力吸取现代科学思想成果，是改革和加强哲学理论课的一项基础性工作。理论课的教学只有跳出"原则加例子"的框架才能从根本上增强活力。深入研究并吸取现代科学家的哲学成果，有助于跟踪前沿，解放思想，争取主动，提高和坚定教改的信心。

（2）为帮助哲学系本科生从理论上正确回答现代科学革命提出的挑战，在哲学专业及文科其他相关专业开设《哲学与现代科学思想》（概论）选修课，十分必要。它既可以使学生进一步掌握马克思主义哲学的基本理论，又可以扩大文科学生的眼界，增强他们分辨各种哲学思潮的能力。

（3）在哲学原理及相关专业硕士点，开设马克思主义哲学原著、现代科学家著作和当代西方哲学思潮专题研究学位课，对于提高研究生的理论水平，培养他们的研究能力，是一种基础训练。这可以使他们懂得如何才能真正坚持和发展哲学唯物主义，勇敢地面对现代科学革命的挑战。

重视现代自然科学唯物主义的研究[*]

　　研究现代西方著名科学家的唯物主义哲学思想，即研究现代自然科学唯物主义，是摆在我们面前的一项不容忽视的重大课题。重视这项研究，对于加强马克思主义哲学的思想阵地，密切哲学和科学的联系，巩固和发展哲学家同科学家的联盟，具有重大的理论价值和现实意义。

一、不容忽视的领域

　　将马克思主义哲学的基本理论，同现代科学革命的最新成果有机地结合起来，重视现代自然科学唯物主义的研究，是一个不容忽视的课题。进行这项研究，是加强马克思主义世界观思想阵地的需要，是重视哲学基础理论建设的需要。

　　20 世纪以来，理论自然科学的革命进展，给哲学提出了一系列新的重大问题。西方著名的科学家在他们的哲学探索中，对于这些问题已经给了初步的回答，取得了丰富的成果。这些成果，简要地说，就是现代自然科学的唯物主义。坚持用唯物辩证法的观点，对这些成果进行认真研究，加以消化，为我所用，是我们努力的目标。而要做到这一点，就必须对现代科学家哲学思想的唯物主义根本性质、时代特征、表现类型和发展趋势等，进行深入系统的研究。

---

* 原载于《山西大学学报》（哲学社会科学版），1990 年 4 期。

在我国，近30年来，对现代西方著名自然科学家的哲学思想，进行了许多研究，取得了很大成绩。用马克思主义观点，实事求是地介绍和评述他们的科学哲学思想，做了大量的工作。但总的来说，这种评价还停留在对个别科学家功过是非的争论的水平上。对西方科学家的唯物主义哲学思想，对现代的自然科学唯物主义，缺乏整体的、宏观的、系统的研究。很少有人将现代自然科学唯物主义，当作一个专门的领域，当作一个特别重要的问题，加以对待。个别科学家哲学思想的案例分析，当然是重要的。但如果停留在这个水平上，就难免陷入"只见树木，不见森林"的情况。这对于认真吸取现代科学革命的成果，丰富和发展马克思主义哲学，十分不利。

例如，在对马赫哲学的研究中，将马赫同马克思进行简单的类比，断言马赫"把物分析为要素关系的总和"，同马克思"把人分析为社会关系的总和"，两者在哲学上，是相类似的等。这种简单化的类比，已经远远超出了对个别科学家的哲学思想进行实事求是的评介范围。它直接涉及唯物史观同唯心史观有无原则界限，涉及西方流行的科学哲学，能否不加分析地直接拿来为我所用，以及自然科学家的唯物主义，同马克思主义的哲学唯物主义的相互关系，这样一些根本性质的理论是非问题。

同简单类比的做法相比，另一种情况更值得注意。有的作者，不是停留在对个别西方著名科学家哲学思想的评述上，而是干脆抛开社会存在决定社会意识的基本理论，妄称要在现代"自然科学最新进展"的基础上，建构所谓的"人的哲学"。作者不仅照搬西方现代科学主义思潮的"怀疑精神"，而且断言"人类的精神世界从本质上仍是非理性的"。将孤独的个人、死亡和虚无等非理性主义、存在主义的概念，硬塞给读者。

不难看出，我们面对的是双重的挑战。这里，不仅是现代科学革命对哲学的挑战，而且，是西方现代资产阶级的意识形态，对马克思主义世界观的挑战！

本来，从物的哲学过渡到人的哲学，是马克思主义哲学早已明确解决了的问题。旧唯物主义孤立地讲物的哲学，它在讲人的哲学时，也是把人当作与社会隔离的物来看待。因而，在社会历史领域，不能越过唯心论的羁绊，坚持抽象的人性论、人性爱，主张人本主义。只有历史唯物论才为人的哲学大厦奠定了坚实的科学基础，为人的哲学的研究指明了前进的方向。企图从物的哲学，如量子力学的不确定性原理，直接跳到人的哲学，离开人的社会存在，侈谈"人类共同体"哲学，不仅是不成功的，而且是非常有害的。在理论上，这是倒退到旧唯物论，即人本主义的立场。在实践上，则是用西方流行的非理性主义思潮，来曲解现代科学的理性主义精神，动摇和破坏马克思主义哲学的自然科学基础。

诚然，这些年来，人们关于现代科学革命对哲学的挑战，谈论得很多。但是，怎样正确地对待这种挑战，理论上的探讨却很少。从实际上看，存在着两种有害的倾向。一是盲目引进西方的科学主义思潮，二是简单搬用现代科学概念。例如，有的同志，试图用"三论"（控制论、信息论、系统论）来代替、"改造"或"重建"马克思主义哲学。企图在控制论、神经生理学、现代物理学的基础上，建造"人类共同体"哲学，就是后一种倾向走向极端的代表作。

盲目引进有害，简单搬用更糟。简单搬用现代科学概念，在不少场合，使人难以辨明作者究竟是在那里谈科学，还是讲哲学。借讲科学来谈哲学的读物，往往使人产生迷惑，它更容易把缺乏经验的青年人引入歧途。

为了改变这种鱼目混珠的情况，一个重要的途径就是，从现代西方著名科学家的有代表性的哲学著作着手，进行研究。弘扬现代自然科学的唯物主义精神，分析吸取其活生生的辩证思维的宝贵成果，以抵制西方各种非理性主义思潮、怀疑主义思潮的有害影响。

历史唯物主义的哲学大厦，是以自然科学唯物主义为牢固基础的。社会存在决定社会意识，同自然科学唯物主义顽强坚持的存在决定意识的一般唯物论前提，不可分割地联结在一起。现代理论自然科学的划时代进展，以其丰富多彩的内容，极大地扩展和加深了科学家对自然界的客观实在性及其可知性的坚不可摧的信念。科学家依据科学革命的最新成果，对唯物主义基本信念的哲学论证，对辩证法的宝贵探索，是马克思主义哲学强大生命力的重要源泉。

为什么必须从现代著名科学家的哲学著作着手研究？这样做的重要性和必要性，是很显然的。

第一，现代自然科学家哲学思想的主流和本质是唯物主义的，并且充满了辩证法的合理思想。现代自然科学唯物主义，在基础上，同马赫的"要素一元论"哲学，以及现在属于科学主义思潮的种种怀疑论、非理性主义倾向，是根本对立的。

尽管西方现代的一些科学家，曾经把马赫的哲学看作"科学的哲学"。其实，马赫毫不隐讳地承认，康德"引导我接近休谟的观点"①。他的怀疑论的经验主义，是从康德的先验论，退回到休谟的本体论的怀疑论立场。这种既怀疑唯物论，又想避免康德和贝克莱的主观唯心论的"中间立场"，同自然科学家的朴素实在论，即唯物论的本体论立场，本质上是无法调和的。正因为如此，马赫主义很快就被西方绝大多数科学家抛弃了。随后兴起的逻辑实证主义，20 世纪 50 年代后，也逐渐衰落了。原因很清楚，不论马赫，还是罗素，他们的哲学的休谟怀疑论立场，没有也不可能为现代科学发展提供真正科学的哲学基础，没有也不可能动摇西方科学家的唯物主义基本立场。

第二次世界大战结束后的近半个世纪，理论自然科学的进展，如同过去一样，没有也不可能建立在任何怀疑论哲学的基础之上。不论这种怀疑论，属于理性主义的传统，还是属于非理性主义的传统。不容置疑的是，现代西方科学家的自然科学唯物主义，不断排除各种怀疑主义思潮的干扰，越来越自觉地趋向对现代科学革命的辩证理解。

普利高津就是一个著名代表。他认为，"假如我们接受了实证主义观点（它把科学归结为一种符号的微积分），科学就会大大失去其吸引力"。当代科学正在将可逆性和不可逆性、有序和无序、偶然性和必然性，结合在一个统一的理论框架中。"我们相信，我们正朝着一种新的综合前进，朝着一种新的自然主义前进。"② 这里讲的"新的自然主义"，就是指完全不同于机械论自然观的现代自然科学的唯物主义。

第二，现代西方著名科学家，始终站在理论自然科学革命的前沿，站在科学的自然观特别是思维方式变革的前沿。他们从各自的专业领域出发，对科学前沿问题的哲学解答，特别富有启发。他们所取得的哲学成果，完全可以成为历史唯物主义进一步提炼和升华的丰富素材。

科学家对科学前沿问题的哲学探索，同西方哲学家对科学成果的哲学加

---

① 石里克：《哲学家马赫》，载《自然辩证法通讯》，1988 年第 1 期，第 17 页。
② 普利高津：《从混沌到有序》，上海译文出版社，1987 年版，第 304-305 页。

工，不容混淆。科学家关心的是，为了排除科学前进中的思想障碍，寻找不断更新的思路和方法。用爱因斯坦的话来说，理论自然科学家之所以从事哲学探索，是为了解决科学发展中"鞋子夹脚"的问题。他们的哲学研究以科学前沿的实际进展为基础。这种基础，坚实可靠。

西方哲学家则不同。他们对科学问题所作的哲学加工，本质上是依据某种哲学传统，对科学成果的哲学解释或论证。他们主要关心的是论证自己的体系，发展他所偏好的哲学传统。哲学家追求的目标，说得极端点，大都是"事后诸葛亮"的工作，并且可以说是"动机不纯"的。西方流行的各种哲学，不论是现象论的，还是先验论的，也不论是理性主义的，还是非理性主义的，甚至反理性主义的哲学家，总是企图把现代科学革命的成果，纳入到自己的哲学体系中。

应当强调，科学家对科学前沿问题的哲学探索，主要是受制于科学，而不是受制于哲学传统。因而，他们也就不能不顽强地坚持自然科学的唯物主义基本精神。否则，他们就难以找到解开科学难题的正确出路。从宇宙的深层对称，夸克的奇异性，DNA 的起源，到自我的本质，这就是当代科学前沿提出的种种问题。为了解开这些自然之谜，理论自然科学家，必然会深沉地追溯到同这些谜底密切相关的哲学问题。例如，宇宙的内在和谐，人和自然的关系，理论和实在，主体和客体的关系等。科学家在由科学问题径直进入哲学领域时，依靠什么力量来鼓舞他们前进呢？这就是根深蒂固的自然科学唯物主义信念。依靠这种信念，科学家排除任何怀疑论哲学的路障，把自然科学的哲学探索，不断推向前进。

二、现代科学家的唯物论

现代自然科学唯物主义首先是一种唯物主义的本体论。科学家对自然界客观实在性及其规律性的坚定信念，是一切科学研究的前提。摆脱怀疑论哲学的干扰，自觉地坚持唯物主义本体论的信念，是现代西方科学家哲学思想的首要特点。

爱因斯坦是一位卓越的代表：他说"从有点像马赫的那种怀疑的经验论

出发，经过引力问题，我转变成为一个信仰唯理论的人。"[1] 他在对罗素的批评中，明确指出，"人们没有'形而上学'毕竟是不行的"[2]。这里讲的"形而上学"，就是毫不含糊的唯物主义本体论立场。其实，这不只是理论物理学家的信念，也是包括分子生物学家（如莫诺、斯坦特），脑科学家（斯佩里、克里克），控制论创始人维纳和耗散结构理论创立者普利高津等在内的绝大多数理论自然科学家的坚定信念。这种信念，从本质上看，是由现代理论自然科学的特点、现代科学革命的成果决定的。

科学的前沿，就是哲学的前沿。这里，是已知和未知变动不居的分界线。在知识的边界，是科学家意见分歧、争论纷起的广阔地带，也是现代自然科学唯物主义最有成效的领地，同时，又是唯心论哲学家最容易把水搅浑的地方。可以说，哪里有困难，哪里有问题，哪里就有怀疑论者的市场。然而，科学家坚定地相信，无论是宇宙之谜、生命之谜，还是自我和大脑之谜，原则上总是可以解读的。知识的边界，随着科学的进展在急剧扩大。正因为科学家处在科学革命的前沿，他们实际所信仰的唯物主义本体论，正随着科学的进展，不断地被推向哲学的前沿。

（1）现代科学的哲学本体论，主要表现为人和自然相统一的科学自然观

这种自然观，已经相当彻底地告别了海克尔《宇宙之谜》（1899 年）的机械自然观。人不仅是自然的一部分，而且是主动作用于自然的主体。环境、生态科学的发展，鲜明地显示出人和自然处在相互作用之中；人绝不仅仅是自然界的消极产物。这种自然观所理解的自然，不仅仅是爱因斯坦强调的独立于人之外的、静止的、孤寂的自然界，而且是玻尔所讲的，演员和观众相统一的、生气勃勃的、能动的自然界。

现代科学家哲学探索的重点，已经转向认识论和方法论的研究。然而，以为这种研究可以逃避或超越本体论问题的看法，根本不符合现代科学发展的实际。例如，知识的客观性问题，看起来只是个认识论和方法论问题。实际上，认识的客观性，同自然界的客观实在性不可分割。现代科学认识的主

---

[1] 爱因斯坦：《爱因斯坦文集》（第 1 卷），许良英、范岱年编译，商务印书馆，1976 年版，第 380 页。

[2] 爱因斯坦：《爱因斯坦文集》（第 1 卷），许良英、范岱年编译，商务印书馆，1976 年版，第 411 页。

体性特征非但没有取消本体论问题，而且往往使这种关于认识对象客观实在性的争论，变得十分尖锐。这种争论表明，现代科学的发展，要求将唯物主义的本体论，推向新的水平。

谁都知道，对微观客体的实在特性的认识，同对观测手段的选择是分不开的。物理学家，至今还没有找到独立自在的"自由夸克"。但是，今天的科学家，再也不会因此而怀疑夸克的客观实在性。这同当初，有的科学家认为，夸克只是一种数学结构的观点，已经相去甚远。

现代物理学革命，特别是量子力学的创立，引起了我们关于实在概念的深刻变革。不仅量子现象中，主体深深地参与到客体的实在规定里边，而且，我们生活于其中的整个自然界，都与观察者的主动参与分不开。

从本体论看，量子现象的不确定性，夸克的奇异性，"参与者的宇宙"概念的提出，说明只有从能动的自然观，即人和自然相统一的观点，才能理解现代科学的实在观。

按照马克思"人化自然"的概念，人的感性活动，"是整个现存感性世界的非常深刻的基础"。认识主体的创造性活动，能够在自然界留下深深的印迹。[①] 现代物理学的最新发展，更加深化和丰富了马克思揭示的这一原则性论点。

相对论引入了与每个观测者相联系的地方时，量子力学确认了微观现象中主体与客体不可分割的联系。然而，没有一个现代物理学家，会因此来理会"存在就是被感知"或"月亮在无人看它时确实不存在"一类的哲学谬论。没有一个严肃的科学家，会因此来怀疑自然界的客观实在性。

横断学科的兴起，特别是信息科学的发展，使唯物主义的本体论问题，以前所未有的形势，变得突出起来。现代科学认识的重点，已从实体转向关系，转向信息的研究。知识的边界，一方面，从宇宙的起源到大脑和自我的奥秘，朝纵深方向，继续推进。另一方面，科学的视野，往横跨力学运动到思维过程的方向，急剧扩展。人们惊讶地发现，我们不只是生活在同外界的物质和能量的交换过程中，而且是靠同外界不断交换信息来生活。信息之于

① 中共中央马克思恩格斯列宁斯大林著作编译局：《马克思恩格斯全集》（第3卷），人民出版社，1960年版，第50页；第42卷，人民出版社，1979年版，第167-169页。

人类，正如水和空气那样，不能须臾离开。现代人类，可以说是生活在信息的海洋之中。信息既不是物质，也不是能量。那么，它同唯物主义的本体论相容吗？西方一些哲学家，正是这样提出问题的。然而，对科学家来说，信息知识世界的存在，只不过要求同"思想犹如胆汁"的庸俗唯物主义划清界限，绝不意味着可以离开唯物主义的本体论。

横断学科的特点，不是以某一运动形式的实体同质性，而是以所有运动形式，从位置移动到思维活动的功能同构性，作为科学抽象的基础的。科学研究，实际上是人和自然的对话，是人和外在世界的一种信息交换。普利高津在《从混沌到有序》一书中，以"人与自然的新对话"为副题，相当明确地表达了现代科学家的这一观点。

信息知识世界的出现，是人类出现以后，自然界层次演化中，出现的最伟大的飞跃。知识信息的发展和利用，对社会发展和科学认识的重大作用，丝毫也没有违背唯物主义的伟大传统。相反，只有坚持恩格斯在《自然辩证法》、《导言》和有关论述中，明确阐述的自然界演化是分层次的观点，[①] 才能对围绕信息概念的本体论争论作出正确的哲学回答。唯有从人和自然相统一的自然观，从历史唯物主义观点，将科学文化观念的发展，当作社会历史的产物，才能更深刻地理解信息知识世界的社会本质。

（2）现代自然科学唯物主义，是一种现代科学的认识论和方法论

这种认识论，坚持以自然界的客观实在性和自然界内在和谐的可理解性为科学认识的前提，并同认识论的唯心主义、怀疑主义，基础上相对立。这种认识论的根本特点是，越来越自觉地趋向于对科学认识方法和本质的辩证理解，同认识论的机械论倾向、绝对主义，原则上不相同。

现代科学的认识论，是一种以现代科学革命成果为基础的新的思维方式。这种思维方式，带有相辅相成的明显特点，是比机械论思维方式更高一层次的理性思维。现代科学家，在有关认识论的争论中，不再停留在知识的经验来源，理论是否能够把握客观实在的问题上。他们哲学探讨的侧重点，已经转移到如何才能在知识总体上，把握住人对自然和自身的认识。也就是

---

① 马克思恩格斯列宁斯大林著作编译局：《马克思恩格斯全集》（第20卷），人民出版社，1971年版，第371-397，637页。

说，现代科学家就认识论所进行的探索，主要不是在自然界"是否可知"这一面，而是在"如何可知"、"怎样思维"这一方面。从这种考虑出发，现代科学家对理论和实在、理性和经验、主体和客体、演绎法和归纳法、逻辑认识和非逻辑认识的相互关系的认识，已经超越了古典经验论和唯理论的僵硬对立。他们扬弃了机械决定论和直线因果性的思维方式，自觉地追求综合性思维。这种综合性思维，是关于实在对象的整体性认识。从本质上看，现代科学家在认识论上的追求，是符合辩证理性的。现代科学家的认识论探讨，贯穿着对自然奇迹可理解性的深沉信念，并力图把理性和经验、因果和机遇、逻辑推论和直觉认识结合起来。这就使他们同休谟和康德的不可知论，同罗素的逻辑经验论和现象论的先验论，明确地划清了界线。

爱因斯坦认为，他的认识论在极端的经验论和唯理论两个极端之间摇摆。玻尔强调，他的互补哲学是一种新的思维方式。摇摆也好，互补也好，表述上很不清晰。但其基本精神，都着重于理性和经验、主体和客体相互依存的一面，生动地体现出他们趋向辩证理性思维的可贵努力。重要的是，不论怎样表述，他们都从根本上超越了直观认识论的局限。爱因斯坦的唯理论是很清楚的，已经离开了怀疑的经验论。玻尔的互补性思维也不再是经验层次的直观认识，而是理性层次的辩证认识。尽管人们批评玻尔的互补哲学有实证论的倾向，但基本的事实是，他的互补性的思维方式，同休谟和康德的不可知论，同认识论的怀疑主义，毫不沾边。

正如恩格斯所说，终极原因就是相互作用。现代科学对因果性的这种自觉意识，使其远远超越了牛顿"第一推动力"的线性因果思维方式。相辅相成的互补性思维，使其将"上帝＝我不知"的经典公式，颠倒过来了："我不知≠上帝"。这正是现代自然科学认识论的唯物主义可知论的实质所在。

互补性思维已经接近斯宾诺莎"物自因"的概念。玻尔晚年（1958年）在《量子物理学和哲学——因果性和互补性》一文中，明确指出，互补性是一种比古典物理学思维更宽广的思维构架。这种思维方式，已经把机械的因果性概念当作一种特例包含于其中了。互补性认识着眼于知识的整体联系，注重经验知识在理性思维中的逻辑表达，而线性思维却只能停留在对经验描述的形象化概念之内。玻尔还强调，无论相对论的时空相对性概念，还是量子论的波粒二象性的互补性原理，在认识论方面，都超越于形象化概念的思维方式之上。这是对客观实在的协调性，即整体性的寻求。感性直观的形象概念不能把握相对论的尺缩钟慢效应，正如形象化的概念不能直接把握量子现象的波粒二象性一样。两者在认识论上遇到的困难极为类似。相对论将时空的特性同物质运动内在地结合在一个理论体系，而量子力学则借助于抽象的数学形式体系，从整体上把对微观客体的认识，提高到理性思维的水平。

玻尔指出，"事实上，事情似乎是这样：为了说明在探索很高能量的原子过程时揭示出来的那些新颖特点，人们必须在形式体系中寻求更进一步的抽象。然而，决定性的问题在于，在这方面也根本不存在……回到因果关系之形象化表示的习见要求"[①]。很清楚，互补性思维并不是基于传统经验论的形象化概念，而是超越于简单因果联系，高出于归纳法推理的思维方式。它接近于"物自因"的概念，本质上属于辩证理性的思维形式。

（3）要注意分析现代自然科学唯物主义的社会历史、伦理道德观的局限

总的来说，现代科学家在这一方面，同近代的自然科学家，没有原则性的区别，仍停留在唯心史观的范围内。但是，它同样具有时代的特点，这就是科学人道主义在战后的蓬勃兴起。这种科学人道主义，一方面同西方国家传统的人道主义分不开；另一方面，又同当代科学发展，带来的诸多社会问题紧密相连。例如，核武器生产的社会后果、智能机带来的失业，以及环境污染、生态破坏等问题，所引起的科学家的道德责任、价值观念的选择。科学的一个典型特征是科学的人道主义成分溶入现代自然科学和技术科学之中。

控制论的创始人维纳的观点，在西方科学家中，具有代表性。维纳本人公开申明，他是一个自由主义者，不赞成共产党人的价值观。但他同样反对"冷战"初期美国实行的麦卡锡主义，即垄断资产阶级的专制、独裁的法西斯倾向。控制论的创立及其初期的发展，使他对工业自动化革命，即第二次工业革命，或现在所谓后工业社会、信息时代的社会问题，有深切了解，表示深为关注。在他的社会哲学著作《人有人的用处》（控制论和社会）[②]一书中，从现代科学革命的高度，深刻地表达了他的科学人道主义观点。这种观

---

① 玻尔：《原子物理学和人类知识续编》，商务印书馆，1964年版，第9页。
② 维纳：《人有人的用处》，商务印书馆，1978年版，第132、152页。

点的核心是，科学家在新的科学技术革命面前，要有高度的道德责任感，要使科学技术的发展服务于全人类，而非某个社会垄断集团。

1954年，他在《人有人的用处》的修订版中警告说："新工业革命是一把双刃刀，它可以用来为人类造福"，"也可以毁灭人类，如果我们不去理智地利用它，它就有可能很快地发展到这一个地步的"。

他认为，科学家不可以忘记，自己的科学发现和技术革新所带来的道德责任。他认为，科学家"不会心安理得地把选择善恶的责任托付给按照自己形象而制造出来的机器，自以为以后不用承担从事该项选择的全部责任"[①]。

应当指出，现代西方科学家所主张的科学人道主义，是以本体论和认识论上明白无误的唯物主义信念为基础的。他们这种特定形式的人道主义，在世界观上没有超出唯心史观的范围。但不能同西方政治家的"人权"概念混为一谈。后者，经常被用来攻击社会主义。而前者，同科学家的自由主义价值观相一致，在对西方社会现实进行抨击的范围内，还是有积极意义的。

这里，不能不再次提到"人类共同体"这类观点。这种以所谓的"西方控制论哲学近20年的主要进展"为基础的"人的哲学"，实质上是以个人主义、自由主义的价值观为核心的资产阶级人道主义。不同的是，维纳在60年前论述的现代科学的人道主义，在西方社会仍有揭露资本主义制度腐朽一面的进步社会作用。而假借科学名义来杜撰所谓"人的哲学"，在社会主义胜利近60年之后，所宣扬的个人主义、自由主义的价值观，对居指导地位的马克思主义的世界观，完全是起破坏作用的，毫无积极意义可言。

"自然科学是一切知识的基础。"[②] 这是马克思主义的一个基本观点。以现代科学革命的成果为基础，发展起来的现代自然科学唯物主义，并不是资产阶级的意识形态。因为，现代西方科学家的唯物主义思想的核心和主体，是他们的自然观和认识论，而不是打上了资产阶级人道主义烙印的科学人道主义。正是体现在他们自然观和认识论方面的唯物主义精神，同西方社会流行的种种哲学唯心主义、怀疑主义、不可知论的思潮，在根本上是对立的、不相容的。科学的自然观和认识论，本质上是全人类共同的精神财富。不能

---

① 维纳：《人有人的用处》，商务印书馆，1978年版，第132－152页。
② 马克思：《机器。自然力和科学的应用》，人民出版社，1978年版，第208页。

把某些西方哲学家对现代科学认识成果的错误解释，同科学家唯物主义的基本精神混为一谈。更不能因为西方唯心主义哲学家对现代科学家的哲学思考，存在着不可避免的影响，就盲目排斥、拒绝认真吸取现代西方自然科学唯物主义的积极、合理的认识成果。

总之，我们强调对现代西方自然科学唯物主义，进行整体的、系统的、深入的研究，目的是从中吸取有价值的认识成果，以丰富和发展马克思主义哲学。全面了解现代西方科学家唯物主义思想的特点和优势，具体分析它的弱点和局限，对于分清马克思主义世界观和非马克思主义世界观的原则界限，自觉抵制资产阶级意识形态的侵袭，无疑是意义重大，再也不容忽视的课题。为了进行这种研究，使这种研究循着历史唯物主义开辟的正确道路前进，我们就要明确反对对西方流行的科学哲学采取不加分析地盲目"引进"的态度，也要努力避免对西方科学家的哲学思想采取简单排斥的错误倾向。只有这样，才能将马克思主义哲学的基本理论，同当代理论自然科学发展的实际，更好地结合起来。

现代科学的批判理性*

现代科学家从自发的唯物主义，即从朴素实在论转向现代自觉的唯物主义信念，也就是现代科学的理性主义，有赖于对经典认识论基础的重新考察。机械观的衰落同批判认识论的兴起密切相关。

从经典科学过渡到现代科学，需要一种新的认识论。现代物理学革命兴起之际，朴素经验论的直观反映论是妨碍科学家前进的最大思想障碍。经验批判主义的出现，促进了机械认识论的瓦解，超越唯心论和唯物论的传统本体论争论，进一步将注意力转向科学认识的研究，是科学发展的迫切需要，也是哲学发展的进步趋势。在这个转折关头，强调本体论上的两军对战，同现代科学的理性主义精神格格不入，同现代哲学发展的时代潮流背道而驰。

19世纪中叶，实证主义的产生同经验自然科学的强大发展有着不可分割的内在联系。它将实证原则提到哲学认识的首位，是对科学认识客观性的充分肯定。在现代科学发展中，把哲学批判的矛头指向实证主义，只能导致复活黑格尔思辨的哲学幽灵。这种批判曾给科学带来严重的危害，更给哲学造成了灾难性的后果。

我们可以从现代物理学革命同经验批判主义的关系来说明这一点。

20世纪初，物理学发展的当务之急是突破经典物理学关于绝对时间、绝对空间、绝对运动、原子的不可分性等陈旧的概念框架和理论体系。牛顿理论和机械认识论像一件紧身衣，束缚着科学的发展。是批判传统理论的认识

　＊ 原为《哲学与科学》（山西人民出版社 1991 年版）初稿中的一节，撰写于 1989 年 5 月。

基础，还是顽固守旧的观念？这是摆在科学家面前的尖锐问题。对这个问题的不同态度和解决方法，把物理学家分成批判学派和机械论学派。

放射性现象等一系列科学发现，使物理学进入了新的认识领域。彭加勒指出，"新现象要求它们的地位"，这就是问题的关键。持批判态度的物理学家，立足于新的经验事实，对旧理论表示怀疑，这就要求有新的唯物论。因此，他们同机械论派科学家的争论，是自然科学唯物论发展中的内部分歧，这并不是传统哲学的本体论的争论。马赫对绝对时空、绝对运动形而上学观念的批判，揭露了经验认识中潜意识的盲目性，揭露了经典物理概念的先验论性质。他指出，"把力学当作物理学其余分支的基础，以及所有物理现象都要用力学观念来解释的看法，这是一种偏见"。他的这种尖锐的批判动摇了机械观僵硬概念体系的基础，对相对论的创立，起了扫清道路的哲学启蒙作用。

在这里，重复物质第一性的本体论原理，将自然科学的唯物主义基础和经验批判主义对立起来，模糊了人们的视线。它没有弄清当时科学家们真正争论的问题是什么，人们可以不用头脑来思维吗？人出现前地球就不存在吗？人不是生活在现实的时间和空间里面的吗？等等。这一类本体论问题，早已是自然科学的常识，科学家们根本用不着再去争论。物理学革命提出的真正认识论问题是，要不要承认科学知识的相对性？解决这个问题，除了对经典科学认识的来源进行批判的考察，没有别的出路。

物理学革命的前夜，不首先肯定知识的相对性，就不能动摇经典力学被神化了的绝对权威。在这里，将知识的相对性和科学的客观性对立起来，是文不对题的。把主张知识的相对性说成是相对主义，将对旧理论持批判态度的科学家同贝克莱混为一谈，指责他们是唯我论者，如同唐·吉诃德跟风车搏斗一样，显得荒唐可笑。这种论断，其实是将科学的客观性等同于知识的绝对性，这不过是退回到本体论的绝对主义，固守认识论的机械观。

自然界是客观存在的，这是科学认识的前提。马赫对经验认识的批判分析，揭露了概念中玄想的东西，非客观的成分。马赫主义是从经典理性到现代理性的过渡环节，现代科学家为了坚持科学的客观性原则，才坚持"超越"唯物论和唯心论的旧有争论，将科学的批判精神和经验实证原则提到首位。科学没有必要为经验所不及的抽象本质或实体争论不休，而转移了自己的注意力。科学家们要求摆脱抽象哲学争论的干扰，走自己独立发展的道路，这是现代科学理性主义精神的鲜明表现。这同科学幼年时代的科学家要求摆脱神学束缚，拒绝经院哲学繁琐争论的干扰极为类似，它把近代科学的唯物主义传统发扬光大，推进到了一个新的水平。

应当指出，在新旧理论交替之际，坚持不依赖于人类的客观实在是唯一的哲学问题，否认对知识来源进行批判考察的必要性，将科学思维不可或缺的怀疑态度视为怀疑主义等。这类主张，是哲学批判方向选择上的严重失误。

首先，唯物论和唯心论的斗争，并非哲学的永恒主题。它既不是哲学发展的普遍规律，更不是科学认识的准绳。自然科学是全人类的共同财富，没有民族、阶级、党派之分，将社会生活和哲学认识的局部情形扩展到科学知识领域，没有逻辑的根据。将科学家人为地分为唯物主义者和唯心主义者，甚至将某种科学理论判定为"唯心主义的"，给科学发展造成了极大的混乱。

例如，援引费尔巴哈批判"生理学唯心主义"的论据批评"物理学"唯心主义，这种批评完全脱离了科学的发展，并且是从马克思的实践唯物论向费尔巴哈直观反映论的明显倒退，认为概念只是对外物的摹写，否认它是对象的符号。这种观点，既同现代科学理论不相干，也丝毫没有推进认识论的研究。

按照所谓"物理学"唯心主义的说法，存在的只是科学家对唯物主义哲学信念的危机。这种论断，违背了基本的历史事实。当时，首先是科学理论的危机，即经典物理学理论的危机，其次才是围绕新旧理论更替引起的认识论争论。

仅就物理学家们的哲学争论而言，也并不是"自然界是否是客观实在"这一类本体论问题，而主要是科学认识是否要发展，以及如何发展的争论。科学家们围绕着旧概念的适用范围、科学知识的经验基础、要不要建立新的理论，以及如何建立新理论等，进行了多方面的探索。这种探索，确实表明对机械认识论存在着深刻的信念危机。怎样克服这种危机呢？科学家们并没有离开唯物主义的基本立场，只是坚决抛弃机械反映论。他们循着经验批判——理性创造的认识道路前进，才逐渐建立起新的时空框架、原子模型和量子理论。以现代物理学革命为标志，科学家们已经不可逆转地告别了旧哲学本体论的无意义的争论。

"物理学"唯心主义的提法，忽视了科学知识基础的变更，硬把科学家关于两种认识论（批判认识论和机械反映论）的争论归结为唯心论和唯物论在本体论的对立，严重阻碍了科学认识论的发展。科学家并没有因受到经验批判主义的积极的影响而陷入"相对主义"，倒是他们同哲学家一起吃尽了绝对主义独断论的苦头。

另外，将自然科学家的唯物主义视为自发的、不彻底的唯物主义，是某种意识形态的一个错误推论。在这里，划分自觉与自发、彻底和不彻底的标准，完全背离了科学理性的精神，不是根据科学家对自然界客观实在性的坚定信念，而是按照他是否把自己对科学理论的解释自觉地从属于某种唯物论的本体论体系。按照这种"自觉性"或"彻底性"的要求，就是迫使科学家服从于意识形态的伦理道德的观念。这样一来，就违背了科学的客观精神，从根本上背叛了自然科学的唯物主义的伟大传统。

如果说，在经典科学时代，科学家限于朴素经验论的水平，对外在世界的客观性，还存在某种自发的信仰成分。那么，在现代科学家那里，由于科学认识已经超越了朴素实在论的阶段，仍然坚持自然科学唯物主义是"自发的"唯物主义，就完全成为了一种非理性的偏见了。现代科学家坚决抵制将科学从属于意识形态体系的任何企图，是他们自觉地坚持唯物主义的无畏表现。

总之，机械唯物论同现代科学理性主义精神直接冲突，即以海克尔和马赫而论，他们在反对宗教信仰主义、坚持无神论的唯物主义的基本观点上并不存在分歧。他们的区别只是，海克尔是经典科学的传统本体论的维护者，而马赫是批判认识论的先驱。将海克尔和马赫完全对立起来，是用牺牲科学认识论的方法来维护旧的本体论。这是在科学家之间，人为地制造派别对立，用旧哲学来拖新科学的后腿。

物理学革命是现代科学的开端。经验批判主义对朴素经验的分析批判，对于破除机械论世界观的迷信起了十分重要的作用。然而，它把科学看作仅仅是对经验材料的一种整理，忽视假说演绎法和公理化方法在建立科学理论体系中的作用，使其在现代物理学理论的创建方面，没有、也不可能起到建设性的积极作用。作为实证哲学的一个特殊形式，它的主要贡献是对旧理论的批判。

　　创建新的科学理论，需要新的认识论方法。就物理学的情况而言，这就是批判理性主义总结的科学发现的逻辑方法。这种方法的特点是，在科学思维的每一步，都把自觉的理性批判精神贯注其中，充分肯定人的理性在科学创造中的决定作用。这种理性批判方法，包含了经验批判的积极内容，又克服了它狭隘经验论的局限。

　　批判理性主义的认识论，是经验批判论批判精神的重大发展，它强调理论创造是理智的自由创造。这同机械论世界观的认识论更加难以相容。批判认识在科学理论创造中的决定作用，是现代科学理论发展的特征。

　　总而言之，近代哲学从本体论转向认识论研究，是科学发展的要求，也是哲学的进步。100多年来实证哲学经久不衰的发展，实证精神同科学发展紧密相连，在科学革命的转折关头，为科学所抛弃的不是实证哲学强调的科学实证精神，而是为机械论辩护的直观反映论观点。实证精神是自然科学唯物主义的固有支柱，现代自然科学唯物主义的发展，迫使我们不得不改变对实证主义的态度。不承认哲学上的"中间道路"，不与实证主义结盟，就谈不到哲学家同科学家的正常关系。在科学理性的客观精神和感情用事的派性原则之间，我们必须作出明确的抉择！

第二篇

重读马克思、恩格斯

马克思、恩格斯论科学的革命作用[*]

马克思、恩格斯一贯重视科学技术的社会作用，但并不局限于仅仅从生产发展的角度来看待科学技术。恩格斯指出："在马克思看来，科学是一种在历史上起推动作用的、革命的力量。"① 这里讲的科学，广义地说，无疑包含技术在内。正是科学技术的发展，推动着生产力的革命，从而也促进和制约着生产关系的变革。同时，科学作为一种重要的精神力量，作为一种特殊的社会意识形式，也推动和制约着人类精神文明的发展。

应该强调的是，马克思、恩格斯对于科学技术的社会作用的论述，不仅揭示了资本主义条件下，科学技术发展的特殊规律，而且深刻阐明了科学技术在全部人类社会发展中的重要地位和作用。因而，这些论点，对我们了解当代社会中科学技术发展的一般规律，对发展科学技术，促进社会主义的物质文明和精神文明的建设，都有重要的指导作用。

一、科学技术是社会生产力发展的源泉

马克思指出，生产力的发展，归根到底总是"来源于智力劳动特别是自

---

* 原载于《马克思主义哲学著作选讲》，山西人民出版社，1990 年 6 月出版。
① 中共中央马克思恩格斯列宁斯大林：《在马克思墓前的讲话》，参见《马克思恩格斯选集》（第 3 卷），人民出版社，1972 年版，第 575 页。

然科学的发展"①。这一论点，是马克思考察资本主义生产的总过程，概述不变资本节约时总结出来的。它表明，在社会化大生产中，生产力的发展，同科学技术的发展密切相连。为此，马克思还着重指明，科学发明的应用，归根结底是使商品价格降低的"唯一条件"。因为，一切科学工作，一切发现，一切发明，都属于一般劳动。从而，科学的发展，技术的应用，才使社会的一般劳动效率，得以提高。诚然，劳动生产率，可以因分工和生产管理的改进而得到提高。但是，实现合理的分工和管理，终归也要依靠科学的发展。唯有转化为一般劳动的科学技术发明，才是生产力发展的无穷源泉。

马克思指出："随着大工业的发展，实现财富的创造，……取决于一般的科学水平和技术进步，或者说取决于科学在生产上的运用。"② 科学转化为生产力，不断把人类对客观世界的改造提高到新的水平。从 18 世纪中期到 19 世纪中期，人们在生产中运用力学、热力学等方面的科学成果，制造机器和蒸汽机，用自然力代替人力，改革生产技术，在不到 100 年的时间内，创造了比过去一切世代生产力总和还要多的生产力。从 19 世纪 70 年代到 20 世纪初，运用电磁学原理制造发电机、电动机和输电设备，工业电气化革命，使生产效率大为提高。20 世纪中叶以来，以利用原子能，使用电子计算机和开发空间技术为标志的现代科学技术革命，更是从根本上改变了物质生产的面貌。统计表明，发达国家 20 世纪初的生产增长，5%～20%，是靠科学技术的进步取得的。到 70 年代，生产增长已有 60%～80% 是靠科学技术的发展取得的。许多知识密集的产业，几乎全部要靠科学技术的发展。能源、材料和信息三大产业部门，是现代社会生产的支柱。这些产业部门的兴起和发展，都是科学技术发展的结果。不论是能源的开发，新材料的研制，还是信息的提取、传输和存储，离开现代科学技术的发现和发明，都无从谈起。

总之，"劳动生产力是随着科学和技术的不断进步而不断发展的"③。在

---

① 中共中央马克思恩格斯列宁斯大林：《资本论》（第 3 卷），参见《马克思恩格斯全集》（第 25 卷），人民出版社，1975 年版，第 97 页。

② 中共中央马克思恩格斯列宁斯大林：《政治经济学批判（1857—1858 年草稿》，《马克思恩格斯全集》（第 46 卷下册），人民出版社，1979 年版，第 217 页。

③ 中共中央马克思恩格斯列宁斯大林著作编译局：《马克思恩格斯全集》（第 23 卷），参见人民出版社，1972 年版，第 664 页。

社会化大生产中，无论生产资料革新，还是劳动者素质的提高，都来源于科学和技术的发展。

二、科学技术进步，影响和制约着生产关系的变革

马克思指出："随着一旦已经发生的、表现为工艺革命的生产力革命，还实现着生产关系的革命。"① 这是马克思从对工场手工业到机器大工业过渡的历史考察中，作出的一条重要结论。科学技术不但是生产力发展的源泉，而且影响和制约着生产关系的革命。这里，工艺革命主要指的是工具的革命，如纺织机代替手工纺织等。这种工艺革命，促使资本主义早期的工场手工业向采用机器生产的近代大工业过渡，制约着资本主义生产关系从原始积累到工业资本主义的发展。马克思认为，在一种社会经济形态的形成上，生产力的革命，正像各种不同的地质层系相继更迭一样，是一个连续不断、不能相互截然分开的过程。然而，正是生产力的这种逐渐积累的革命因素，促进并制约着同一种社会经济制度内部生产关系的变革。

无疑，马克思的这一论点，对于我们理解社会主义生产关系的变革和自我完善，有着巨大的现实意义。社会主义是一个逐步发展的历史过程。在这个过程中，只有根据生产力发展的情况，自觉地调整和完善生产关系，才能发挥社会制度的巨大潜力。社会主义公有制从初级到高级的发展，社会主义生产关系的逐步完善，只有在不断采用现代科学技术的条件下，依靠社会生产力的巨大发展，才能逐步实现。马克思强调，科学技术的发展，新工艺的采用，从而，生产力的革命是一个连续不断的过程。而生产力的发展，对于现有生产关系的巩固和发展，有着决定的作用。这不仅指明了近代资本主义发展的历史规律，而且揭示了任何一种社会经济形态内部，生产力革命和生产关系革命的一般规律。就我们来说，热心于改革，就必须首先热心于发展生产力，热心于促进科学技术革命。只有这样，社会主义的经济制度，才会

---

① 中共中央马克思恩格斯列宁斯大林著作编译局：《经济学（1861—1863年）手稿》，参见《马克思恩格斯全集》（第47卷），人民出版社，1979年版，第473页。

最后巩固和完善起来。

三、科学技术是促进意识形态变革和发展的重要精神力量

科学作为知识的理论体系，一方面，通过技术开发和运用，转化为生产力，创造出物质财富。另一方面，与意识形态紧密相连，给人们的精神生活以重大影响。这首先是指，科学对于哲学的发展，有直接的推动作用。它给哲学的发展提供知识的基础和思想的资料。它同唯物主义哲学相一致，对于人们确立正确世界观，破除宗教迷信，克服唯心主义偏见，起着具有革命性的作用。

马克思指出："自然科学是一切知识的基础。"[①] 这里所谓"一切知识"，当然包括哲学在内，科学作为理论的认识，是反映事物的某种规律性的系统化的知识。哲学是反映事物的普遍规律的知识。因而，它必须以反映特殊规律的科学知识为基础。

科学是一种重要的精神力量。它本身是彻底革命的。在近代科学兴起之初，为了自己的生存和发展，它同宗教神学进行了英勇不屈的斗争，促进了资本主义意识形态的诞生和发展。许多杰出的人物，为了坚持科学真理，甚至献出了自己的生命。布鲁诺、塞尔维特等，就是他们当中著名的代表。这是因为，自然科学按其本性来说，同无神论一致，而与神学世界观则水火不相容。因此，科学要发展，就必然要同宗教迷信、封建神权的束缚，进行斗争。

19世纪中叶自然科学的划时代发现，为马克思主义的创立，提供了坚实的知识基础，马克思主义作为无产阶级革命的意识形态，深刻地揭示了资本主义制度的剥削本质，指明了社会主义必然胜利的光明前途。科学社会主义意识形态的产生和发展，促进了资本主义意识形态的瓦解和衰落。100多年的历史说明，工人阶级及其革命政党，不仅在取得政权以前，要依靠科学去建立自己的意识形态，教育人民群众，推翻剥削阶级的统治。而且在革命胜利

[①] 中共中央马克思恩格斯列宁斯大林著作编译局：《经济学（1861—1863年）手稿》，参见《马克思恩格斯全集》（第47卷），人民出版社，1979年版，第572页。

之后，更要运用科学发展生产，管理社会；尤其要依靠科学，消除旧的意识形态的影响，抵制资产阶级腐朽思想的侵蚀，努力建设社会主义的精神文明。

总之，科学向来是先进阶级战胜腐朽思想的有力武器，是巩固和发展社会主义意识形态的重要精神力量。离开科学，不可能建设社会主义的精神文明。马克思主义是在近代科学知识的基础上产生的。它只有在充分吸取现代科学成果的基础上，才能得到强有力的发展，从而使自己在社会主义意识形态中，有效地发挥主导作用。

四、科学技术和资本主义。资产阶级对科学技术发展的两种不同影响

（1）资本主义生产方式在历史上最先自觉地将科学广泛应用于生产，促进了科学的发展

马克思写到："随着资本主义生产的扩展，科学因素第一次被有意识地和广泛地加以发展、应用并体现在生活中，其规模是以往的时代根本想象不到的。"① 资产阶级同封建统治者不同，为了发展生产和推翻束缚着它的封建制度，它需要应用科学、支持科学，大力促进科学进步。同时，资本主义生产的发展，又在相当大的程度上，为自然科学创造了进行研究、观察和实验的物质条件。

近代科学随着资本主义生产的发展而发展。工业上的技术需要，推动了力学、热力学、电学的研究。集约化农业生产的发展，推动了土壤学、有机化学、动物学、植物学、生理学的发展。社会化的大生产既向科学提出研究的课题，又为它提供了解决这些课题的实验仪器手段。这样，它就促使经验科学发展转变为实验和理论的科学，不断推动着科学的进步。

（2）资本主义作为一种剥削制度，对科学的利用和支持，毕竟是有限的

资本主义除了有同科学发展相一致的一面，还有限制和阻碍科学的另一面。因为，资产阶级利用科学的根本目的是为了增值剩余价值。科学，在资

---

① 中共中央马克思恩格斯列宁斯大林著作编译局：《经济学（1861—1863 年）手稿》，参见《马克思恩格斯全集》（第 47 卷），人民出版社，1979 年版，第 572 页。

本家看来，不过是他们致富的手段。正如马克思所说："资本不创造科学，但是它为了生产过程的需要，利用科学，占有科学。"① 资产阶级对科学的这种矛盾态度，造成了资本主义对科学发展的两种不同影响。由于资本家想占有科学，只能把科学当做赚钱的手段。因此，符合这种自私目的的科学成果，它才积极支持。反之，它就压制、反对或者搁置不用。这就必然限制科学研究的方向和规模，延缓科学发展的速度。诚然，现在一些资本主义国家的科学技术仍在发展，在一定时期甚至发展很快。但是，在垄断资产阶级牟取暴利和争夺世界霸权的目的的支配下，这种发展往往是畸形的，这又不能不限制和延缓科学的发展。

（3）在资本主义制度下，"科学对于劳动来说，表现为异己的，敌对的和统治的力量"，资产阶级使科学"和直接劳动相分离"

科学的发展，从根本上看，不断加深着资本主义固有的社会矛盾，并且创造出消除阶级对抗和摆脱贫困的物质条件。

恩格斯早就指出："彻底的自由竞争必然会大大促进新机器的发明，那时机器每天都要排挤掉比现在更多的工人。"② 资本主义制度造成科学与愚昧、财富与贫困的尖锐对抗，造成科学与直接劳动者的分离。而这种情况恰恰是由资本主义生产方式的本质决定的。马克思指出："自然科学在物质生产过程中的运用，同样是建立在这一过程的智力同个别工人的知识、经验和技能相分离的基础上的，正像生产的〔物质〕条件的集中和发展以及这些条件转化为资本是建立在使工人丧失这些条件，使工人同这些条件相分离的基础上的一样。"③ 正因为如此，尽管科学的采用，大大提高了生产力，发展了生产，但是，科学的发展，却丝毫没有缓解资本主义制度的社会矛盾，也根本不可能消除资本家和工人之间的阶级对抗。科学虽然可以为资本家增加财富，却无法挽救剥夺者终将被剥夺的命运。

---

① 中共中央马克思恩格斯列宁斯大林著作编译局：《经济学（1861—1863年）手稿》，参见《马克思恩格斯全集》（第47卷），人民出版社，1979年版，第570页。
② 中共中央马克思恩格斯列宁斯大林著作编译局：《马克思恩格斯全集》（第4卷），人民出版社，1958年版，第288页。
③ 中共中央马克思恩格斯列宁斯大林著作编译局：《马克思恩格斯全集》（第47卷），人民出版社，1979年版，第571页。

事实上，资产阶级想把科学限制在仅仅为自己私利服务的限度内，是不可能的。科学技术革命的成果，是人类改造自然的共同财富。它正在创造出炸毁资本主义生产关系所必需的物质条件。马克思指出："一旦直接形式的劳动不再是财富的巨大源泉，……群众的剩余劳动不再是发展一般财富的条件，同样，少数人的非劳动不再是发展人类头脑的一般能力的条件。于是，以交换价值为基础的生产便会崩溃，直接的物质生产过程本身也就摆脱了贫困和对抗性的形式。"[①] 科学越是发展，从而，社会生产力越是提高，社会生活过程的条件本身就越是受到一般智力的控制并按照这种智力得到改造。那时，以资本主义私有制为基础的社会，就越显得是生产发展，从而也是科学发展的巨大障碍。

总之，科学越是发展，以占有工人的剩余劳动为特征的剥削制度，科学与直接劳动者相脱离，脑力劳动与体力劳动相对立的情况，就越容易成为社会生产和科学发展的桎梏。只有根本改造这种不合理的社会制度，消灭一切剥削和压迫，才能为科学的发展，开辟无限广阔的前景。

五、科学技术和社会主义。发展科学技术在社会主义建设中的重要战略地位

（1）科学需要社会主义

社会主义为科学技术的发展，创造了前所未有的有利条件。只有社会主义，才能充分发挥科学促进社会进步、为全人类造福的无穷潜力。

如前所述，资本主义力图将科学局限于为资本家牟取暴利的范围内，因而，从根本上损害了科学的发展。只有社会主义，才第一次使科学真正成为劳动者的财富，为增进人类福利的崇高目的服务。在社会主义制度下，由于消灭了阶级剥削和压迫，没有一个特殊的社会集团或阶级，试图将科学从属于自己的私利，从而影响和阻碍科学的发展。相反，整个社会需要科学的发展来迅速提高生产力，并且为科学广泛运用于生产和社会生活，开辟了最广

---

① 中共中央马克思恩格斯列宁斯大林著作编译局：《马克思恩格斯全集》（第46卷下册），人民出版社，1979年版，第218页。

阔的道路。

在这里，起决定作用的是，社会主义对资本主义私有制社会关系所实现的根本改造。没有生产关系的社会主义改造，没有公有制的建立，不消灭科学同劳动者的对抗关系，就不可能为科学发展扫除重重障碍。这一点，在马克思和恩格斯的有关论述中，讲得很清楚。马克思主义创始人，早在论证资本主义必然灭亡的科学原理时，就深刻预见到，只有社会主义和共产主义，才能使科学真正造福于全人类。

马克思指出，"个性得到自由发展，因此，并不是为了获得剩余劳动而缩减必要劳动时间，而是直接把社会必要劳动缩减到最低限度，那时，与此相适应，由于给所有的人腾出了时间和创造了手段，个人会在艺术、科学等方面得到发展"[1]。这里，马克思从科学发展的社会条件，指出了消灭资本主义剥削制度的绝对必要性。而早在这之前，恩格斯也强调指出，科学"一旦被自觉地用来为大众造福，人类所肩负的劳动就会很快地减少到最低限度"[2]。恩格斯显然是从科学运用的社会目的的角度，指明了只有对社会制度实行革命改造，才能使科学服务于人民大众。最后，马克思更明确地强调："共产主义者应当指出，只有在共产主义关系下，工艺学上已经达到的真理方能在实践中实现……。"[3] 就是说，只有社会主义和共产主义制度，才为科学技术广泛运用于生产实践，创造了充分的社会条件。马克思和恩格斯所作的这些分析，集中到一点就是，只有用社会主义代替资本主义，才能使科学归属于人民，使科学为改善劳动条件，缩短社会必要劳动时间，无阻碍地运用于生产，成为现实。简言之，科学需要社会主义。

（2）社会主义需要科学。没有现代科学的发展，就没有社会主义的发展。愚昧绝不可能建设社会主义

马克思、恩格斯在有关科学技术的社会作用的论述中，从分析资本主义

---

① 中共中央马克思恩格斯列宁斯大林著作编译局：《马克思恩格斯全集》（第46卷下册），人民出版社，1979年版，第218-219页。

② 中共中央马克思恩格斯列宁斯大林著作编译局：《政治经济学批判大纲》（1843年底—1844年1月），参见《马克思恩格斯全集》（第1卷），人民出版社，1956年版，第616页。

③ 中共中央马克思恩格斯列宁斯大林著作编译局：《马克思致罗兰特·丹尼尔斯》（1851年5月），参见《马克思恩格斯全集》（第27卷），人民出版社，1972年版，第575页。

机器大生产的过程，特别是固定资本的发展，表明科学技术是直接的生产力。这一基本论点，对社会主义社会的发展，同样是适用的。

马克思指出，科学发现及其在技术上的运用，是人类智力劳动的产物。机器等"是变成了人类意志驾驭自然的器官或人类在自然界活动的器官的自然物质。它们是人类的手创造出来的人类头脑的器官；是物化的知识力量。"随着机器大生产的发展，科学"变成了直接的生产力"①。与资本主义不同的是，废除了生产资料的资本主义私有制，建立了以公有制为主体的生产关系，才使整个社会的发展，具有了自觉的性质。社会主义制度下，形成了有计划地充分运用科学管理社会、发展生产的客观基础。只有社会主义，才能在全体规模上和全社会的范围内，自觉地将科学转化为直接的生产力。就是说，社会主义需要科学，是由社会制度的特点和本质决定的。

具体来说，社会主义需要科学，表现在下列几个方面：

1）实现对全社会的计划管理，需要依靠科学。科学理论和科学技术，是计划管理的理论依据和重要手段。实现社会主义现代化，不仅要依靠马克思主义和各门社会科学，而且要运用现代科学技术来掌握社会物质条件的变化和发展进程，以便科学地制订和实施计划，提高对社会生活发展的预测和预见能力。例如，应用数学、控制论、信息论、系统论的原理和方法，对社会进行定性和定量的分析，确定改革和管理的最佳方案；利用电子计算机等现代技术手段，对社会生活的诸多方面，进行科学管理，提高管理效能等。计划管理，说到底就是科学管理。

2）社会主义制度的巩固和发展，最终要靠科学才能解决问题。四个现代化，关键是科学技术的现代化。现代化的生产技术装备、交通工具、各种生产和生活资料，如核电站、自动生产线、电子计算机、人造卫星，以及铁路飞机、轮船等，它们都是人类运用现代化科学技术改造自然的伟大成果，又是推动生产发展的有力工具。社会主义只有充分运用科学的这些成果加速生产力的发展，才能进一步改变人和自然之间的关系，使人们成为自然的主人。归根结底，社会主义只有依靠科学技术的进步，才能创造出比资本主义

---

① 中共中央马克思恩格斯列宁斯大林著作编译局：《马克思恩格斯全集》（第46卷下册），人民出版社，1979年版，第220页。

更高的劳动生产率，逐步提高人们的物质生活水平，使自己立于不败之地。同时，也只有依靠科学技术的进步，才能逐步创造条件，为从根本上消除体力劳动和脑力劳动、工人和农民、城市和乡村之间的对立和差别，为将来实现共产主义，奠定物质基础。

3）建设社会主义精神文明，更离不开科学。马克思曾着重从人的全面发展的角度，论述科学的重要作用。针对资本主义使人片面化的痼疾，马克思指出："技术的胜利，似乎是以道德的败坏为代价换来的。随着人类愈益控制自然，个人却似乎愈益成为别人的奴隶或自身的卑劣行为的奴隶。甚至科学的纯洁光辉仿佛也只能在愚昧无知的黑暗背景上闪耀。"① 在马克思看来，只有社会主义和共产主义，才为道德和技术的协调发展，为人们的精神和体力的全面发展，创造现实的社会条件。

社会主义社会的发展，不仅表现为生产力的发展，物质文明的发展，而且表现为人们科学文化知识的扩展、思想觉悟的提高和社会精神面貌的改变，表现为精神文明的发展。科学既是创造物质文明的强大力量，同时也是精神文明建设的牢固支柱。必须看到，在社会主义社会，科学技术的发展同道德水平的提高，是相辅相成的。随着科学在生产上的广泛应用，劳动生产率的不断提高，人们将有更多的时间和精力，从事科学、文化方面的创造，使智力和体力都得到全面的发展。

社会主义的社会意识，贯穿和体现着科学精神，具有科学的性质。一方面，随着科学知识的普及和发展，宗教的影响将逐渐削弱；另一方面，政治法律思想、道德观念等各种社会意识形态，由于确立了马克思主义的指导地位，从而使自己获得了科学的基础。因此，社会主义的意识形态，是统一的科学的意识形态。它在科学的基础上，对社会进步发挥着观念的、精神的推动作用。

应该强调，发展科学文化，消灭愚昧落后，既是社会主义精神文明建设的重要内容，又是建设精神文明的强大手段。科学知识的普及和发展，关系到人民群众思想道德觉悟水平的提高，关系到全民族精神素质的改善。当今

---

① 中共中央马克思恩格斯列宁斯大林著作编译局：《在"人民报"创刊纪念会上的演说》（1865 年），参见《马克思恩格斯全集》（第 12 卷），人民出版社，1962 年版，第 4 页。

世界，科学越来越成为代表一个民族文明水平的重要标志。因此，我们应当将发展科学和提高道德结合起来，发扬尊重科学、尊重知识的精神，让科学的纯洁光辉，普照社会意识的各个领域，努力促进社会主义精神文明的建设。

总之，社会主义比以往任何社会更加需要科学。历史上还从来没有一个阶级像工人阶级那样，将本阶级的命运同科学紧密联系在一起。这是因为，工人阶级及其革命政党，不依靠科学，就不能推翻旧社会；不依靠科学，更不可能使社会主义得到巩固和发展。以马克思主义为指导的社会主义意识形态，使其社会成员的思想日益科学化，成为具有实事求是的科学思想和勇于革新的科学精神的新人。用共产主义的科学思想，教育和武装人民，自觉地抵制资产阶级腐朽思想和封建残余思想的影响，是使我国社会永远沿着社会主义道路前进的可靠保证。

重新研究恩格斯的《自然辩证法》手稿[*]

恩格斯的《自然辩证法》是一部伟大的马克思主义科学哲学的奠基性著作。恩格斯生前对手稿的最后整理和分类，为我们探讨这部著作的基本思想提供了可靠的依据。

一

恩格斯生前对《自然辩证法》手稿的整理和分类，应该说是他的最后研究成果，也是他为马克思主义科学哲学体系所确定的基本格局。长期以来，苏联一些人孤立地在解释、编排和论证《自然辩证法》写作过程中拟定的两份计划草案上兜圈子，完全忽视了恩格斯本人对手稿的最后整理和分类。这样一来，就违背了恩格斯的遗愿，歪曲了恩格斯长期研究自然科学哲学的实际思想进程。

如果一定要谈恩格斯的研究和写作计划，那么，这里就不仅有被人们片面强调的两份草案，而且至少有五个前后相继，不断补充、修改、发展和丰富的研究和写作计划：

1) 1858 年 7 月 14 日根据细胞学说和能量守恒定律等自然科学重大成果来重新研究黑格尔《自然哲学》的计划；[1]

---

* 原载于《山西大学学报（哲学社会科学版）》，1982 年 2 期。

[1] 中共中央马克思恩格斯列宁斯大林著作编译局：《马克思恩格斯全集》（第 29 卷），人民出版社，1972 版，第 324-325 页。

2）1873 年包括研究自然科学的辩证法详细提纲在内的批判毕希纳庸俗唯物主义的最初写作计划；①

3）1878 年完成《反杜林论》写作之后，根据当时的情况，重新拟定的《自然辩证法》写作计划；②

4）1880 年拟定的进一步完成《自然辩证法》写作的局部计划；③

5）最后，在完成《费尔巴哈与德国古典哲学的终结》之后，对所有同自然辩证法研究直接有关的手稿的整理和分类。④

无疑，恩格斯对全部《自然辩证法》手稿的整理和分类，并不是直接供出版用的。但是，它确实包含了关于完成《自然辩证法》写作的最后计划。可以设想，如果恩格斯在世时这部著作的写作得以完成和出版，那么，问题的论述和安排，将大致同四束手稿分类的意图相近。

这里，必须澄清苏联人长期传播的一种错误观点。他们认为，恩格斯最后对《自然辩证法》手稿的分束整理："材料不是按照主题分类，而仅仅是按照自己完成的程度分类。"⑤ 这完全是一种形式主义的看法，从根本上违背了恩格斯的本来意图。

事实上，恩格斯对手稿的分束整理，首先是主题的分类，即对所要论述的主要问题的最后安排，而绝不仅是形式上的材料归类。四束手稿的每一束都冠有明确的标题就清楚地说明了这一点。只要稍微研究一下编有详细目录的第二束和第三束手稿的内容，就会毫不怀疑，每束手稿的标题也就是该束手稿所要阐述的主题。第二束手稿标题是：《自然研究和辩证法》，所论述的主题是马克思主义科学方法论的基本原则。第三束手稿的标题是：《自然辩

---

① 中共中央马克思恩格斯列宁斯大林著作编译局：《马克思恩格斯全集》（第 20 卷），人民出版社，1971 版，第 542-547 页，591-593 页。

② 中共中央马克思恩格斯列宁斯大林著作编译局：《马克思恩格斯全集》（第 20 卷），人民出版社，1971 版，第 357-358 页。

③ 中共中央马克思恩格斯列宁斯大林著作编译局：《马克思恩格斯全集》（第 20 卷），人民出版社，1971 版，第 359 页。

④ 中共中央马克思恩格斯列宁斯大林著作编译局：《马克思恩格斯全集》（第 20 卷），人民出版社，1971 版，第 797-804 页。

⑤ 论《恩格斯〈自然辩证法〉》，三联出版社，1980 年版，第 141 页。又参看：恩格斯：《自然辩证法》，人民出版社 1957 年版，第 15 页；中共中央马克思恩格斯列宁斯大林著作编译局：《马克思恩格斯全集》（第 20 卷），第 752 页。

证法》，主要是关于辩证自然观的论述。

至于第一束手稿和第四束手稿，也并不完全是按完成的程度，同样主要是根据不同的主题来分类的。因为，这两束手稿中，除了都包含有个别可以独立成篇的长篇札记或未完成的论文之外，还有写于同一时期（1878～1883年）的片断和札记。这些写作时间和完成程度大致相同的材料，被分别归入两束手稿之中，显然只能根据论述问题的不同来加以解释。

第一束手稿围绕着一个鲜明的主题，即哲学和自然科学的关系，分别从哲学史、科学史、科学逻辑、科学分类，以及各个专门自然科学角度，来探讨和论证辩证法是唯一适合当时自然科学发展需要的思维形式。第四束手稿相当大的一部分，都是为写作《自然辩证法》那篇未完成的长篇论文直接作准备的。如果把第四束手稿同前面三束的内容加以对比，有理由推断，恩格斯在这里是力图从数学和自然科学的实际材料出发，来阐明辩证法的一般性质和主要规律。这也就是这一束手稿的主题。

其次，更重要的是，四束手稿所包含的内容，比以往拟定的任何研究和写作计划都更丰富，而在材料的主题分类和安排上，更能体现恩格斯晚年研究思想的历史发展和当时哲学与自然科学发展的特点和趋势。

值得研究的是，什么原因促使恩格斯在最后整理手稿时，把原来不属于《自然辩证法》写作计划之内的材料，归并在四束手稿之内，而且给予了同1878年拟定的写作计划格局很不相同的安排呢？我们认为，这反映了恩格斯晚年对自然科学哲学的研究思想的进一步提炼和发展。

从恩格斯最后中断《自然辩证法》的写作（1883年）到他逝世前对全部手稿的分类整理，这段时间正是临近物理学革命的前夕。当时，电学理论和电气技术运用的迅速发展，特别是数学向一切自然科学部门的渗透，物理学数学化的趋势，以及新康德主义有盛无衰的传播，所有这些都曾引起恩格斯很多的关注。从哲学和自然科学进一步发展总的潮流来看，认识论和科学方法论的问题在科学研究中，占有越来越重要的地位。这一点，显然是恩格斯敏锐感觉到了的。

因此，表现在手稿的编排格局上，恩格斯除了继续重视哲学和自然科学关系的探讨而外，更突出了认识论和科学方法论的研究。新增加的材料，几乎全部是用来论述这个问题的（手稿第二束），就是最有力的证明。

总之，《自然辩证法》手稿虽然是一部未完成的著作，但四束手稿的划分，对于它所要论述的主题，比以往任何时候，都作了更明确的概括。这种概括本身，既贯彻了恩格斯 30 多年研究科学哲学问题的基本思想，又表达了他最后完成《自然辩证法》写作的意图。

二

以恩格斯关于四束手稿的划分为依据，重新研究《自然辩证法》的基本思想，我们认为，下列问题特别值得深入探讨。

1. 恩格斯一贯重视对庸俗唯物主义的批判

传统的看法认为，《自然辩证法》手稿主要是批判肤浅的经验论，同时是反对黑格尔《自然哲学》先验论的。这样认识，是很不全面的。同长期流行的观念相反，在恩格斯看来，要把唯物主义哲学不断地推向前进，绝不只是应当同各种形式的唯心主义进行坚持不懈的斗争；在某种情况下，甚至更为重要的是，特别要防止唯物主义阵营内部的停滞、腐化和倒退的倾向。在 19 世纪 50～70 年代，这种腐化倾向的典型代表，就是盛极一时的毕希纳等的庸俗唯物主义。经过长期酝酿之后，恩格斯决定动手写作《自然辩证法》时，最初拟定的计划，就是从批判毕希纳开始，这绝不是偶然的。

在《自然辩证法》手稿中，反毕希纳的计划大纲同关于自然科学的辩证法的札记写在同一页手稿上，而且，后者是插在前者中间。题为“毕希纳”的片断写在手稿第一页的开头，紧跟在它后面的就是同 1873 年 5 月 30 日恩格斯致马克思的信内容完全一致，关于正面论述自然辩证法的第一个全面构思的札记，而在同一页手稿的末尾，则是关于批判毕希纳的某些补充评论[1]。这个事实确切地表明，在恩格斯制订《自然辩证法》的最初写作计划时，就把反对庸俗唯物主义的斗争，同研究运动形式的辩证转化，紧密联系在一起。实际上，这是同一任务的两个不可分割的方面。唯物主义哲学，如果不

---

① 中共中央马克思恩格斯列宁斯大林著作编译局：《自然辩证法》，人民出版社，1957 年版，第 282-283 页。

能从自然科学那里不断吸取营养来发展自己，要想克服使它本身庸俗化的倾向，是根本不可能的。反对庸俗唯物主义的斗争，是进行自然辩证法研究的必要条件和重要组成部分。恩格斯在写作《自然辩证法》的整个过程中，都坚持了这一鲜明的指导思想。

后来，写作反毕希纳论著的计划虽然没有原封不动地实现，但恩格斯始终没有放松对庸俗唯物主义的批判。在着手写作《反杜林论》时，恩格斯曾明确指出，杜林的《哲学教程》"这本东西的庸俗程度超过以往的一切"①。在《〈反杜林论〉旧序》中，恩格斯更直接地谈到了批判杜林同反对毕希纳等的庸俗唯物主义的一致性。在《费尔巴哈与德国古典哲学的终结》中，恩格斯再次严厉地批判了庸俗唯物主义，指出毕希纳等不过是一些"把唯物主义庸俗化的小贩"、"叫卖者"，"在进一步发展理论方面，他们实际上什么事也没有做"②。最后，恩格斯在整理手稿时，把《〈反杜林论〉旧序》和《〈费尔巴哈〉的删节部分》都归并到《自然辩证法》手稿中，更加清楚地说明，写作《自然辩证法》的全过程，同批判庸俗唯物主义的斗争是分不开的。

忽视和忌讳恩格斯对庸俗唯物主义的斗争，是苏联一些人研究《自然辩证法》的一个根本错误，也是他们思想长期僵化的一种突出表现。因为，20世纪40年代初期，当他们按照《联共（布）党史》第四章第二节的模式来重新编定《自然辩证法》手稿时，在处理马克思主义哲学同现代自然科学的关系上，他们恰好就是采取一种庸俗唯物主义的态度。直到晚近时期，凯德洛夫仍然声称，批判毕希纳在整个自然辩证法的研究中，只"占据一个微不足道的位置"③。这表明，他们继续把恩格斯反毕希纳论纲的基本思想同对自然科学辩证法的研究计划完全割裂开来。历史已经证明，这样做只能使自然辩证法的理论研究，脱离现代科学发展的潮流，是根本违背恩格斯研究自然科学哲学所开创的历史唯物主义传统的。

---

① 中共中央马克思恩格斯列宁斯大林著作编译局：《马克思恩格斯全集》（第34卷），人民出版社，1972年版，第28页。

② 中共中央马克思恩格斯列宁斯大林著作编译局：《马克思恩格斯全集》（第21卷），人民出版社，1965年版，第321页。

③ 《论恩格斯〈自然辩证法〉》，三联出版社，1980年版，第20页。

2. 认识论和具体的自然科学研究相结合是马克思主义科学方法论的基本原则

恩格斯一向重视科学方法论的研究，这种研究在整个自然辩证法的思想体系中，占有突出的位置。从第二束手稿的内容来看，恩格斯晚年，是计划把认识论和科学方法论当作一个相对独立的重要部分来加以研究和论述的。

然而，20 世纪 40 年代初期苏联在重新编排《自然辩证法》时，却把这一部分手稿拆得四零五散。这样，在全部手稿中，主要作为认识论和科学方法论问题的论述，就从根本上被取消了。从此以后，长期流行着一种简单化的看法，似乎只要讲辩证法的基本规律和辩证逻辑，就可以代替科学方法论的研究。和这相反，近些年来又有一种看法认为，科学方法论的研究，可以不管哲学观点如何，完全独立于哲学之外。

这些看法，同恩格斯的思想是格格不入的。编入第二束手稿的论文和札记，集中表明：科学方法论同认识论是不能分开的。在对自然科学的研究中，必须善于抓住那些对科学进展带有普遍性和关键性的问题，从哲学基本观点和思维方法的原则高度来加以解决。只有这样，才能不断地为自然科学研究排除思想障碍，发挥哲学方法对自然研究的启发作用。

例如，数学的无限在现实世界的原型，就是当时科学发展中一个具有认识论意义的重大问题。在 19 世纪下半叶，数学有了很大的发展，它开始渗透到许多学科，特别是物理学领域，成为一种普遍的科学研究方法。恩格斯敏锐地看出，只有把数学计算和辩证思维结合起来，把数学方法提高到认识论的高度加以研究，正确阐释纯数学的现实根源，才能促进自然研究的进一步发展。恩格斯以微积分为例，着重指出，它并不是人类精神的纯粹的"自由创造物和想象物"，而是从现实中抽象出来的。因而，微积分中运用的多阶无限的纯数学的抽象方法，看起来似乎是神秘的和无法解释的现象，其实都来自客观世界的原型。恩格斯对所谓纯数学的唯心主义认识论根源的揭露，其意义绝不局限于数学的专门领域，而是具有普遍的科学方法论价值。它从具体的数学研究中，阐明了唯物主义认识论的普遍原则。"我们的主观的思维和客观的世界服从于同样的规律，因而两者在自己的结果中不能互相矛盾，而必须彼此一致，这个事实绝对地统治着我们的整个理论思维。它是我们的理论思维的不自觉的和无条件的前提。"①

　　同样，在《关于"机械的"自然观》《关于耐格里的没有能力认识无限》《〈费尔巴哈〉的删略部分》这些长篇札记中，恩格斯总是紧密结合科学研究的具体实际，来阐述认识论的一般原理。他着重说明，科学方法论的研究同辩证法是不能分离的，反之亦然。恩格斯在上述札记中，对危害科学发展的机械论、不可知论和庸俗唯物主义进行了尖锐的批判。这启示我们，科学方法论的研究同哲学上对立观点的斗争是分不开的。

　　《劳动在从猿到人转变过程中的作用》一文，在第二束手稿中占有重要的位置。苏联人根据他们对所谓《总计划草案》的理解，把这篇材料编在《自然辩证法》论文的最后部分。这表明，他们为了制造封闭的自然体系的需要，牺牲了恩格斯的方法。其实，这篇论文被编入第二束手稿而不是第三束手稿，说明恩格斯本人更重视它的认识论和科学方法论价值。事实上，把历史唯物主义观点引入自然科学的研究，强调劳动在促进古猿向人转变过程中的作用，从而为人类起源问题的研究开拓了新的视野，这本身就具有重要的科学方法论意义。恩格斯的分析表明，只有把唯物史观同人类起源的自然科学研究结合在一起，才能在自然科学和社会科学之间，架起彼此过渡的桥梁，为科学的发展开辟更广阔的道路。

　　最后，《〈反杜林论〉旧序，论辩证法》论述了自然科学复归辩证法的历史必然性。恩格斯着重表明，自然科学发展的内在需要，是我们提倡自然科学家自愿研究辩证哲学的基础。因而，把"由于自然科学的发现本身所具有的力量而自然地实现"②复归辩证法的道路，同提倡自然科学家自愿地学习哲学的道路对立起来，是根本错误的。今天，重新研究和正确领会恩格斯阐明的这些重要思想，对于我们仍然具有非常现实的方法论意义。历史的经验告诉我们，在马克思主义哲学居于指导地位的社会主义国家，自然科学家只有以自己的专业实践为基础，去学习和掌握唯物辩证法，才能避免简单化和庸俗化的倾向。过分夸大和片面强调所谓"自觉的"道路，贬低甚至排斥自

---

①　中共中央马克思恩格斯列宁斯大林著作编译局：《马克思恩格斯全集》（第20卷），人民出版社，1971年版，第610页。

②　中共中央马克思恩格斯列宁斯大林著作编译局：《马克思恩格斯全集》（第20卷），人民出版社，1971年版，第385页。

然复归辩证法的道路的作用，只能使我们陷入"拔苗助长"的泥坑之中，给哲学和自然科学的发展造成灾难。

总之，科学方法论既不是可以现成拿来铸造出科学理论的固定模式，也不是可以游离于哲学基本观点之外的某种东西。它只能根据科学和哲学实际进展提出的问题来确定自己的研究对象。强调认识论同具体的自然科学研究相结合，就是恩格斯为我们确立的马克思主义科学方法论的基本原则。

3. 辩证的自然图景必须随着自然科学的发展而不断改变

《自然辩证法》手稿的第三束，主要是用来论述自然界发展的辩证本质的。恩格斯在手稿写作的第二阶段（1878～1883年），虽然着重研究了这方面的问题，但是，在最后整理手稿时，却并不像人们后来所赋予它的那样重要的位置。这反映了恩格斯晚年的研究思想的发展和变化。最明显的是，关于认识论和科学方法论的研究更加突出了，而关于自然观本体论的论述则只是作为全部手稿的一个较为次要的部分。

然而，20世纪30年代以后，苏联人对手稿的研究却走了一个相反的方向。他们强调，关于自然图景的本体论描述，是全部《自然辩证法》论述的中心部分。自50年代后期，虽然科学方法论的研究越来越受到重视，但仍带有明显的形而上学烙印。例如，凯德洛夫《论恩格斯〈自然辩证法〉》的专著中，即使在着重探讨恩格斯手稿中所运用的"马克思主义的方法"时，也还是局限于阐述从机械运动直到人类社会出现的本体论问题。这样，就造成一种致命的恶果：使《自然辩证法》的真正有价值的科学思想，越来越同当代科学哲学发展的主流相脱节，同自然科学和哲学发展的历史趋向相背离。

如果说，在恩格斯时代，自然研究的本体论问题，在马克思主义的科学哲学体系中，毕竟还有其一定的位置的话，那么，由于20世纪以来自然科学一系列伟大的革命，自然观的本体论研究已逐渐完全转到实证科学的研究领域了。例如，相对论特别是广义相对论的创立，现代宇宙论的兴起，各种宇宙演化模型的提出，使得任何用哲学的思辨来描述宇宙无限发展的图景，都成为多余的了。传统意义上自然观本体论的研究，即所谓"四大起源"（天体、地球、生命、人类）问题，现今已纯属专门自然科学所要解决的难题。早在 20 世纪初，它们已经开始成为科普读物论述的对象。任何哲学的猜测和描绘，在这里不但无济于事，而且显然是一种包办代替和倒退。

辩证的自然观，本质上已经不是传统意义上关于自然体系的本体论描述，而只是关于同形而上学相对立的一种思维方法的研究。它强调的是要用辩证发展的观点来看待自然界。用恩格斯的话来说，存在于自然界中的对立和区别，"只具有相对意义，相反的，它们那些被设想的固定性和绝对意义，则只不过是被我们人的反思带进自然界的——这样的一种认识，构成辩证自然观的核心。"① 因此，在辩证自然观的研究中，我们应着重辩证自然观核心思想的探讨和发挥，而不必拘守于恩格斯关于自然图景的描述。后者总要受到历史条件的局限，前者才是具有普遍认识论价值的东西。

4. 第四束手稿的主题

这是一个长期令人迷惑莫解的问题。解开这个谜底，很可能成为我们正确理解恩格斯全部手稿基本思想的一个关键。

恩格斯为这束手稿拟定的标题是：《数学和自然科学。不同的东西》。然而，引人注目的是，《辩证法》这篇未写完的论文被归入这一束，似乎同这束手稿的标题并不相符。《辩证法》这篇论文只写完了质量互变这一部分，着重强调黑格尔阐明的辩证法规律并不是神秘主义。其余两个规律，在这束手稿中，也都准备了相应的材料，是计划要写完的。例如，对立的相互渗透的规律，从力学、物理学（特别是电学）、化学及生物学方面写了专门的札记；否定之否定规律，除了从黑格尔的论述中（《逻辑学》第一卷）作了摘录外，还特别从数学方面写了专门的札记："零是任何一个确定的量的否定，所以不是没有内容的。"② 很清楚，恩格斯的原意是想用数学和自然科学的材料，从自然界本身来论述唯物辩证法的本质及其主要规律的。目的是"想表明辩证法的规律是自然界的实在的发展规律，因而对于理论自然科学也是有

---

① 中共中央马克思恩格斯列宁斯大林著作编译局：《马克思恩格斯全集》（第 20 卷），人民出版社，1971 年版，第 16 页。

② 中共中央马克思恩格斯列宁斯大林著作编译局：《马克思恩格斯全集》（第 20 卷），人民出版社，1971 版，第 604-606 页。

效的"①。

阐明自然辩证法同黑格尔《自然哲学》的联系及其区别，始终是恩格斯研究自然科学的一个主要目的。在 30 年的时间里，恩格斯特别关注的是，如何用自然科学的成果来阐明黑格尔辩证法的合理性质及其主要规律，使其被自然科学家了解。但是，直到最后，这个工作也未能完成。这就是第四束手稿遗留给我们的状况。从这个角度来考虑问题，也许能帮助我们正确把握第四束手稿的主题及《自然辩证法》全书的基本指导思想。

<h2 style="text-align:center">三</h2>

为了恢复、继承和发扬恩格斯在《自然辩证法》手稿中所开创的历史唯物主义传统精神，我们必须努力适应现代科学和哲学前进的步伐，用发展的观点来研究自然辩证法理论的本身。

首先，最重要的是要打破传统的封闭体系，重新研究全部手稿的基本精神，恢复恩格斯遗留给我们的手稿的本来面目。1925 年《自然辩证法》第一版的编排，大体是忠实于恩格斯遗愿的。后来，苏联人以伯恩斯坦等可能改变了第一、四两束手稿的个别札记的位置为借口，重新按照所谓《总计划草案》加以编排，实际上只是把他们自己的思想强加给恩格斯。按照手稿的本来面目，马克思主义的科学哲学是一个开放的体系。它只有特别注意并且善于吸取自然科学哲学所取得的成果，才能使自己保持永不衰竭的旺盛的生命力。

其次，马克思主义的科学哲学，必须着重认识论和科学方法论的研究。这是现代哲学和科学进一步分化，同时又相互渗透的历史进步趋势。方法论的研究，可以而且应当批判地吸取西方科学哲学发展的成果。不论波普尔、库恩还是拉卡托斯，在他们的方法论研究中，都包含着丰富的辩证法思想因素。马克思主义的科学哲学研究，如果无视这些成果，只能使自己孤立于现代科学发展的潮流之外。例如，波普尔的批判理性主义和库恩的科学革命理

---

① 中共中央马克思恩格斯列宁斯大林著作编译局：《马克思恩格斯全集》（第 20 卷），人民出版社，1971 版，第 402 页。

论，都具有反经验归纳主义的特点。这种情况同恩格斯时代所侧重批判的经验主义倾向，已经有了很大的改变。科学方法论的研究，如果不注意这种新的形势，就会无的放矢，使自己处于被动地位。

总之，恢复《自然辩证法》手稿的本来面目，重新研究恩格斯给每束手稿分类的主题思想，以及四束手稿的相互联系，将能推动我们把自然辩证法的理论研究，同现代科学的发展，首先是同现代自然科学唯物主义的发展，紧密结合起来，恢复它的青春活力。

要重视研究恩格斯对《自然辩证法》手稿的四束分类[*]

$\quad$《自然辩证法》是恩格斯一部未完成、生前未曾发表过的遗稿。从动手写作到终止写作前后约 20 年的时间。恩格斯在写作过程中曾拟定过几个写作计划，最后又进行过分类整理（即四束手稿分类）。应该说，恩格斯生前对手稿的最后分类整理，是他的最后研究成果。它为马克思主义自然哲学体系确定了基本格局。但是，长期以来，苏联和我国在编排《自然辩证法》手稿时，只注意手稿写作中的两份计划草案，完全忽视了恩格斯对手稿的最后分类整理。因而违背了恩格斯的遗愿，歪曲了手稿的写作意图和基本思想。

$\quad$《自然辩证法》手稿最初于 1925 年在苏联发表。这一版虽然不是以恩格斯标定的四束札记的题目为序编排的，但对四束分类整理还没有大的破坏，大体上是忠实于恩格斯的遗愿的。后来，新版的编排情况就不大一样了（我们把 1925 年版叫旧版，1941 年版叫新版）。编者以伯恩斯坦可能搞乱了一、四两束手稿的某些札记的位置为理由，重新以《总计划草案》为根据来编排，实际上把他们自己的思想强加给了恩格斯。以后，苏联和我国就把这种编排作为一种不容改变的格式固定下来，似乎这是恩格斯本人所确定的。

$\quad$其实这种编排违背了恩格斯的本意。他们改变按手稿原样出版的理由是根本站不住脚的。尽管他们指责伯恩斯坦长期没有发表恩格斯原稿是一种罪行，但并没有充分根据来怀疑他和阿隆斯破坏了手稿遗留下来的本来面目，

---

* 原载于《科学、技术与辩证法》，1984 年 1 期（创刊号）。

更没有理由怀疑四束分类和标题是恩格斯本人确定的。那为什么不以恩格斯的分类整理来出版手稿，以便后人加以研究呢？显然，单说手稿在伯恩斯坦手里是那个样子，所以不能原样出版，这是没有充分说服力的。

新版编者还否认恩格斯对手稿的四束分类是主题分类。他们在编排新版时是按照他们理解的所谓"主题分类"进行的。按照新版编排的结果，较长篇的论文（包括已完成和未完成）和较短的札记分开了。并且札记部分又按编者拟定的题目进行了归类，给人一种似乎是完成了的著作的印象。这样对初学者阅读起来是方便些，但是，实质上这种所谓主题分类，很大程度上是任意的、人为的，破坏了恩格斯本人所作的主题分类。

这里，笔者不详述恩格斯作的四束分类本身就是明确的主题分类，因为下文还要专门讲这一问题。笔者只想指出新版在许多重大问题上处理得十分轻率。例如，关于划分论文与札记，是按篇幅长短划分？还是按论述问题的重要性来划分？《关于现实世界中数学无限的原型》、《关于"机械的"自然观》及《偶然性和必然性》等，既比《热》这篇未完成的论文文字长，又比它重要，为什么不编入论文而作为札记和片段？这该如何理解？再比如，关于哲学与自然科学的关系问题，这是恩格斯第一束手稿的主题。在探索这一问题中，恩格斯阐述了哲学与自然科学"相互补偿"的重要思想。但在新版中只编入了反对自然科学家形而上学经验主义倾向的内容，而没有同时编入哲学必须以自然科学为基础的内容。

因此，尽管新版的勘误、考证，主要文献索引等细节方面有不可否定的优点，但从总的指导思想上看，比旧版使手稿更加面目全非。片面地强调恩格斯的两份写作计划，而不全面地研究恩格斯写作与思想的历史发展，特别是从根本上否定了恩格斯最后的分类整理所包含的基本思想和深刻意图，这是新版的致命弱点。

按照新的编排，手稿的基本思想受到了严重歪曲。也就是说使一部在马克思主义理论遗产中占有重要地位的自然哲学著作，变成了一部单纯描写自然发展史的著作。"四大起源"成了主题，使在手稿中占有核心地位的科学方法论的内容被忽视了。这就从根本上歪曲和背离了恩格斯的写作意图和手稿的光辉思想。

第一，新版的编排，片面地解释了恩格斯写作的最初提纲，割裂了自然科学的辩证法同批评庸俗唯物主义的内在联系。单用 1873 年 5 月 30 日恩格斯致马克思的那封信作提纲，是不能抓住手稿的要领的。因为从手稿的原件上看，那封信的内容是包含在最初拟定的批判毕希纳大纲之内的。而从手稿的全部写作过程来看，综合自然科学的最新成果，阐述自然界的客观辩证法同批判庸俗唯物主义的观点，恰恰是不可分割的。所以，绝不能说，批判毕希纳在整个手稿写作过程中只"占据一个微不足道的位置"①。

依照笔者的看法，理解全部手稿的精髓，不在于包含有 19 世纪自然界辩证发展图景，即论述"四大起源"的旧导言，而是《〈反杜林论〉旧序》和《辩证法》那两篇文章。正是这两篇文章，体现了恩格斯研究自然哲学的一贯思想，即依据自然科学的新材料，从唯物主义立场出发，对黑格尔的辩证法，特别是《自然哲学》进行批判改造。这种研究的本身，也就是对当时流行的庸俗唯物主义最有力的批判。

第二，单以局部计划草案和总计划草案第四项和第五项《关于各门科学及其辩证内容的简述》而论，把它说成是"某种类似前《资本论》的东西。也就是人类社会的某种前史"，也是错误的。

分析一下《运动的基本形式》《功》《电》这三篇完整的论文就可以看出，恩格斯的用意并不是超越或代替自然科学去编造新的自然体系。这几篇论文，每一篇都以一半以上的篇幅批判自然科学界流传的过时的、陈旧的概念。这一组以论述物质运动及其运动形式转化为主题的论文，始终坚持的是在不断批判形而上学观点中阐明新的辩证自然观。因此绝不能把恩格斯对运动形式及其转化的论述片面地归结为自然发展史。

第三，新版把物质运动形式及其转化的学说视为全部手稿的主题和核心，忽视了手稿写作后期恩格斯对主观辩证法、认识论和科学方法论的强调，忽视了总计划草案六、七两项批判不可知论和机械论的重要性。

关于批判耐格里的札记和批判机械论自然观的札记，都是属于手稿写作后期的作品。对不可知论和机械论的批判，说明了恩格斯对主观辩证法的注意。但是，新版忽视了恩格斯写作后期对主观辩证法的注视，因而也忽视了科学认识论问题，即科学方法论的研究。特别是新版完全拆散了第二束手

---

① 凯德洛夫：《论恩格斯〈自然辩证法〉》，三联书店，1980 年版，第 20 页。

稿；而忽视了第二束手稿，就是抛弃了全部手稿的核心。因为按其重要性来说，第二束手稿所要阐明的问题，实际是对哲学和科学进一步发展的历史趋势的预见和分析。这一问题至今对我们研究自然哲学或科学哲学的发展，都有极其重要的现实意义。

第四，还应当指出，把《运动的基本形式》那组论文当作全部手稿的主体，把导言后半部分"四大起源"当作贯穿始终的核心，实际上是退回到旧的自然哲学中。

尽管苏联一些人口头上很反对旧的自然哲学，但实际上，他们着意论述的从天体起源到猴子变人的自然体系，就是妄图凌驾于实证科学之上的旧自然哲学的现代版。认真说来，"四大起源"问题，不但现在不是自然哲学或者科学哲学的主题，就是在恩格斯晚年，他本人也没有把这个问题看得那么重要。旧导言只被作为第三束手稿的一部分编入手稿，他本人并没有赋予它多么重要的地位。而且还标了一个"旧"字，就是说，恩格斯本来是要写一篇新导言来代替它的。可以推想，恩格斯所要改动的部分可能主要是旧导言后半部分论述自然发展史的问题。最具讽刺意味的是，19 世纪八九十年代，恩格斯本人就想修改的旧导言，却在 20 世纪 40 年代以后，重新被当作全部手稿编排的总纲。这不是歪曲和倒退，又是什么？

由此可见，片面地以两份计划草案来编排，把"四大起源"作为永恒的主题，忽视恩格斯对手稿的最后分类整理，就会歪曲和背离手稿的基本思想。遗憾的是，从 20 世纪 40 年代到现在，这种编排格式及其指导思想还没有从根本上改变。因此，重视研究恩格斯手稿，排除多年来对手稿的歪曲，恢复和发扬它本来的面目和青春活力，就成了我们马克思主义者当前义不容辞和刻不容缓的任务。

笔者认为，以四束手稿分类为最后依据来研究全部手稿是恢复手稿本来面目的关键所在。如果把四束分类和总计划草案比较一下，就很清楚，四束分类比总计划草案站得更高，看得更远。首先从时间上看，总计划草案在先，四束分类整理在后，这一点苏联人也不否认；其次从内容上看，四束分类绝不是恩格斯对材料随随便便的一种处理，而是经过深思熟虑的整理的结果。它包含着总计划草案的内容，又比总计划草案更丰富，主题思想更集中、更精炼、更明确。

从手稿的写作过程看，恩格斯是经过不断修改、完善、加工提炼自己的构思和写作计划，最后才达到对手稿的分类整理的结果。如果把恩格斯的写作过程划分成几个阶段，那么可以把 1873 年恩格斯写作批判毕希纳大纲到 1878 年完成《反杜林论》算为第一个阶段，1878～1883 年马克思逝世为第二个阶段。1883 年到手稿的最后分类为第三个阶段。第一个阶段，恩格斯批判了庸俗唯物主义，阐述了物质与运动的相互联系，运动是物质的存在方式的原理；第二阶段，恩格斯进一步拟定了两份写作计划，即局部计划草案和总计划草案；第三阶段虽然新增加的材料不多，但其重要性和思想成熟的程度，绝不亚于写作的第二阶段。可见，恩格斯最后对手稿的分束整理是一种深思熟虑的结果，而不是一种简单的材料处理。

特别是写作过程的最后阶段，一方面处于物理学革命的前夕；另一方面马克思主义同新康德主义、实证主义的斗争更加尖锐。恩格斯绝不会不考虑科学的发展和哲学斗争的实际情况而拘泥于原先的某个写作计划。事实上，恩格斯本人对手稿的最后分类整理，已经对第二个阶段总计划草案作了大幅度的修改。只要我们认真分析一下手稿的各束内容就十分清楚了。恩格斯的分类整理首先是主题分类，而冠于每束之首的标题就是该束所要阐明的主题。

第一束手稿的标题是："辩证法与自然科学"。它是总计划草案中的一、二、四、六、七项的进一步综合和提炼，并增加和丰富了新的内容，如科学逻辑部分就是第二个写作阶段新加的。所谓辩证法与自然科学，实即哲学与科学的关系。因为恩格斯在许多场合是把"辩证法"这个概念同哲学，即把理论思维的概念等同使用的。而且从手稿的内容看，也着重讲的或者要解决的是哲学与科学的关系，特别是两者进一步发展怎样紧密结合的道路问题。恩格斯要强调的基本思想是：在新的情况下，解决哲学和科学的关系，不是单方面的相互排斥或取代，而是要求彼此之间的"相互补偿"、相互促进。

为什么恩格斯如此重视这一问题（他将总计划草案一半以上的项目列入这一主题）？这要从近代哲学与科学发展的历史来考察。

从哲学史的角度说，19 世纪中叶，马克思主义产生以后，面临着经验论和唯理论两种历史传统怎样在新的基础上、新的条件下相互结合的问题。它既不能忽视经验科学的巨大发展和划时代的成就，又不能允许退回到黑格尔自然哲学的思辨。从当时的现实看，主要是回答休谟和康德提出的挑战，继承和发扬培根关于哲学要与科学"结婚"的伟大思想。

从自然科学史来说，19世纪中叶以后，随着实证科学的大踏步前进，天文学、地质学、物理学、化学、生物学的迅速发展，自然科学与传统科学的狭隘经验论的思维方法的矛盾变得十分尖锐。然而，解决这一矛盾，摆脱实证思潮对自然科学的有害影响，靠黑格尔的哲学是不行的。因为他的绝对唯心主义，本质上是违背自然科学本性的。所以作为马克思主义创始人的恩格斯不能不思考这一问题。

从以上的高度看待问题，恩格斯晚年把总计划草案一、二、四、六、七项合并为一个主题，作为全部手稿的首要问题，即"辩证法和自然科学"，也就是哲学与实证科学的关系问题，这不是简单地把几个项目的材料并到一起，而是进一步集中、提高、深化了总计划草案中一、二、四、六、七项的主题思想。它既指明了哲学本身进一步发展的道路，又论证了自然科学复归辩证法的历史必然性。

科学方法论问题，即在自然科学研究过程中，如何运用唯物辩证法的观点和方法进行考察和分析，是19世纪末叶，科学发展中一个十分迫切的问题。总计划草案中，虽然也涉及这方面的内容（如六、七两项），但并未形成手稿中一个相对独立的重要部分。恩格斯在加工、整理手稿的过程中，才把它作为一个独立的重要部分提炼出来，并成了全部手稿的核心。所以，这束手稿的大部分是总计划中没有的。例如，《反杜林论》（二版）的三个长篇注释：《关于现实世界中数学的无限的原型》、《关于'机械的'自然观》及《关于耐格里的没有能力认识无限》，还有《费尔巴哈》的删略部分。这说明恩格斯在材料整理、加工过程中，对科学方法论将成为未来自然哲学或科学哲学发展的重心，有极大的敏感性和深刻的洞察力。从今天来看，这一束手稿的编定具有超越时代的重大历史预见性。

然而，正是这样一个十分重大的问题，它特有的鲜明性，却被苏联版的编排给弄得模糊不清了。这不能不令人遗憾。在旧版中，《反杜林论》三个重要的补注，还被单独列为一项，并按恩格斯规定的第二束手稿目录编排在一起。新版却将其拆散得乱七八糟、四零五散，如此等等，使人莫名其妙。

这样，恩格斯在这束手稿中所论述的主题，实际上被完全破坏了。这使马克思主义自然哲学的发展，特别是科学方法论的研究，在很大程度上，脱离了现代科学的发展，陷入到思辨的歧途；另外，人们以为科学方法论问题，是西方科学哲学特有的，以致拒绝从其中吸取有价值的东西。

第三束手稿的标题是：《自然辩证法》。过去对这束手稿研究得比较多，但往往陷入单讲自然发展史的片面性。只有清除这种片面性，我们对辩证法的自然观才会有一个正确的了解。因为谈到自然观，就必然涉及主观认识的因素。所以绝不可能把辩证的自然观，简单地归结为自然界各种运动形式的辩证转化，就是说，不能够单纯用关于客观物质运动形式转化的描述来代替辩证的自然观。

恩格斯在最后编定第三束手稿时，把《神灵世界中的自然科学》这篇论文，从第二束手稿中抽出来同《运动的基本形式》，编入第三束手稿，是对主观辩证法的一种强调。这种意图应该说是很清楚的。

需要指出的是，这束手稿的主体部分，是总计划草案的四、五项和第一项部分内容的扩大。它的基本精神是在批判旧的形而上学自然观的过程中，阐明辩证自然观的核心。正如恩格斯在《反杜林论》二版序言中指出的，那些过去被人们认为是不可调和的，不可解决的对立和区别，它们在自然界中的存在"只有相对的意义，相反的，它们那些被设想的固定性和绝对意义，则只不过是被我们人的反思带进自然界的——这样的一种认识，构成辩证自然观的核心"。

第四束手稿的标题是：《数学和自然科学。不同的东西》。这束手稿的主题是什么？争议颇多。单从标题上看，似乎同总计划草案第五项内容相近，是论述各种专门科学的哲学问题。但从手稿的材料上看，同开头的《辩证法》那个长篇未完成的论文主题是相近的。看来同总计划草案的第三项是一致的。这就是说，恩格斯主要是用数学和自然科学的适当例子来说明辩证法的普遍性，论述自然辩证法手稿同黑格尔辩证法，特别是《自然哲学》的联系和区别。这束手稿共有42条札记（不包括8页数学计算手稿），其中直接引述或涉及黑格尔哲学的就有12条，占总数的1/4以上。仔细阅读一下第四束手稿，特别是《辩证法》那篇长文，就不难确信，恩格斯本人，是想用数学与自然科学方面的例子，来阐明黑格尔著作中那些"正确的和天才的东西"①，并说明马克思主义自然哲学同黑格尔自然哲学的联系和区别。

这样，四束手稿分类的结尾部分，就同总计划草案和新版的编排，大为不同了。四束手稿分类是以回溯其理论来源与开头部分（辩证法与自然科学）相对应。照我们的理解，手稿的首尾部分都是谈哲学与自然科学的关系，探讨马克思主义者应如何正确对待这个问题的态度。把论述马克思主义自然哲学的理论来源作为全部手稿的结尾部分，比起论述从猿到人的过渡作为结尾，显得更为优越，更为合理。因为后者只是单纯地强调了自然发展史，忽视了科学方法论在手稿中所占的核心地位。恩格斯本人最后把《劳动在从猿到人转变过程中的作用》一文，主要从科学方法论的角度归入第二束手稿。这种处理，从构思上说，就大大超越了总计划草案的结尾，使其更符合 19 世纪末哲学和自然科学发展的历史趋势。因为，这个时候，自然史的基本内容，已逐渐转为实证科学（天文学、地质学、生物学、人类学等）研究的领域，不再是哲学思辨的对象了。

通过对四束手稿内容的分析，恩格斯的写作意图和基本思想就十分清楚了。如果说哲学与自然科学的关系是手稿的主线，那么科学方法论和辩证自然观的紧密联系就构成全部手稿的核心部分；而辩证的自然图景，则只具有受到当时科学发展水平严格限制的历史意义，它绝不能代替辩证的自然观。拯救黑格尔的自觉辩证法，依据科学的新成果，批判地吸取其《自然哲学》的合理思想，以创建新的自然观，才是恩格斯写作《自然辩证法》手稿的最后目的。

这样看来，依据四束手稿分类，就比以往任何写作计划，包括总计划草案在内的思想要丰富得多，主题也更集中和鲜明。拿四束手稿分类同总计划草案相比，就显得恩格斯本人对问题的认识，大大前进了一步。最后的分类整理不仅修改了以前的写作计划，而且为我们后人的继续探索，留下了很大的活动余地。

---

① 中共中央马克思恩格斯列宁斯大林著作编译局：《马克思恩格斯全集》（第 38 卷），人民出版社，1959 年版，第 202 页。

肖莱马对马克思主义自然哲学的历史贡献[*]

马克思主义的自然哲学，是马克思主义世界观理论体系的重要组成部分。马克思、恩格斯的学生和亲密战友，肖莱马（Carl Schorlemmer，1834～1892），对马克思主义自然哲学，有着不容忽视的历史贡献。

肖莱马兼学者和革命家于一身。作为一位卓越的自然科学家，他的特点是擅长于理论思维，懂得辩证法，因而能够摆脱当时一般的狭隘的专家特有的经验主义局限。作为一位优秀的共产主义者，他的特点是精通业务，能够用自己的专门知识为革命事业服务。肖莱马作为化学家和革命家，是人所熟知的，但作为马克思主义的科学哲学家，则鲜为人识。下面，我们就来着重讨论这一点。

肖莱马在科学上的成就，用一句话来概括，就是完成了有机化学领域的一系列重大发现，并对其基本规律进行了理论的概括，是"科学的有机化学的奠基人之一"①。19 世纪 60 年代，当肖莱马开始登上科学舞台之际，在有机化学领域，虽然已经积累了大量零星的实验资料，并且存在着一些相互矛盾的理论假说。但是，人们对有机物的结构、特点，以及这门新兴学科的根本性质等，还缺乏明确的认识，没有统一的理论解释。凯库勒的原子结合假说刚提出不久，还有待于进一步证实和完善。肖莱马以脂肪烃的研究为起点，首先对最简单的碳氢化合物进行了系统的实验分析和深入探讨，从而对

---

　*　原载于《山西大学学报（哲学社会科学版）》，1984 年 3 期。
　①　中共中央马克思恩格斯列宁斯大林著作编译局：《马克思恩格斯全集》（第 22 卷），人民出版社，1965 年版，第 364 页。

奠定有机化学这门学科的基础，确证和发展新的结构化学理论，作出了自己独特的贡献。

依据一系列的专门研究和发现，肖莱马确信，最简单的碳氢化合物是构成复杂的有机化合物的基础，弄清它们的特性和结构，就会使整个有机物从低级到高级的发展，从简单的碳氢化合物直到复杂的蛋白质的出现，得到科学的解释。他同其他著名科学家一道，终于使一堆杂乱的、不完备的关于有机物成分的资料，变成了一门真正的科学。

在理论化学的研究方面，肖莱马表现出特殊的天赋。他从分析有机物的化学结构开始，竭力探求对异构现象的正确解释，很快就抓住了当时有机化学理论的核心问题。他认为，鉴别两种有机物是否相同，应着重其化学性质的分析，不能只注意物理性质（主要是沸点、溶度等）的差异。经过精密的系统的实验研究，他指出，C_nH_{2n+2} 通式所反映的这个系列各成员之间的异构现象，根本不是什么碳原子价互异引起的，只能从碳、氢原子的不同排列方式中寻求解释。

这样，肖莱马以自己的工作，给凯库勒-库帕的原子结合假说以决定性的支持，为结构化学理论的发展扫清了道路，从而奠定了有机化学的科学基础。罗斯科、布特列洛夫和其他同时代的著名科学家都高度评价了他的这一杰出贡献。正如拉登堡在其《化学发展史讲义》中公允指出的那样，有机化学结构理论的发展，"有决定性意义的是通过肖莱马确定的甲基与氢化乙基的同一性，只有在这个事实解决之后，碳的四个化合价的同一性才能被确认，至今常用的结构式才能信以为真"[1]。

应当指出，肖莱马在他的全部科学研究，特别是理论化学工作中，取得上述卓越成果，同他重视理论思维，懂得辩证法是分不开的。在分析有机化学理论发展的普遍历史规律时，他明确指出："化学的发展是按辩证法的规律进行的。"[2] 无论在论及古代还是近代科学发展时，他都很推崇赫拉克利特和黑格尔。恩格斯称赞说："也许，他是当时唯一的一位不轻视向黑格尔学习的著名的自然科学家，那时候许多人鄙视黑格尔，但他对黑格尔评价很

① A. 拉登堡：《化学发展史史讲义》，1887 年版，第 283 页。
② 《有机化学的产生和发展》（第 2 版），第 48 页。

高。这是完全正确的。凡是想在理论的、一般的自然科学领域中有所成就的人，都不应该像大多数研究者那样把自然现象看成不变的量，而应该看成变化的、流动的量。一直到现在，还是从黑格尔那里最容易学会这一点。"① 如果专门从哲学角度来评价肖莱马的工作，那么应该说，他是马克思主义自然哲学的奠基人之一，对马克思主义哲学的发展，作出了开创性的历史贡献。他的科学理论著作，是学习和研究马克思主义自然哲学，包括科学哲学在内的基本文献。

有一种广为流传的看法认为，肖莱马对马克思主义哲学的贡献，仅限于运用唯物辩证法于有机化学的专门领域。② 这种评价，失之过低，是值得商榷的。

恩格斯曾经指出："要知道，肖莱马无疑是整个欧洲社会主义政党中仅居马克思之下的最著名人物。"③ 这个评价，完全适用于说明他在马克思主义自然哲学发展上的历史地位。这是因为，肖莱马是马克思、恩格斯时代，唯一著名的党员科学家，在哲学方面，又有很高的造诣。他不只运用马克思主义辩证法于有机化学领域，还参与创建了自然辩证法，即马克思主义的自然哲学，从而开拓了唯物辩证法研究的一个广阔的新领域。

肖莱马从一开始就积极支持并且独立地参与了恩格斯创建马克思主义自然哲学的工作。在看到恩格斯最初构思的《自然辩证法》写作大纲时，肖莱马当即表示全力支持："很好，这也是我个人的意见。"在有关专门问题上，他同恩格斯的看法也相互一致，"这是最根本的"、"完全正确"。④ 恩格斯在另一部分写作大纲中，论及当时大多数自然科学家都不懂辩证法，鄙弃黑格尔时，着重指出："肖莱马例外，他懂得黑格尔。"⑤ 可见，恩格斯并没有把

---

① 中共中央马克思恩格斯列宁斯大林著作编译局：《马克思恩格斯全集》（第22卷），人民出版社，1965年版，第364页。

② 苏联《哲学史》（第三卷）；《有机化学的产生和发展》（中文版），译者后记；《革命化学家肖莱马》（第四章），第87页。

③ 中共中央马克思恩格斯列宁斯大林著作编译局：《马克思恩格斯全集》（第35卷），人民出版社，1971年版，第442页。

④ 中共中央马克思恩格斯列宁斯大林著作编译局：《马克思恩格斯全集》（第33卷），人民出版社，1973年版，第82-86页。

⑤ 中共中央马克思恩格斯列宁斯大林著作编译局：《马克思恩格斯全集》（20卷），人民出版社，1971年版，第546页。

他仅仅看作一位化学专家。而是把他当作自己写作《自然辩证法》这一哲学巨著的科学顾问和坚定支持者。

实际上，在肖莱马的有关著作中，独立阐明的一些基本理论问题，不仅同恩格斯《自然辩证法》的观点不谋而合，而且多有发挥。例如，科学和生产、科学和社会政治经济生活、科学和哲学的相互联系；科学理论发展的相对独立性及其特殊规律；反对当时科学界流行的狭隘经验主义思潮；等。这些问题都是近代科学哲学提出的一些共同问题。在这些问题上，肖莱马远不只复述和运用马克思主义的现成结论，还创造性地发展了马克思、恩格斯首倡的基本观点，推进了马克思主义自然哲学的研究。即使从今天看来，肖莱马的理论工作，对于马克思主义哲学，特别是科学哲学的发展，仍有重要的启发和指导作用。

首先，肖莱马的毕生工作表明，一个自然科学家，只有立足于本门专业，走从特殊上升到普遍的道路，才能成为一个脚踏实地的马克思主义者，才能指望对哲学有所贡献。在"左"的思潮泛滥的年代，人们往往把脱离专业，不懂业务，空喊口号，视为"职业革命家"的特征，而哲学，似乎是任何人都可以侈谈的题目。肖莱马的榜样说明，根本不是这样。他的革命活动从未与专业工作分离过，他的哲学观点是植根于其专门科学基础之上的。

19 世纪 60 年代初，当他与马克思、恩格斯相识，成为一个完全成熟的共产主义者之后，更把科学工作同革命事业紧密联系在一起。他和马克思、恩格斯的大量通信，"照例大部分谈的是自然科学和党的事务"①。他认真研读马克思、恩格斯的著作，如《资本论》《反杜林论》等。同时，也用他自己在专门科学领域的成果，来确证和丰富马克思、恩格斯的著作。例如，1865 年，他给恩格斯专门讲解了丁铎尔（Tyndall John 1820—1893）的日光实验②；1868 年，他给马克思《资本论》地租一章中有关农业化学和科学史的内容，提供了资料；1872 年，根据他的意见，《资本论》第一卷第二版，改写了关于分子理论的论述；后来，恩格斯在第三版补注中，还直接引用了

---

① 中共中央马克思恩格斯列宁斯大林著作编译局：《马克思恩格斯全集》（第 22 卷），人民出版社，1965 年版，第 365 页。

② 中共中央马克思恩格斯列宁斯大林著作编译局：《马克思恩格斯全集》（第 31 卷），人民出版社，1972 年版，第 92 页。

他的《有机化学的产生和发展》；等等。恩格斯在《反杜林论》《自然辩证法》手稿的写作中，也都很重视肖莱马的意见。[①] 这一切足以说明，肖莱马首先是以自己的专业工作，支持、参加和帮助了马克思、恩格斯的革命理论和实践活动，包括他们早在 20 世纪 40 年代就开始进行的哲学上的根本变革。

在自然辩证法，即自然哲学的基本理论问题上，无论是物质和运动、各种运动形式的辩证转化，还是自然界从无机物到有机物直到生命出现的历史发展，肖莱马都是以有机化学的专门科学成就为基础，来坚持和发挥唯物辩证法的基本观点。他比起一般的专业科学家不同的是，善于从哲学上，用历史的眼光来看待专门的科学问题，重视辩证的理论思维。在谈到科学和哲学的历史时，他指出，古代哲学家赫拉克利特等，就有"关于物质与运动不可分割的联系的概念"，它比许多现代物理学家表述的还要明确。[②] 在谈到自然界的辩证发展时，他尖锐地批判了认为有机物和无机物之间存在不可逾越的鸿沟的错误观点。他指出："对这种生命力的信仰好久以前就已消逝；现在我们知道，同样的一些化学定律既支配生物界，也支配非生物界。一旦弄清了有机界中形成的化合物的结构，我们就能在实验室中人工制造它。"[③] 根据有机化学的成就，他表示深信："生命之谜只有靠蛋白质化合物的合成才能解决。"[④]

不难看出，正因为他在专业领域有深厚的基础，并且擅长理论思维，所以才能在自然哲学上卓有成效地坚持发挥马克思主义观点，同各种唯心主义、形而上学划清界限。肖莱马的榜样说明，任何专业科学工作者，要想真正掌握马克思主义哲学，首先必须是本门科学的行家。在专业上根底不牢的人，是没有可能深刻领会唯物辩证法的普遍哲学观点的。肖莱马的道路，从根本上说，是一切有志于马克思主义哲学的自然科学工作者的共同道路。

另外，正因为肖莱马立足于自己的专业来运用、发挥和发展马克思主义哲学，所以，唯物辩证法的基本观点对他来说，绝不是某种外在的、附加的

---

① 中共中央马克思恩格斯列宁斯大林著作编译局：《马克思恩格斯全集》（廿卷），人民出版社，1972 年版，第 406、667 页等处。
② 肖莱马：《有机化学的产生和发展》，科学出版社，1978 年版，第 2 页。
③ 肖莱马：《有机化学的产生和发展》，科学出版社，1978 年版，第 17 页。
④ 肖莱马：《有机化学的产生和发展》，科学出版社，1978 年版，第 267 页。

东西，而是渗透于他的科学著作中的灵魂。他的优秀的科学理论和科学史著作，同时是生动的唯物辩证法教材，是马克思主义科学哲学著作的典范。

《碳化合物教程或有机化学教程》是肖莱马独立出版的第一部科学专著。它的体系安排和叙述方法，贯穿着从简单到复杂、由低级到高级的历史发展观点。这部科学教材依靠当时积累起来的丰富的实验资料和大量历史文献，首次运用唯物辩证法观点对有机化学进行了系统的论述和科学的分类。全书开始是总论，先介绍有机化学的定义、发展历史和一般研究方法，再由浅入深地分章叙述各种有机化合物。这种科学的分类，不仅结束了先前有机物分类上的混乱繁复的局面，而且深刻体现了有机物相互转化和人类认识发展的辩证法。此外，在分章的叙述中，不仅谈到现状，还论及过去和未来，既注重严谨的理论概括，又强调各种有机物在工业上的应用和生产现状的研究。正因如此，虽然这是一部专业教材，却同时给学生和读者以哲学思考的启发。10多年间，这部著作曾被译为俄、英、意几种文字三次再版，在欧洲广为传播，培养了一代又一代的有机化学家。

《有机化学的产生和发展》是肖莱马的一部更有代表性的科学哲学著作。这部著作既是马克思主义的化学史专著，又带有浓厚的哲学色彩。他用确凿的史料，高度简练的文字和卓越的理论概括，对马克思主义科学哲学的一些重要观点，进行了出色的论述。

例如，肖莱马在分析从尿素、醋酸、糖类到茜草色素和靛蓝的人工有机合成历史时，充分展示了科学的产生和发展同社会经济生活、生产的发展乃至政治和法律制度，是不能分割的。古代人早就知道茜草和靛蓝能够染色。但是，只有随着近代工业和科学的发展，人们终于弄清了它们的化学成分和结构之后，才从煤焦油中大量提炼茜草色素，并且人工制造靛蓝；在这个漫长的历史过程中，人们除了要克服许多认识上的障碍外，还要同许多过时的政治、法律制度及社会习俗作斗争。没有这一切必要的条件，科学是不可能得到发展的。显然，作者不是为叙述历史而叙述历史，而是把科学看作是一种复杂的社会现象，将科学哲学和科学社会学紧密联系在一起。把科学史同社会生产发展，同人们的经济生活、政治生活结合起来论述，正是肖莱马科学史著作的鲜明特点。这样，他就从一个重要方面，为马克思主义的科学哲学研究，开辟了道路，提供了榜样。

现代西方影响很大的科学哲学的历史学派（库恩等），至今在这一点上还在争论不休，徘徊摸索。原因就在于，他们没有历史唯物主义观点，不能明确地把"科学共同体"同社会经济的发展联系起来；他的"范式"，虽然包括仪器装备、实验手段在内，最后仍主要地归结为某种社会心理的东西，不能摆脱唯心主义的羁绊。相形之下，肖莱马在一个世纪前留下的科学理论和科学史著作，至今仍照耀着马克思主义科学哲学继续前进的道路。正如他的学生史密瑟斯所说："他的化学哲学讲义，多年来成为想培养理论思维能力的学生们的唯一有用的文献。"①

不仅如此，肖莱马还以他卓越的科学才能和敏锐的马克思主义眼光，对科学思想的历史发展，进行了深刻的分析。他指出："我们不应忘记，我们现在的理论并不是教条，而是按辩证法的规律不断变化的。"② 以近代化学结构理论的产生为例。起初是李比希的"基团理论"，认为自然界通过预先造成"基"（如氰、乙基、苯甲酰基等，其特性像氯、氧或金属）的方式，能以少数的元素（基）形成大量的有机化合物。接着是罗朗的"取代理论"，认为有机化合物是某些烃或初始基的衍生物；氢可以被其他元素（如氯、溴等）取代而得到其物理、化学性质与初始基很相似的衍生物。其后是杜马和日拉尔的"类型论"，认为有机化合物可分为氢型、盐酸型、水型和氨型四种类型。而这些类型中的氢可以被等容积的氯、溴或碘取代，仍原样不变。最后，主要通过凯库勒的工作，从类型论进一步引出了关于化合价的概念，从而形成了新的化学结构理论。

在肖莱马看来，有机化学从基团理论经过取代论和类型论到原子结合理论的发展，是一个合乎否定之否定的辩证规律的过程。类型论是在克服基团论和取代论的缺陷并吸取它们的成果基础上提出的，这是一次否定；而凯库勒和库帕的结构理论又是在直接批判继承类型论的基础上提出的，它在形式上似乎又回到了基团理论，这是否定之否定。他指出："通过从基团返回到原子，便为我们的现代理论奠定了基础，这个理论以惊人的简练而超越了一

① 肖莱马：《有机化学的产生和发展》，1894年英文版（导言）。
② 肖莱马：《有机化学的产生和发展》，科学出版社，1978年版，第96页。

切先前理论。"① 作者从类型论到碳原子化合价理论进展的详尽论述，提供了一个从科学理论本身的矛盾进展来说明其历史发展的范例：正因为陈旧的类型论不能满足科学进一步发展的要求，所以，它理所当然地被化合价的新概念代替了。

然而，对肖莱马来说，更重要的还在于，原子结合理论尽管比先前的一切理论都优越，但也绝不是终极真理，不是教条。它仍然要遵循辩证法，有待于完善，还要继续发展。他说："分子内部的原子处于不断的运动中，……按照类型论，一种化合物可以有几种示构式，而没有固定的结构，与此同时，原子结合定律则得出另一种观点，即每一化合物只能有一种结构式。可是，科学的发展证明有一些化合物的性状与上述每一种假定都不相同，从而使我们能超脱这两种观点。这就迫使我们辩证地去对待事物，还证明赫拉克利特（Heraclitus）关于万物都处于不断变迁之中的这一公理，甚至对分子而言也是正确的。"② 20 世纪以来，由于电子理论和量子力学的发展，进一步阐明了化学键的本质，并能对其进行定量的研究，这就使古典化学结构理论发展到了一个新的阶段。事实说明，肖莱马当初所坚持的要辩证地对待现有理论的观点是完全正确的。

肖莱马的这些论述表明，他充分肯定了科学理论发展的相对独立性，而没有陷入只讲生产对科学发展的决定作用的片面观点。应当指出，探讨科学理论发展的内在逻辑，是现代科学哲学的一个主题。肖莱马关于化学结构理论的历史概括，开创了马克思主义科学逻辑的先例。它不仅预示了现代科学哲学发展的一种重要潮流，而且在这个领域首先举起了马克思主义的鲜明旗帜，使后继者得到巨大的启发，并且有所遵循。

最后，我们要谈谈肖莱马对狭隘经验主义的批判。这种批判，为马克思主义科学哲学的历史唯物主义传统增添了光辉。

在近代科学发展中，忽视理论思维的经验主义倾向有很深的影响。牛顿就曾公开宣称："我不作假说。"许多科学家认为，科学的任务只在于通过经验观察确立个别的事实。这种想法同近代早期自然科学的发展水平是相适应

---

① 肖莱马：《有机化学的产生和发展》，科学出版社，1978 年版，第 54 页。
② 肖莱马：《有机化学的产生和发展》，科学出版社，1978 年版，第 130 页。

的。18 世纪中叶以后，随着经验科学逐渐进入理论综合的阶段，上述思维方式越来越暴露出它的局限性，往往成为传播不可知论的温床，处处阻碍科学的发展。19 世纪中叶以后，经验主义的思潮，更成为在自然科学领域传播马克思主义的严重障碍。个别的科学家，甚至因此而陷入反科学的荒唐的迷信，成为唯灵论的鼓吹者。恩格斯在《自然辩证法》手稿和其他理论著作中，着重批判过这种形而上学的思维方式。肖莱马的历史功绩在于，他坚定地同恩格斯站在一起，对经验主义进行了卓有成效的斗争。

在有机化学领域，柯尔贝（Kolbe Abolf，1818—1884）是当时这种错误思潮的一个突出代表。他极力反对结构化学理论，认为它无非是用式子来变戏法，是一种诗人的想象。他引用歌德《浮士德》中的一段，讽刺结构化学是"玄学"：

> 其次，你应该研究'结构化学'，（注：原诗为'Methaphysica'，即玄学，亦译为：形而上学。柯尔贝将其改为'Structurchemic'，即'结构化学'）
>
> 在你研究别的部门之前！
>
> '结构化学'（同上注）会教你有深的了解，
>
> 了解那不适于人脑的虚玄；
>
> 不问它能否钻进脑筋，
>
> 都有一个堂皇的术语命名。[1]

在柯尔贝看来，当时的理论化学家不过是一些哲学空谈家。他们的科学假说，完全是"教条""先入之见"。针对这种狭隘经验主义的攻击，肖莱马不仅从科学上进行了驳斥，坚决维护了原子结合的化学结构理论，而且着重从思想方法的原则高度，对其错误观点进行了批判。他指出："柯尔贝没能看到，为了发展自然科学的各个领域，我们不断地需要有新的假说。当然，我们将会发现其中某些没有价值的假说是不适用的；然而我们很快就能分清良莠。"[2]

后来，在 1889 年的《有机化学的产生和发展》一书的德文版中，肖

---

① 歌德：《浮士德》，郭沫若译，上海译文出版社，1982 年版，第 94 页。
② 肖莱马：《有机化学的产生和发展》，科学出版社，1978 年版，第 138 页。

莱马还特别针对这种狭隘的经验主义，强调了理论思维对于自然科学发展的重要性。他指出，片面的狭窄的经验观点忽视科学必须正确地运用推理，揭示事实间的相互联系，并解释这些事实。"现在这种观点在自然科学中已完全过时了。"化学从提出异构概念之后，"需要进一步发展理论思维，即揭示异构现象与其他事实间的真实联系。但这只有靠假说才能办到"。"对我们来说，假说只是达到目的的一种手段，如果它不能再解释事实，那我们就将建立起更好的假说，而将陈旧的假说抛入废品箱中。"① 肖莱马在这里虽然是联系结构化学来说的，但他的结论，对整个理论自然科学的发展，都是适用的。这就是：①经验主义观点在自然科学中已完全过时了；②自然科学需要进一步发展理论思维；③假说是自然科学发展理论思维的重要手段。

不难看出，这些结论同恩格斯的观点是完全一致的。并且，由于它是从专门科学的具体历史发展中总结出来的，这就使之具有更深刻的说服力。

还应该指出，自然科学的发展理论思维，克服狭隘经验主义的局限性，这是 19 世纪中叶以来，科学进步的历史趋势，至今，仍然是现代科学发展的一个重要特点。现代西方科学哲学的主导流派，虽有摆脱经验归纳主义的趋向，但就其历史传统说，与其说是"理性主义"的，毋宁说是经验主义的现代变种，或带有理性主义色彩的，包含有更多理性主义因素的经验主义。尽管他们有的自称是"批判理性主义"，甚至因此而谈论"形而上学的伟大复兴"，这也并不能改变他们终归属于经验主义的传统这一基本事实。所以，重温肖莱马对经验主义的批判，将有助于我们正确地对待现代西方科学哲学，使我们能更好地鉴别和吸取其有价值的成分，抵制其错误倾向。

自然哲学是一门最古老的哲学学科，至今也是最有生气的学科之一。在几千年的文明史中，它始终是直接决定和推动人类认识发展的重要因素。然而，在马克思主义的文献中，它却没有得到足够的重视和研究。这种情况，是应该予以改变的。近些年来，西方科学哲学的发展引起人们很大的兴趣，马克思主义的科学哲学及其未来发展趋势的探讨，更为许多热心者所瞩目。在这种背景下，重新研究肖莱马对马克思主义自然哲学，尤其是科学哲学的

---

① 肖莱马：《有机化学的产生和发展》，科学出版社，1978 年版，第 139 页。

历史贡献，是有很大理论价值和实际意义的。

　　尽管，肖莱马不是职业的哲学家。但是，由于他是具有自然科学专门知识的共产主义者，所以，对马克思主义的自然哲学，能够作出开创性的贡献。我们认为，如果说他同恩格斯一起，共同奠定了马克思主义自然哲学的基础，是并不夸张的。至少，应该说他从专门科学的角度，提供了从事马克思主义科学哲学研究的范例。因此，发掘肖莱马的哲学遗产，应当成为发展马克思主义科学哲学的一项重要工作。

第三篇

为现代科学家的哲学思想辩护

现代西方唯物主义哲学思想的主流 *

一、不可替代的主流

西方现代的唯物主义哲学思想，有三种不同的情况。第一，自然科学家的唯物主义；第二，科学哲学家的唯物主义；第三，其他各种哲学中的唯物主义思想和因素。现代西方科学家唯物主义，即现代自然科学唯物主义，在现代西方唯物主义哲学思想的发展中占有不容忽视的突出位置。这是由哲学和科学发展的一般关系决定的，也是由西方现代社会哲学家的唯物主义、科学主义思潮与科学家唯物主义的特殊关系决定的。

第一，从哲学和科学的一般关系看，自然科学家的唯物主义思想是哲学唯物主义的基础，它所提供的丰富哲学素材，对其他哲学唯物主义来说是第一性的。科学家对科学前沿问题所作的哲学论证，如对理论和实在、理性和经验的关系，偶然性的地位、自我的起源和本质等问题进行的哲学探讨，对唯物主义本体论和认识论提出了新的要求，直接推动着唯物主义哲学的发展。从第二次世界大战前的自然主义（R. 塞拉斯，1930 年）、物理主义到第二次世界大战结束后的科学唯物主义（邦格，1981 年）、从功能主义（横断学科）到突现论（脑料学），这些同现代物理学革命、分子生物学和脑科学发展相联系的唯物主义哲学体系或包含唯物主义思想的哲学流派，对爱因斯

---

* 原载于《晋阳学刊》，1992 年 2 期。

坦、玻尔、莫诺、斯佩里等科学家的唯物主义是一种二级加工的产物。科学和哲学是知识的基础和上层建筑的关系。科学家的唯物主义和哲学家的唯物主义，这种初步概括和二级加工的关系是不能颠倒的。概而言之，西方的任何一种科学哲学体系、流派，对科学家的唯物主义都是第二性的、派生的关系。

一种情况是，西方大多数科学哲学家，不论是逻辑实证主义、批判理性主义，还是现在的历史学派和新历史学派，很大程度上没有脱离传统经验论或唯理论哲学、休谟和康德的影响。他们公开鄙弃哲学唯物主义。他们的种种体系给科学家的唯物主义往往附加上许多同科学不相容的东西，回避或歪曲自然科学的唯物主义精神。他们的特点是立足于传统西方哲学的背景，带有明显的怀疑论、不可知论或现象学和非理性主义的痕迹。

另一种情况是，个别哲学家公开表明自己的唯物主义立场，如塞拉斯的自然主义，邦格的科学唯物主义。他们明确支持科学家的唯物主义，密切联系当代科学发展，揭露唯心主义的错误，并且运用数理逻辑和公理化方法来论证唯物主义基本观点，使其精确化、体系化。但他们不赞成辩证法，更不接受历史唯物主义，他们的唯物主义哲学试图把精神归并为物质的东西，扩大物质的外延，带有明显的机械论倾向，或某种庸俗唯物主义的痕迹。

第二，马克思主义哲学对西方现代科学家的唯物主义哲学思想的关系，也是一种加工和原材料、二级加工和一级加工的关系。从本体论和认识论考虑，我们应把主要注意力放在科学家的唯物主义思想研究上，进一步加以提高、升华。这种加工很困难，可能走很多弯路，但毕竟基础扎实可靠。因为这是从当代科学哲学发展的第一手材料出发得到的。如果把注意力只放在西方科学哲学家那里，难免走更大的弯路。因为这还是从第二手材料出发，基础并不牢靠。西方的科学哲学家，不论他们是公开主张唯物主义的，还是公开反对唯物主义的，他们所做的不过是对现代科学进展的二级加工。如果绕过西方科学家的唯物主义，就会妨碍我们直接吸取当代科学革命的最新哲学成果。这样做既不利于用唯物辩证法观点给流行于西方社会的种种唯心主义、怀疑主义思潮以有力的揭露，也不利于我们同现代形式的机械论和庸俗化倾向划清界限。

应当说，世界上本来就没有直路可走。绕开科学家的唯物主义，就有使哲学脱离科学的危险，本身就是最大的弯路。当然，我们是唯物主义者，对西方敢于公开宣传唯物主义的哲学家，应给予特殊的注意。但当我们这样做的时候，同样不可以盲目照搬，始终要记住他们毕竟是对现代科学成果的二级加工。这种加工，无论如何是不能代替我们自己从第一手材料出发，即从现代科学家的唯物主义哲学思想那里直接吸取营养的。

第三，对于在西方影响很大的各种有明显唯心主义、怀疑主义倾向的科学哲学流派，当然也要分析吸取其有价值的成果。过去很长时间，是简单否定甚至粗暴批判的多，这无疑是错误的。今后也要竭力避免，不能走回头路。但前些年的教训是，为了充分剥取其有价值的成果，连他们错误的哲学精神，如怀疑主义，也不加分析地引进来了。

不错，对孔德以来的实证哲学，要具体分析。一方面，就其强调科学立足于经验实证这方面说，从方法论角度看，同我们讲的实事求是的科学精神是类似的或近似的。不然，就很难解释实证主义在长达一个多世纪的时间内（1830～1841 年至 20 世纪 50 年代）对西方科学界的巨大影响。另一方面，就其坚持休谟本体论的怀疑论，"超越"唯物论和唯心论在本源问题上的对立来说是错误的，也是不成功的。今天的现实是，第二次世界大战结束后西方科学家中，在本体论上接受休谟观点的人肯定还有，但大批科学家无疑已经坚定地告别休谟、康德、孔德、马赫和罗素了。

第四，在这里，要区分方法论和认识论上的怀疑，也就是科学家所坚持的独立思考的怀疑精神和本体论上的怀疑论，后者就是马赫、罗素所提倡的现代不可知论。

科学家讲的怀疑精神，就是爱因斯坦一再强调的顽强追求真理的精神，不自以为达到了绝对真理或终极真理的精神。他说，"谁要是把自己标榜为真理和知识领域里的裁判官，他就会被神的笑声所覆灭"①。这种对真理穷追不舍的科学精神，丝毫不含有任何否定真理客观性的不可知论的成分。因为对科学家来说，对客观真理的信仰，对自然界的客观规律性及其可知性的信念，是一种根深蒂固的传统。从伽利略、牛顿以来就是如此。现代科学家的这种信仰更加深沉、理智得多了。马赫和罗素提倡的怀疑论或不可知论，是

---

① 周培源：《纪念爱因斯坦诞辰一百周年》，原载《光明日报》，1997 年 1 月 12 日，第 2 版。

本体论上的怀疑论，即休谟本来意义上的怀疑论哲学。这种怀疑论必然走向认识论上的主观主义、相对主义。休谟认为，在经验背后或经验之外再追问本体问题，不论是贝克莱"存在就是被感知"的精神实体自我，还是洛克的机械唯物论的物质实体，都是形而上学的问题，是不可能的，也是不允许的。他认为，实体是什么，超出经验范围之外，原则上解决不了。这就是休谟本体论怀疑论的主要含义。由本体论的怀疑而及认识论的主观主义，就是否认真理的客观性，否认科学理论中必然包含客观真理，包含绝对真理的成分。休谟把近代自然科学所依托的客观因果性归结为主观的心理活动，只是人的一种习惯性联想。这种本体论上的怀疑论哲学，包含着明显的非理性主义成分。这种观点在西方现代科学哲学家中影响很深。这种继马赫和罗素之后，库恩的范式转换理论、费耶阿本德的无政府主义认识论，强调心理因素在科学理论变革中的作用等，都不难看到休谟相对主义影响的痕迹。

第五，科学哲学家的相对主义是一回事，站在科学前沿的现代科学家所坚持的真理的相对性又是一回事。科学家所推崇的批判的怀疑精神，也就是"走着瞧、试试看"的科学探索精神。科学家坚持的客观真理相对性的立场，同哲学家讲的怀疑主义、相对主义、非理性主义完全是两码事。

显然，认为提倡马赫哲学的"怀疑精神"就是提倡科学家的独立思考的探索精神，就是将不可知论同唯物主义混为一谈了。强调马赫哲学"理论上的怀疑论是正确的"，认为在今天还有现实意义，这就是用不可知论来代替马克思主义的客观真理论。

我们的看法恰恰相反。马克思主义的客观真理论是辩证的真理论。它包含科学探索的怀疑精神，肯定真理的相对性，而不归结为相对主义。科学实践中的怀疑精神是独立思考的表现。它反对独断论态度，否认故步自封的绝对主义。确实，科学探索中谁能不犯错误呢？如果认为在探索中每前进一步，掌握的都是绝对真理，不容许怀疑，还有什么科学精神可言呢？然而，"理论上的怀疑论"则是另一回事。它主张的是相对主义。这种怀疑论破坏人们对客观真理的信念，动摇科学家的唯物主义精神支柱。如果在进行探索以前，就肯定不能达到客观真理，科学家还坚持探索干什么呢？如果经验研究没有理论目标的指引和理性信念的支持，不是鼓励科学家去盲人骑瞎马吗？

总之，必须看到，理论自然科学家站在自然观和思维方式变革的前沿，又有基础科学理论的优势。他们哲学探索的这种牢靠基础和优势地位，使西方任何流行的哲学体系相形见绌。这决定着现代自然科学唯物主义在现代西方唯物主义哲学思想的发展中成为不可替代的主流。因此，我们应该首先将注意力放在西方科学家唯物主义哲学思想的研究上，才能避免被西方一些哲学家的种种怀疑主义谬论所迷惑，不至于让这些哲学家的科学哲学主张遮盖了自己的眼睛，以为不可知论就是唯物论。应该强调，只有从第一手材料出发，即从科学家的唯物主义哲学思想出发，才提供了我们鉴别西方现代各种科学哲学流派，从物理主义到新历史主义学派的各种理论是非长短、功过优劣的可靠基础，以免跟在西方科学哲学家后面，陷入怀疑主义泥坑。

二、哲学应表达科学思想的内容

科学家的唯物主义和哲学家的唯物主义的相互关系，值得特别谈谈。考察两者的区别与联系有助于澄清现代西方哲学中形式化、精确化思潮对哲学唯物主义发展的影响，进一步弄清科学家的唯物主义在西方现代唯物主义的发展中所处的重要地位。

以西方哲学家的唯物主义而论，邦格的体系具有代表性。他称自己的本体论为"科学的唯物主义"，就因为他认为科学首要和核心的标志是"精确性"。他追求的目标是使唯物主义体系的表述符合数理逻辑的要求。邦格关于唯物主义本体论所作的工作，可以同脑科学家艾克尔斯、斯佩里的研究作一个对比。他用了一组方程来定义哲学的物质范畴，将社会文化也包括在物质系统之中。他认为，"生理心理学已经使精神物质化了"。在这里，形式上邦格将物质的概念精确化了，实际上物质定义的这种精确形式表达，正好掩盖着唯物主义内容的倒退。

科学家的唯物论与此不同。斯佩里和艾克尔斯都强调精神对物质的某种特殊性，主张精神自我和大脑的相互作用。他们并没有在哲学上提出系统理论的精确形式表达。然而，他们提出的脑科学纲领却给哲学唯物论增添了新的内容。他们的"脑-精神相互作用论"浸透着唯物论精神，强有力地驳斥了"使精神物质化"的观点。这种观点违背了脑科学的发展。邦格哲学体系形式上的这种科学化，在内容上却非科学化了。

这说明哲学和现代科学的联系主要不在表述形式，而在于哲学是否真正吸取了科学的内容。只有以科学的成果为基础，才能真正推动唯物主义的前进。

我们还可以进一步指出，在现代科学革命的冲击面前，动摇的不是科学家的唯物论信念，而是过时的机械论观点。科学家探索的是与新创立的科学理论相一致的唯物论的表现形式。而这种形式应当包含科学对物质实体的最新研究成果，包括对精神自我本质的最新认识。如果说科学家在科学革命冲击面前真有什么动摇的话，那只是探索中的疑虑、前进中的思索。而哲学家在科学革命冲击面前，需要努力避免的则是倒退到某种机械唯物论甚至庸俗唯物论的立场。重要的是，哲学家如不紧紧同科学家的最新探索站在一起，就不可能在各种哲学思潮的冲击面前保持头脑清醒。至于科学家，虽然也不能避免受到错误哲学思潮的影响，但决定他们前进方向的始终是科学的问题和基本的唯物论信念。

恩格斯指出："随着自然科学领域中每一个划时代的发现，唯物主义必然要改变自己的形式。"[①] 这里讲的"形式"主要是指唯物主义哲学应当表达同时代活生生的科学思想，而不是特指哲学体系的表述形式。从哲学和科学的一般关系而言，只有科学才是哲学思想的内容。在一定意义上，哲学是科学精神、科学方法、科学成果和科学问题的总汇。相对于科学而言，哲学思维就是科学的表达形式。因此，哲学形式的改变，归根结底是它所包含的科学内容问题。如果一种哲学体系没有真正科学的内容，即使它的推理形式完全符合数理逻辑、语言分析和公理化程式的规范，也不能被认为是科学的。在这种情况下，外表形象变了，内在的本质并没有改变。哲学形式的改变，唯物主义哲学发展追求的，当然主要不在这种表述形式的精确性。

从这种观点来衡量邦格的"科学的唯物主义"，一方面，应该充分肯定它吸取了大量现代科学的材料，论证哲学唯物论的基本观点；力求按照现代科学的方法来建立唯物论的哲学体系，这种尝试是有价值的。他自觉地以现

---

① 中共中央马克思恩格斯列宁斯大林著作编译局：《马克思恩格斯全集》（第12卷），人民出版社，1962年版，第320页。

代科学为动力，把科学当作检验和完善哲学唯物主义的基准，论证了现代科学"越来越明显地唯物主义化了"。这种观点和立场应该得到高度评价和支持。另一方面，也不能不看到，他所讲的"科学的唯物主义"主要是在推理和论证的形式上力求科学化，追求精确性。这样做有很大的片面性和局限性，甚至有为了形式舍弃内容的缺陷。例如，扩大物质的内涵，将精神也并归为神经生理过程；把社会意识包括在物质系统里，断言"一个社会的文化可以被看成一个物质的系统"。这就向混淆物质和精神、社会存在和社会意识迈出了错误的一步。不但没有推进唯物主义的本体论，而且倒退到某种庸俗唯物论的观点了。

更值得注意的是，为了追求形式体系的精确性，邦格拒绝唯物辩证法的基本观点。他认为，"辩证法并非唯物论的有价值的伙伴，因为它是含糊的、不清楚的和隐喻的。现代唯物论是逻辑的而非辩证的"[①]。实际上，邦格是以数理逻辑和科学的公理化为尺度来衡量哲学思维的。他要求用现代逻辑推理的形式来取代辩证法。这样做，就使他将本体论和现代科学协调的愿望走到了刚好同科学精神、科学方法归复辩证思维的实际进程背道而驰的方向上去了。

邦格的这种论点，在西方现代哲学家中，胡克早在 1940 年就率先提出来了。他在《理性、社会神话和民主》一书中，用了很大的篇幅来批判唯物辩证法。其要点是：辩证法"含糊与不一贯"，不合现代逻辑的推理程式，缺乏科学语言的严密性。邦格在基本哲学立场上与胡克不同，胡克是个实用主义者，邦格是唯物论者，但在对辩证法的看法上，他们所持的论点则基本一致。

问题在哪里？撇开政治偏见和意识形态的分歧不谈，仅从哲学思维与科学方法的关系而言，邦格主张的是要将哲学命题公理化、形式化。这种公理化或精确性的要求来自数理逻辑的发展及其有关的哲学思潮。本质上说，要求哲学精确化、形式化、公理化是西方现代科学主义思潮的一个侧面。

毫无疑问，唯物辩证法应吸取现代科学的成果，包括采纳数理逻辑的严密推理方法，吸取语义分析的某些合理因素来丰富和发展自己。但是，作为

---

① 邦格：《科学的唯物主义》，上海译文出版社，1986 年版，第 18 页。

哲学思维普遍形式的辩证法毕竟不能归结为数理逻辑和形式逻辑，不能用科学表述的标准要求和衡量哲学思维。马克思说："两个矛盾方面的共存、斗争以及融合成一个新范畴，就是辩证法的实质。"① 这种关于存在和本体的一般哲学观念是难以完全用实证科学的语言和逻辑形式表述的。因此，思维的发展是否同科学一致，主要不在追求形式的严密，而在讨论问题的内容和解决问题的思路和方法方面。表述形式的精确化就一定推进了哲学吗？邦格关于"精神物质化"的议论就否定了这一点。逻辑实证论将哲学归结为逻辑符号的演算，实际上取消了哲学的科学内容。可见，形式化本身未必就能推进本体论的探讨。既然哲学逻辑化这条路的倡导者也成效甚微，怎么能把哲学与科学的联系归结为逻辑化，把哲学的科学性等同于表述形式的精确性呢？

扯远点儿说。在近代哲学史上，斯宾诺莎将几何学方法运用于哲学体系的阐述，给人的印象很深。这位古典唯理论者，强调几何学推理的严密可靠，反对经院哲学任意推理、牵强附会的逻辑，在历史上起了很大的进步作用。然而，他采用几何学方法来论述哲学，这种表述形式却给他的哲学带来很大的困难和限制。读过《伦理学》的人大都感到，如果斯宾诺莎采用普通方法来论述他的哲学主张，会使其更易为人们所理解和接受。毋宁说，这种命题、推理、演算的形式对他的哲学是多余的。哲学问题总有它的模糊性。就此而言，没有也不可能完全用数学语言去陈述它。从斯宾诺莎的例子看，几何学方法的采用与其哲学所表达的近代科学的理性主义内容并不一致。在一定程度上，演绎方法反而妨碍了哲学精神的表达。

因此，无论从当代，还是从近代历史看，要求哲学表达形式的精确化，并不是哲学发展的主要方面。事实是，无论是邦格、逻辑分析哲学，还是斯宾诺莎，凡属这样做的结果都不佳。辩明这一点，对于热衷于照搬"三论"方法来"改造"哲学、热衷于搞哲学的形式体系的某些同志，可能有冷静头脑的作用。

当然，这绝不意味着辩证法不需要认真吸取科学成果，改进自己的表述形式。更不是说，哲学可以固守在把科学当成例证汇集的独断论思维水平

---

① 中共中央马克思恩格斯列宁斯大林著作编译局：《马克思恩格斯全集》（第 4 卷），人民出版社，1958 年版，第 146 页。

上。哲学和科学、智慧和真理是不容分割的。毋庸讳言，过去长时间内确曾有人把辩证法当诡辩术来使用。这是引起科学家对辩证法误解的一个重要原因。历史教训提示我们，哲学如果脱离科学难免陷入歧途。智慧离开真理必然沦为诡辩。这就是哲学本身发展的逻辑。哲学的科学性，既不能单靠形式体系的精确化来实现，更不能靠牺牲科学内容来达到。只有将科学方法、科学问题和科学精神熔于一炉才可能提炼出与科学相适应的哲学形式。必须从科学家唯物论的成果出发，才能真正推进哲学唯物主义。

三、面 向 未 来

现代物理学革命，正在生产出现代形式的哲学唯物主义。半个多世纪以来，科学革命的划时代进展，取得了极其丰硕的哲学成果。我们正在看到，凝结在现代西方著名科学家哲学著作中的生动探索，犹如一个相当丰满的新生胎儿已逐渐发育成熟、躁动于科学的母腹，越来越接近临产了。阻碍胎儿顺利降临人间的主要不在科学认识方面，而在西方的社会制度和意识形态。正是这道屏障，使大批西方科学家同历史唯物主义隔绝起来。不能摆脱对马克思主义哲学的种种偏见的影响，就会妨碍他们走向自觉的哲学唯物主义。

借用胎儿的形象比喻。粗略地说，现代物理学革命，随后的生物学革命，特别是20世纪中叶兴起的横断学科，和当代脑科学的进展，所有这些现代科学革命的主要理论成果构成胎儿的躯体。相对论、量子力学、大统一理论、分子生物学、神经生理学、脑科学的理论分别相当于胎儿的骨架和正在发育的大脑。信息论、控制论、系统论、协同学、耗散结构理论等，大约相当于胎儿的内脏部分。信息论是胎儿的心脏。以现代理论自然科学为基础逐渐发展起来、渗透在种种科学理论之中的现代自然科学唯物主义，则是胎儿的神经中枢。而现代西方哲学家的各种体系、流派和思潮，从科学唯物主义到功能主义和突现论的种种唯物主义学派，从科学主义到人本主义，从理性主义到非理性主义，就是包裹胎儿的羊水和胎衣。我们在现代西方唯物主义哲学思想的研究中，必须首先从胎儿的发育状况开始，这就是科学家的唯物主义，即现代自然科学唯物主义。同时，必须明确区分胎儿本身和包裹胎儿的羊水和胎盘，以避免在充当助产士时将胎儿和胎盘混搅在一起。

应该看到，分娩不仅仅是痛苦的，而且是长期的。消除西方意识形态对胎儿发育的种种不利影响是一个极其艰巨伟大的历史任务。如果说 19 世纪理论自然科学的核心是能量的守恒和转化的话，那么当代科学的核心已是信息的提取和开发。海克尔的《宇宙之谜》，现在我们重读起来，深有隔世之感。海克尔只是确信，阐明人类起源是科学的伟大功绩。今天的科学家则看到，知识信息的起源是人猿分离之后宇宙演化中最伟大的事件。由于信息论的创立，科学家面对的是一个前所未见的人和自然相统一的新世界。我们发现，令人鼓舞的是，自然科学的革命进展抛开种种哲学唯心论体系和怀疑论思潮的纠缠，自然科学唯物主义的哲学思想在不断推向前进。现代理论自然科学已经从近代自发的唯物主义发展到一个新的历史形态。这个形态就是我们探讨的现代自然科学唯物主义。

　　让我们满怀热情地注视现代自然科学唯物主义的茁壮成长吧！未来科学的发展无疑将证明，唯有马克思主义哲学开辟的道路，才是西方科学家的坦途。只有唯物辩证法，才是指引现代自然科学唯物主义继续前进的明灯。

爱因斯坦和斯宾诺莎[*]

爱因斯坦是一位伟大的自然科学革新家，同时又是一位杰出的自然科学哲学家。他的哲学思想的主要来源、特点及其同马克思主义哲学的关系，是一个很值得研究的问题。

爱因斯坦一生，在哲学上受斯宾诺莎的影响最深。为了迎击宗教信仰主义的挑战，他曾严正地声称："我信仰斯宾诺莎的那个在存在事物的有秩序的和谐中显示出来的上帝，而不信仰那个同人类的命运和行为有牵累的上帝。"[①] 斯宾诺莎是早期资产阶级革命时代的杰出的唯物主义哲学家，是近代战斗无神论的先驱。斯宾诺莎的上帝就是自然，就是永恒存在并且显得有秩序的物质世界。在资产阶级统治的生活环境里，爱因斯坦公开宣布自己相信斯宾诺莎的上帝，而不相信能干预人类的命运和行为的上帝，这就表明，他不仅以自己的自然科学革新成果，在客观上支持了战斗无神论的事业，而且在哲学上是一名自觉的现代自然科学唯物主义的坚定信仰者。

早在青年时代就受到斯宾诺莎哲学强烈影响的爱因斯坦，对斯宾诺莎的唯物主义观点和唯理论的方法，有着深刻的印象。他认为，斯宾诺莎所讲的种种观念的联系和秩序，就是种种事物的联系和秩序的反映；而他自己，正是要追随在斯宾诺莎之后，用数学分析的方法来理解物理世界。从狭义相对

---

　　* 原载于《山西大学学报（哲学社会科学版）》，1979 年 4 期。

　　① 爱因斯坦：《爱因斯坦文集》（第 1 卷），许良英、范岱年编译，商务印书馆，1976 年版，第243 页。

论的创立到广义相对论的完成，直到统一场论的探索，终其一生，他都遵循着斯宾诺莎的唯物主义思想路线。不仅在自然科学的研究上，而且在社会生活的准则上，爱因斯坦都十分推崇斯宾诺莎。在临终的前一年，面对着麦卡锡非美活动委员会的法西斯迫害，他仍以斯宾诺莎绝不出卖自己的精神的自由为榜样，坚持斗争，毫不妥协。这说明，爱因斯坦的一生受斯宾诺莎的影响是如何的巨大。

然而，爱因斯坦同斯宾诺莎毕竟是两个不同时代的历史人物，而且斯宾诺莎主要是个哲学家，爱因斯坦则主要是个自然科学革新家。那么，究竟是什么样的哲学思想鼓舞、支持和引导爱因斯坦在科学上作出了划时代的贡献？从马克思主义观点看来，爱因斯坦的哲学思想有哪些可以肯定和吸取的地方？而马克思主义者对爱因斯坦的自然科学唯物主义思想，应该采取怎样正确的态度？这就是本文要探讨的问题。

一

爱因斯坦是现代自然科学唯物主义的杰出代表。在西方，爱因斯坦在世时就被誉为哲学家。在苏联，情况则相反。虽然，有一些人曾对爱因斯坦的哲学思想有所研究，但总不肯给他在哲学上以应有的地位。爱因斯坦在庆祝普朗克 60 岁生日时，曾经打过一个形象而深刻的比喻。他说："在科学的庙堂里，有一些人是为了娱乐，另一些人是为了功名利禄。但是，只有像普朗克那样一心追求科学真理的人，才会不被上帝的使徒驱逐。他们的活动和事业，将永远值得人们尊敬。"这个生动的比喻，对于哲学的庙堂来说，也是很恰当的。像爱因斯坦这样的科学家，不仅一生追求科学的真理，而且在哲学的探索上，也作出了重要的贡献。因此，长期以来，一些人总想把他逐出哲学的庙堂，不承认他在唯物主义的哲学大厦里应有地位的做法，应该说是很不公道的。

爱因斯坦哲学思想发展的历史同他的科学革新活动是密切联系在一起的。众所周知，爱因斯坦一生在自然科学上的贡献是划时代的、多方面的。从分子运动论、相对论到量子论，从宇宙论到激光技术的理论基础，他都有自己独特的建树。然而，所有这些科学成就，如果从其科学思想的历史发展来说，显然可以分为这样三个大的发展阶段，即从狭义相对论的创立到广义相对论的完成，最后是统一场论的探索。在科学思想上的每一步前进，都伴随着他在哲学思想上坚持和扩展唯物主义思想阵地的新收获。

狭义相对论的创立就是一个很好的说明。爱因斯坦为什么能够创立狭义相对论呢？除了当时新的经验事实被发现，新的数学工具被引用等方面外，在某种意义上起决定作用的是他的哲学指导思想正确。他既敢于突破机械论的旧框框，又明确地坚守了唯物主义的基本立场，而没有陷入风靡一时的马赫主义思潮。

洛伦兹和普恩加莱就是两个反面的例子。它说明哲学指导思想的重要性，说明在科学进展的关键时刻，不论是固守旧的机械论还是陷入怀疑论的唯心主义，都只能阻碍科学的发展，而不能促进它的前进。洛伦兹创立了相对论的数学变换方程，但却力图固守旧的理论框架，把它纳入机械论的图景。普恩加莱接近了相对论的基本思想，但却否认物理理论的客观意义，陷入了相对主义。爱因斯坦则不同，他既大胆地吸取了休谟和马赫怀疑论的某种思想因素，又坚持了斯宾诺莎从世界本身去理解世界的唯物主义思想路线。这就使他在哲学上和科学上都高于自己同时代的许多自然科学家，在科学上作出了划时代的贡献，在哲学上也扩展了唯物主义的阵地。

有人说，爱因斯坦在哲学上是马赫主义者，这显然是不对的。因为，他并没有采取马赫哲学的基本观点，而只是吸取了经验怀疑论的某种思想因素。另外，有人替爱因斯坦辩护说，马赫对他的影响主要是物理学上的等，这也是不符合实际的。爱因斯坦本人就一再讲到，在创立相对论的时候，休谟和马赫哲学的批判精神，曾给他以决定性的影响。

问题在于，爱因斯坦是从斯宾诺莎的立场来看待马赫哲学的。他指出，马赫对事物的观察和理解的强烈兴趣，实际上只有把它看成"对斯宾诺莎所谓的'对神的理智的爱'"，才是有意义的。[①] 很清楚，在休谟和马赫哲学中，

---

① 爱因斯坦：《爱因斯坦文集》（第 1 卷），许良英、范岱年编译，商务印书馆，1976 年版，第 83 页。

怀疑论、相对主义是一种主旨，而在爱因斯坦的哲学思想中，带有怀疑论色彩的批判精神，只是认识世界的一个因素。所以，我们既不能因为爱因斯坦在哲学上吸取了马赫主义的某种思想因素，就不加分析地把他打成马赫主义者；也没有必要为了维护爱因斯坦的自然科学唯物主义，而根本否认马赫在哲学上对他的重大影响。应该注意的是，休谟和马赫的这种影响，是处在斯宾诺莎的更深刻的影响限制之下的。爱因斯坦是从坚定的世界可知性的立场来吸取休谟和马赫的批判精神的。这就足以说明，为什么他既受到马赫哲学的影响而又不是马赫主义者了。

在狭义相对论创立的时候，对牛顿绝对时空观的批判是决定性的一环。没有哲学上的批判精神，任何科学上的前进都是不可能的。例如，在光速不变性和关于恒定平移的相对性等新的经验事实面前，许多人对牛顿的旧观念，都采取抱残守缺的态度。他们不能摆脱绝对时空观念的束缚，把时间空间和物质运动截然分开。这种时候，需要的是怀疑的精神、批判的勇气。只有在哲学思考上具有这种特点的人，才能在科学上突破旧框框，登上新高峰。这就是爱因斯坦实际走过的道路。

难能可贵的是，这种任何时候都不拘守于旧观念的批判精神，在完成广义相对论和为建立统一场论所作的长期探索中，爱因斯坦始终都保持下来了，而且是在坚持斯宾诺莎唯物主义一元论的立场上保持下来的。这就使他同形形色色的唯心主义思潮，如逻辑实证论等，在原则上划清了界限。晚年，在回顾自己一生所走过的科学道路时，他曾明确表达了这种哲学信仰。他说："在我们之外有一个巨大的世界，它离开我们人类而独立存在，它在我们面前就像一个伟大而永恒的谜，然而至少部分地是我们的观察和思维所能及的。"[1]

作为一个 20 世纪的自然科学唯物主义者，爱因斯坦的哲学思想既来源于斯宾诺莎，而又高出于斯宾诺莎。他以他的科学成就，在自己所处的时代，极大地扩展了唯物主义的阵地。这特别是指广义相对论对时间空间及其

---

[1]　爱因斯坦：《爱因斯坦文集》（第 1 卷），许良英、范岱年编译，商务印书馆，1976 年版，第 2 页。

与物质运动的内在联系的揭示。广义相对论从惯性质量和引力质量等效性这个经验事实出发，把黎曼几何同引力场论结合起来，丰富和发展了人们对物质运动的认识，给了康德以来时空先验论的唯心主义观点以毁灭性的打击。

时间空间与物质运动的联系，是近代哲学特别是唯物主义哲学长期探讨的重大问题。但是，在爱因斯坦广义相对论之前，还没有人从科学上给予唯物主义的时空观以如此坚不可摧的论据。笛卡儿的物理学把广延性看作是物质实体的唯一属性，这里已经包含了时间与空间的特性和物质运动不可分割的科学思想的萌芽。斯宾诺莎批判了笛卡儿认为有独立于物质实体之外的精神实体的二元论观点，认为思维只不过是物质实体的一种属性，而广延性却仍然是物质实体的根本属性。康德则利用牛顿绝对时空观的弱点，把时间空间变成了纯粹主观的形式。在此之后，只有恩格斯才从哲学上对康德的时空先验论给予了致命的批判。然而，单有哲学上的批判，是不足以彻底战胜它，并且完全消除它的影响的。

爱因斯坦广义相对论的完成，把引力场作为物质运动的一种基本实体引进了物理学，突破了经典力学只研究质点运动的狭隘眼界。相对论证明，脱离物质运动的时间和空间，只不过是一种空洞的抽象，时间和空间的特性同物质运动是不可分割的。爱因斯坦强调指出，"空间-时间未必能看作是一种可以离开物理实在的实际客体而独立存在的东西。物理客体不是在空间之中，而是这些客体有着空间的广延。因此，'空虚空间'这概念就失去了它的意义"[①]。这样，看起来似乎又回到笛卡儿和斯宾诺莎关于物质实体具有广延性的旧唯物主义观点上去了。但实际上，这是用新的科学成果大大扩充了的时间空间和物质运动不可分割的现代自然科学唯物主义观点。它确证了恩格斯关于时间空间是物质存在的基本形式的哲学论断。这时，也只有在这时，康德的时空先验论才失去了最后的藏身之所，唯物主义和科学思想在时空观上才真正溶合在一起了。而这正是爱因斯坦对唯物主义哲学发展的巨大历史功绩。

---

① 爱因斯坦：《爱因斯坦文集》（第 1 卷），许良英、范岱年编译，商务印书馆，1976 年版，第 560 页。

最后，应该强调的是，爱因斯坦关于统一场论的思想，从哲学上看，其来源正是斯宾诺莎"物自因"的宝贵辩证法思想。

在完成广义相对论之后，相对论的基本思想还要不要进一步发展？自然界存在的各种性质不同的场，有没有相互联系或统一性？这就是爱因斯坦在统一场论中顽强探索的问题。早在广义相对论完成的时候，他就提出，"特别是电磁场理论同引力场理论一起是否能为物质理论提供一个充分的基础，这仍然可以是个悬而未决的问题"①。在提出统一场论的思想之初，他指出，难道不可能把引力场"理论的数学基础作这样一种方式的推广，使我们从这些基础中不仅能够推导出引力场的性质，而且还能够推导出电磁场的性质"②？后来，他作出了肯定的回答："赋予引力场与电磁场以统一的意义，这在实际上也是可以做到的。"③ 虽然，统一场论的探索，耗费了爱因斯坦大半生的精力而没有得到有具体物理意义的结果。但是，直到晚年，他仍然坚信，尽管"我完成不了这项工作了；它将被遗忘，但是将来会被重新发现"④。事实上，爱因斯坦逝世后，许多后继者仍在沿着他所提出的基本设想前进，并且取得了某些进展。

是什么力量推动爱因斯坦这样顽强地从事统一场论的研究？像斯宾诺莎那样，坚信自然界有着它本身固有的内在和谐，这就是引导他进行统一场论探索的自觉的哲学动机。在他看来，用数学分析方法来理解物理世界，这不仅完全可能，而且简直是不言而喻的。许多和他同时代的科学家都认为，他关于统一场论的思想，不过是一种不可企及的奢望，大半是劳而无功的。有的甚至认为，这是他的"一种悲剧性的错误"。但是，这一切丝毫未能动摇他的顽强探索的信念。他认为，狭义相对论的创立，仅仅是科学革新的第一

---

① 爱因斯坦：《爱因斯坦文集》（第2卷），许良英、范岱年编译，商务印书馆，1977年版，第322页。

② 爱因斯坦：《爱因斯坦文集》（第1卷），许良英、范岱年编译，商务印书馆，1976年版，第393页。

③ 爱因斯坦：《爱因斯坦文集》（第2卷），许良英、范岱年编译，商务印书馆，1977年版，第428页。

④ 爱因斯坦：《爱因斯坦文集》（第1卷），许良英、范岱年编译，商务印书馆，1976年版，第453页。

步；在他看来，从狭义相对论到广义相对论，是合乎逻辑的发展的第二步；而只有从广义相对论再到统一场论的完成，才可以看作现代物理学基础理论变革的某种近似综合的成果。这说明，关于统一场论的探索，绝不是偏离现代科学发展大道的某种古怪的幻想，而是继续推进科学事业的一个很重要的发展方向。近百年来物理学的发展，特别是高能物理的研究，使人们越来越坚信，总有一天，人类将能解开几种本质上不同的作用力的统一性之谜。从根本上看，这就是爱因斯坦统一场论的探索留给后人的宝贵启示。

总之，爱因斯坦作为现代自然科学唯物主义的杰出代表，他的突出贡献是：第一，在斯宾诺莎唯物主义唯理论的基础上，吸取了经验论的某些积极的思想因素，从而丰富了唯物主义的认识论。第二，用他的科学革新成果，深刻地揭示了物质和运动及其同时间空间特点的内在联系，从而扩展了唯物主义关于世界物质统一性的认识，发展了唯物主义的本体论。爱因斯坦自然科学唯物主义的哲学思想，越是到后期，越是显得自觉。如果说，在爱因斯坦的前半生，他更多地是以自然科学革新家的面貌出现，那么，在其后半生，应该说是一位名副其实的现代自然科学唯物主义哲学家。因此，爱因斯坦不仅在现代科学的庙堂里有着灿烂夺目的地位，而且在现代唯物主义哲学的庙堂里，也应该有着十分显要的地位。

二

爱因斯坦的自然科学唯物主义是马克思主义哲学的可靠盟友。爱因斯坦继承了斯宾诺莎的哲学思想，在专门科学的领域内对背叛自然科学的唯心主义思潮，进行了长期的坚决斗争。他的活动，对马克思主义哲学的发展，提供了许多可以吸取的宝贵经验和可资借鉴的思想启示。我们必须看到，这是他一生中自觉的哲学活动的主流。

反对哥本哈根学派实证主义倾向的斗争，是爱因斯坦捍卫唯物主义原则，反对宗教信仰主义的重大历史贡献。这场斗争，不仅涉及自然科学的专门问题，而且直接涉及哲学基本问题；不仅关系到保卫唯物主义的原则，而且关系到辩证法和形而上学思想方法的斗争。

早在 20 世纪 20 年代，爱因斯坦就把逻辑实证主义，轻蔑地称之为"绥靖宗教"[①]。之后，在坚持批判逻辑实证主义的斗争中，他鲜明地维护了物质第一性及其可知性的唯物主义原则；与此同时，他强调，就人们对客观实在的认识来说，只是近似的、可变的、发展的，而不是穷尽的、终极的、僵死的。

首先，他指出，"要是不相信我们的理论构造能够掌握实在，要是不相信我们世界的内在和谐，（用马克思主义的语言来说，就是物质世界的客观规律性—引者）那就不可能有科学。这种信念是，并且永远是一切科学创造的根本动力"[②]。

照爱因斯坦的看法，哥本哈根学派的主张，就是要人们放弃"对任何（单个的）实在状况（假定它是不依赖于任何观察或者证实的动作而存在的）作完备的描述"[③]。他们宣称，谁要坚持离开任何人而独立存在的客观实在的概念，谁就是坚持"一种空洞的，抱有赤裸裸的形而上学偏见的说法"。哥本哈根学派在哲学上所要维护的，绝不是关于某种特殊的物理理论，而是要从根本上拒绝"实在"这个概念，认为使用这个概念就是犯了"形而上学的'原罪'"[④]。就是说，他们原则上拒绝把感觉印象同关于客观实在的科学抽象区别开来，认为可观测性就是客观实在。因而，正如爱因斯坦一针见血地指出的那样，他们的主张变成了"同贝克莱的原理'存在就是被知觉'（esse est percipi）※一样的东西"[⑤]。

其次，爱因斯坦指出，哥本哈根学派试图把量子理论当作某种终极的理

① 爱因斯坦：《爱因斯坦文集》（第 1 卷），许良英、范岱年编译，商务印书馆，1976 年版，第241 页。

② 爱因斯坦：《爱因斯坦文集》（第 1 卷），许良英、范岱年编译，商务印书馆，1976 年版，第379 页。

③ 爱因斯坦：《爱因斯坦文集》（第 1 卷），许良英、范岱年编译，商务印书馆，1976 年版，第464 页。

④ 爱因斯坦：《爱因斯坦文集》（第 1 卷），许良英、范岱年编译，商务印书馆，1976 年版，第469 页。

⑤ 爱因斯坦：《爱因斯坦文集》（第 1 卷），许良英、范岱年编译，商务印书馆，1976 年版，第466，469 页。此处中译文有误，应为"是就是被感知"。见汪子嵩："要原汁原味地介绍外来文化。"载《苦乐年华》，北京大学出版社，2004 年版，第 29 页。

论，使人们的认识僵化起来。按照哥本哈根的正统解释，"Ψ 函数是体系的实在状况的一种穷尽的描述"①。他们"认为用量子力学的统计图式对自然界所作的描述是终极的"②。爱因斯坦指出，统计性的量子理论，虽然为理论物理学带来了极其重大的进展，对微观世界的波粒二象性作出了令人满意的理论解释，但是，它绝不是微观世界的终极物理理论。"在原则上，这个概念体系不能用来作为理论物理学的基础。假定要作完备的物理描述的努力成功了，那么统计性的量子理论，在未来物理学的框子里，就会占有一种类似统计力学在古典力学框子里的地位。"③ 可见，爱因斯坦所坚持的自然科学唯物主义的鲜明特点，就是根据科学实践的发展，不断探索反映客观实在的新的理论体系。为此，它既必须同实证主义进行坚决的斗争，又必须同任何教条主义、机械唯物主义倾向，划出一道明确的界限。实际上，这同马克思主义哲学反对宗教信仰主义的斗争，反对形而上学和思想僵化的斗争，在大的方向上，是完全一致的。

有人说，20 世纪的爱因斯坦不信仰马克思主义而信仰斯宾诺莎，特别是他作为一个自然科学家，却不理解恩格斯的《自然辩证法》，难道这也值得赞许吗？只要我们抛弃宗派主义的偏见，真正站到马克思主义的立场上来，这个问题是不难找到正确答案的。爱因斯坦为什么不理解恩格斯《自然辩证法》的深刻内容和伟大意义，这要具体分析。

第一，爱因斯坦主要是从专门自然科学的角度来评价《自然辩证法》的。他指出，这部著作就其专门科学的内容来说，显得比较陈旧了。应该说，这是事实。因为，从现代物理学的发展来说，恩格斯《自然辩证法》所引用的自然科学材料确实没有超出经典力学的范围。而正是在这一方面，爱因斯坦以他自己的划时代贡献，已经打破了经典力学的陈旧框框。

第二，在对哲学和自然科学的关系上，爱因斯坦同恩格斯虽然认识的途

① 爱因斯坦：《爱因斯坦文集》（第 1 卷），许良英、范岱年编译，商务印书馆，1976 年版，第 37 页。

② 爱因斯坦：《爱因斯坦文集》（第 1 卷），许良英、范岱年编译，商务印书馆，1976 年版，第 470 页。

③ 爱因斯坦：《爱因斯坦文集》（第 1 卷），许良英、范岱年编译，商务印书馆，1976 年版，第 468-469 页。

径不同，但却得出了某种近似的结论。恩格斯是从用唯物主义观点来解释黑格尔辩证法及其自然哲学的角度，来研究和论述哲学同理论自然科学的关系的。他强调的主要方面是，自然科学家必须掌握自觉的辩证思维方法。然而，爱因斯坦从专门自然科学研究的角度出发，探讨了哲学同自然科学的关系，达到了同恩格斯几乎一致的结论，认为理论自然科学没有哲学的启示是不行的。他和牛顿不同。牛顿的名言是："物理学，当心形而上学（这里讲的'形而上学'是泛指运用抽象思维的哲学思考能力而言—引者）呵！"爱因斯坦则明确指出，"人们没有'形而上学'毕竟是不行的"。

"认识论同科学的相互关系是值得注意的。它们互为依存。认识论要是不同科学接触，就会成为一个空架子。科学要是没有认识论——只要这真是可以设想的——就是原始的混乱的东西。"① 应该说，这种关于哲学与自然科学研究相互关系的认识，是符合自然辩证法的。随着爱因斯坦在哲学上愈加成熟，愈加摆脱他早期的自发唯物主义性质，他对哲学和自然科学关系的理解，也愈加接近马克思主义的认识。

还需要指出的是，爱因斯坦对《自然辩证法》的某种不理解，同西德尼·胡克的反马克思主义攻击是有原则区别的。不理解只是个认识问题，并不是出于恶意。

现在，我们回到这样的问题上来：为什么20世纪的爱因斯坦会信仰斯宾诺莎？马克思主义者应当采取什么样的正确态度来对待这样的自然科学家？

生活在帝国主义和无产阶级革命时代的自然科学革新家，自觉地以斯宾诺莎为自己的思想旗帜，这种现象，具有深刻的社会意义。马克思在谈到政治历史人物时说过，人们总是穿上古代的服装来演出现代的戏剧，借古人之口来说出在现实斗争中自己所想说的话。爱因斯坦之所以崇奉斯宾诺莎，是因为他可以借用斯宾诺莎的唯物主义旗帜来同一切宗教反动势力进行斗争，从而为自己的科学革新活动不断开辟道路。斯宾诺莎虽然离我们已经比较远

---

① 爱因斯坦：《爱因斯坦文集》（第1卷），许良英、范岱年编译，商务印书馆，1976年版，第480页。

了，但是，他那种崇奉理性，同宗教反动势力不倦的斗争精神，至今仍然是应该肯定的。在资本主义世界，许多正直的自然科学家趋向斯宾诺莎，这绝不是一种偶然的现象。因为，他们是在反对宗教信仰主义，也反对 19 世纪末仍然盛行的机械唯物主义的情况下，经过自然科学研究，走上自己的哲学道路的。在这里，斯宾诺莎的"实体"一元论和"物自因"的辩证法思想，强烈地吸引着他们的注意。很显然，这样的自然科学家，虽然不信仰马克思主义，不懂得自觉的辩证思维方法，但他们绝不是马克思主义的敌人，而是马克思主义者的可靠盟友。

必须指出，马克思主义哲学对自然科学研究的指导作用，绝不能是强加的，更不能是自封的，而应当是在向自然科学和自然科学唯物主义的学习过程中，逐渐地树立起来。

可以回顾一下近代唯物主义哲学同近代自然科学发展的历史。每个时代的唯物主义之所以在反对宗教信仰主义的斗争中，具有生命力，难道不正是因为它们首先善于向自然科学学习，特别是同自己时代的自然科学唯物主义结成巩固的联盟吗？布鲁诺如果不依靠哥白尼的日心说，是不可能有效地揭露宗教神学的虚伪的。斯宾诺莎的实体学说如果不以伽利略和开普勒的力学为依据，是不可能得到科学的论证的。18 世纪法国的"百科全书派"同当时的自然科学家有着密切的联系。他们的战斗无神论，不过是把牛顿力学推广到一切领域，坚持以经典力学为基础的严格的因果决定论罢了。

马克思主义哲学也是这样。它的生命力正是在于能够自觉地从迅速发展的自然科学中汲取营养，善于同自然科学唯物主义结成巩固的联盟。马克思、恩格斯在创立历史唯物主义的过程中，难道不正是以 19 世纪的三大科学发现为重要基础的吗？

事实上，现代自然科学唯物主义以爱因斯坦为杰出代表，确实为马克思主义哲学的发展，提供了极为丰富的思想资料和许多宝贵的启示。

比如，关于"实在"的概念。爱因斯坦坚持了斯宾诺莎"实体"一元论的观点，并且试图随时扩展它的唯物主义内容。在照爱因斯坦看来，"实在"这个范畴，标志着独立于人的意识之外，可以被认识的一切对象。它不限于经典力学所研究的"质点"及其特性，而是包括像"场"这样的实体，以及微观客体所具有的波粒二象性这样的特点。显然，这就比建立在经典力学基础之上的机械唯物主义的物质观要丰富得多，发展得多了。而且，随着现代科学的发展，"实在"还可以把物质世界的新的特性，概括在内。至今仍在争论不休的"信息"概念，作为一个认识论的范畴，不仅包含有"反映"的特点，并且更重要的是揭示了客观实在的一种崭新的内容。不言而喻，马克思主义哲学要发展就应该从这些科学的概念中汲取营养。

又比如，关于"直觉"的认识能力。爱因斯坦坚持斯宾诺莎唯物主义的唯理论观点，但是，他更强调建立在经验基础上的认识的能动作用。他指出，"直觉"就是"能把真正带根本性的最重要的东西同其余那些多少是可有可无的广博知识可靠地区分开来"的一种思维能力。[①] 他反复强调的"直觉"能力是什么呢？用马克思主义的语言来说，实际上就是指一种认识的能动性。

爱因斯坦所谓的"直觉"，同斯宾诺莎的理性直觉知识一脉相承，都是以唯物主义的认识论为基础的。他曾经用他自己学习数学和物理学的切身经验，用他从狭义相对论到广义相对论的认识过程，来说明直觉能力的重要性。这里面，并没有什么神秘的、不可理解的地方，而是着重强调了认识所固有的能动作用。它同毛泽东同志在《实践论》中所讲的从感性认识到理性认识的飞跃相当。所谓"直觉"，就意味着在感性认识的基础上突然达到豁然开朗的某种认识。从认识过程来说，没有这种飞跃，新的理论概念不可能形成；从人的认识能力来说，没有这种直觉的洞察力，任何较初级的认识都不会得到提高。然而，爱因斯坦的"直觉"和斯宾诺莎的直觉知识又有所不同。它的突出特点是，同经验知识并不绝对排斥，而是相互补充的。因而，这就在某种程度上克服了古典唯物主义唯理论的片面性。所有这些，从马克思主义认识论的观点看来，不都是应该肯定的吗？

当然，我们肯定爱因斯坦自然科学唯物主义的进步性，并不是说可以忽视它的局限性。如果这样，对巩固和加强马克思主义者同自然科学家的联

---

① 爱因斯坦：《爱因斯坦文集》（第1卷），许良英、范岱年编译，商务印书馆，1976年版，第7页。

盟，也是不利的。

比如，爱因斯坦崇敬斯宾诺莎，也崇敬马克思。但是，他是从普遍的社会正义、永恒道德的观点来看待这两个不同时代、不同阶级的历史人物的。斯宾诺莎是早期资产阶级革命时代的进步思想家，而马克思则是无产阶级革命的理论家和导师。然而，爱因斯坦只是不加区别地把他们并列在一起，笼统地称颂他们"为了社会正义的理想而生活，并贡献了自己的一生"。特别是他以斯宾诺莎为例，倡导某种现代泛神论的"宇宙宗教"，更清楚地暴露了爱因斯坦社会历史观上的弱点。第二次世界大战结束后，他说："虽然斯宾诺莎生活在三百年前，但是精神环境好像同我们很接近。"① 显然，这反映了一个生活在资产阶级统治社会里的正直的科学家，看不清社会生活的出路。这虽然是可以理解的，但毕竟是一种缺陷，一个弱点。

又比如，爱因斯坦在认识论上是一个带有经验怀疑论色彩的现代唯理论者。他吸取了休谟和马赫经验怀疑论的某些特点，试图把它纳入唯物主义的认识论。他指出："纯粹的逻辑思维不能给我们任何关于经验世界的知识；一切关于实在的知识，都是从经验开始，又终结于经验。"② 然而，在爱因斯坦的整个认识论体系中，斯宾诺莎的唯理论具有更强烈、更深刻的影响。他对直觉能力的看法，虽然相当地接近了关于认识能动性的思想，但就认识论的整体来说，仍然停留在某种线性因果论的水平。这也就是爱因斯坦认识论的根本局限性。

总之，马克思主义哲学作为科学的认识论体系，不但要看到现代自然科学唯物主义的弱点和局限性，更为重要的是，要善于向自己的同盟者学习，善于发现和支持自然科学唯物主义的一切新的探索和努力。只有充分认识现代自然科学唯物主义的生命力，才有可能在反对宗教唯心主义的共同斗争中，不断巩固和加强彼此之间的联盟关系。马克思主义的认识论，如果不从现代自然科学唯物主义汲取新的营养，发展下去就很可能像爱因斯坦所说

---

① 爱因斯坦：《爱因斯坦文集》（第1卷），许良英、范岱年编译，商务印书馆，1976年版，第433页。

② 爱因斯坦：《爱因斯坦文集》（第1卷），许良英、范岱年编译，商务印书馆，1976年版，第313页。

的，成为"一个空架子"。这是值得我们引为鉴戒的。

爱因斯坦用斯宾诺莎的哲学思想，强有力地推动了现代自然科学唯物主义的发展。这是我们时代唯物主义哲学发展的光辉一页。马克思主义经典作家，一向对斯宾诺莎的唯物主义哲学思想，给予高度的评价。马克思主义者同爱因斯坦对斯宾诺莎的看法，虽然角度不同，水平不一，但都一致认为，只有唯物主义哲学，才能为自然科学的革新不断开辟道路。马克思主义哲学同现代自然科学唯物主义，绝不是互相排斥，而是彼此促进的。尽管马克思主义哲学同自然科学唯物主义之间有着某种区别，不容混同在一起，但就其对宗教唯心主义的斗争来说，它们是同一条战壕里的战友。

遗憾的是，人们在这个问题的认识上，长期以来，由于极"左"思潮的影响，往往是相当混乱的。1978 年夏天，在一次全国性的讲习会上，当一位爱因斯坦的诚实研究者，刚刚出来为爱因斯坦的科学成就和哲学观点讲几句公道话，批驳林彪、"四人帮"强加给爱因斯坦的种种污蔑不实之词的时候，竟然引起了一些人的愤怒质问。其中最主要的问题是：爱因斯坦对恩格斯的《自然辩证法》是什么态度？意思是说，难道一个并不信仰马克思主义的人也值得称赞吗？上文，我们已经探讨了爱因斯坦在哲学上同马克思主义哲学的相互关系。这里，我们不能不看到，在一些人当中，特别是有些专门搞马克思主义哲学的人当中，仍然流行着一种简单化的思想方法。他们的公式是："非我即敌"，"非此即彼"，除我之外，其余都是不可取的。在他们看来，除了马克思主义哲学，就是唯心主义，其他哲学流派是不存在的。这样，不仅把马克思主义变成了孤家寡人；而且把唯心主义各流派，也变成了空洞的抽象。至于自然科学唯物主义，如果不是"反动的"，也远远被排除在他们的视野之外。因此，为了加强和巩固马克思主义者同自然科学家的联盟，首先就必须清除长期以来禁锢着许多人头脑的那种根深蒂固的"非我即敌"、"非此即彼"的形而上学的思想。

马克思主义者必须面向世界，面向未来。应该承认，现代自然科学唯物主义，无论在国外还是在国内，都是存在于自然科学界的一种广泛的、活生生的，极其富有生命力的哲学思潮。它是现代唯心主义的对立物，是马克思主义哲学的天然盟友。马克思主义哲学，如果不着力研究、支持自然科学唯物主义，从它那里不断汲取营养来丰富和发展自己，必将使自己在同形形色色的资产阶级唯心主义的斗争中，处于软弱无力的地位。过去，我们对于这方面的问题，没有给予应有的注意。现在，为了实现振兴中华文化的需要，迫切要求着重这方面的研究。这样做，将有助于加强马克思主义哲学在自然科学研究中的指导地位，有利于促进科学技术的迅速发展。

薛定谔和他的《生命是什么?》[*]

1987 年 8 月 12 日是著名的奥地利物理学家、分子生物学的理论前驱，埃尔温·薛定谔（Erwin Schrodinger，1887—1961）100 周年诞辰。作为一位杰出的理论物理学家，薛定谔以他创立的波动方程（亦称薛定谔方程）奠定了量子力学的基础，已名垂青史，为世人所熟知。作为一位为分子生物学的产生和发展，开辟了道路的自然科学哲学家，人们对他的历史功绩，看法却不尽一致。^① 有鉴于此，这里拟对他的自然哲学名著《生命是什么?》，作一粗浅的评价。

一、"敢于承担使我们成为蠢人的风险"

《生命是什么?》是薛定谔 1943 年 2 月在爱尔兰首府都柏林三一学院，对大约 400 名生物学家和物理学家所作的公开学术讲演，1944 年整理出版。"敢于承担使我们成为蠢人的风险"，是正式出版这本书稿时，作者在《序言》中，提出的一个发人深省、极富哲理的论点。它表明，一位有深厚哲学素养的自然科学家，永远不会停留在已经取得的科学成就上，而是善于纵观全局，勇于向未知领域开拓，全然不计功名利禄，为探索新的科学生长点，

---

* 原载于《山西大学学报（哲学社会科学版）》，1987 年 4 期。

① Abir-Am pnina：The historyraphy of molecular biology，History of Scienie，1985，23：78-117.

无畏地奉献自己的一切。

20世纪初，相对论和量子力学的创立，使物理学的发展，进入了一个新的历史阶段。它深刻地改变着人们关于自然界的科学图景。在物理学革命面前，人类的认识，推进到了全新的自然层次，即微观世界和宏观世界。与此同时，生命科学，主要是遗传学和细胞生理学，也有了长足的发展。但是，同物理学的革命性进展比较起来，40年代的生物学，从总体上讲，仍处在细胞研究的水平上，正在酝酿着革命性突破前夜。

在这种特定的历史背景下，一些眼光锐敏、思路开阔的物理学家，把视线投向生命科学的前沿。正如爱因斯坦所说："在我们的时代，生物学为了获得解决它们的更深刻的问题的信心，已经不得不转向新的物理学。"[1] 薛定谔的《生命是什么?》一书，就是运用热力学和量子力学研究生物遗传的机制和生命活动的特征，从而为分子生物学的诞生，给予了系统的理论论证。

作为一位经验丰富的理论物理学家，薛定谔深知自己涉足一门新的科学领域，走的是一条艰难曲折的道路。他对生物学毕竟"不是内行"，因而对任何一位专业的生物学家来说，"讲的是外行话"[2]。但是，在他看来，更重要的是，一位现代科学家，如果不敢从自己熟悉的专业中跨越出来，去发现未知领域的奥秘，就不可能在知识不完备的情况下，试图"把所有已知的知识综合成为一个统一体"，推进对揭示生命活动和普遍性规律的认识。[3] 他确信，从物理学关于遗传物质结构和功能的"一般性结论"，肯定会对揭示生命活动和功能的方式，作出贡献。而这也就是他"写这本书的唯一动机"。[4]

需要指出的是，当薛定谔着手写《生命是什么?》的时候，他早已是一位年过半百、具有世界声望的物理学家。明知困难重重，他却甘愿放弃科学家的高位和随之而来的重任，去从事新的探索。这种献身科学的崇高精神，是极为难能可贵的。"敢于承担使我们成为蠢人的风险"的至理名言，鼓舞了一批又一批的青年物理学家，转向生物学研究。发现DNA双螺旋结构的

---

① Barron L D, Molecular Light Scattering and Optical Activity, 1982, 186.
② 薛定谔：《生命是什么?》，上海人民出版社，1973年版，第21页。
③ 薛定谔：《生命是什么?》，上海人民出版社，1973年版，第1页。
④ 薛定谔：《生命是什么?》，上海人民出版社，1973年版，第75页。

克里克，就是直接受到《生命是什么?》一书的启发，从物理学转向生物学领域，取得了巨大成就的。同时，《生命是什么?》一书的出现，也带动了许多生物学家，用物理化学的方法来研究生命现象，从而促进了分子生物学的发展。因此，从《生命是什么?》对生命科学发展的实际影响来说，薛定谔是分子生物学当之无愧的理论先驱。

总之，薛定谔的探索道路，为生物学和物理学的统一，指明了继续前进的方向。而没有"敢于承担使我们成为蠢人的风险"的献身精神，就没有《生命是什么?》一书的巨大成就和影响。从这个意义上说，"敢于承担使我们成为蠢人的风险"，正是薛定谔留给我们的一笔巨大的精神财富。

二、"唤起生物学革命的小册子"

从《生命是什么?》的科学内容方面来看，下述几个观点，是特别引人入胜的。这也就是薛定谔对唤起生物学革命所作的具体历史贡献。

1. 基因是一种"非周期性的晶体"

生命遗传的物质载体是什么? 它与非生命物质相比较，在结构和功能上有什么特点? 这是生物学家，特别是遗传学家一向关注的问题。薛定谔在《生命是什么?》一书中，详尽地发挥了他自己对这个问题的看法。

在他看来，弄清基因的特点，首先必须从理论上对物理学和化学研究的对象同生物学研究的对象作出明确的区分。他指出："一个活细胞的最重要的部分——染色体纤维——可以恰当地称之为非周期性晶体。"[1] 这种"非周期性晶体"，不但同物理学家研究的"周期性晶体"有根本的不同，而且同有机化学家所处理的复杂的有机分子，也不可等量齐观。"这种分子里的每一个原子，以及每一群原子都起着各自的作用。"它的特点是有足够的抗力来维持自身结构的稳定性，并且提供出各种原子结合体的（"异构的"）排列。这种排列"在它的一个很小的空间范围内足以体现出一个复杂的'决

---

[1] 薛定谔:《生命是什么?》，上海人民出版社，1973年版，第5页。

定'系统"。①

"非周期性晶体"是薛定谔提出的用以解释遗传物质结构和功能的新概念。它一经提出，就启示了生物学家研究的一个重要的新方向。20世纪50年代初期，沃森、克里克关于DNA双螺旋结构的发现，就同薛定谔提示的方向直接有关。正如沃森后来所说，薛定谔在这里"非常清楚地提出了一个信念，即基因是活细胞的关键组成部分，以及要懂得什么是生命，必须知道基因是如何发挥作用的"②。

事实上，他提出的基因分子是"一种非周期性晶体"的概念，为解开基因之谜的确起了巨大的促进作用。正是他的提示，为分子生物学的诞生，充当了前导，开辟了道路。

2. 基因突变和量子跃迁

探寻遗传的机制，解释基因突变的原因，是20世纪前半叶生物学研究的一个重大课题。《生命是什么？》用了将近一半的篇幅，从现代物理学观点，讨论了这个问题。

首先，薛定谔把对遗传机制的理论探讨，同细胞生理学的实验成果进行比较，提出了"遗传密码"的概念。他指出，基因分子"不必有大量的原子就可产生出几乎是无限的可能的排列"。好像莫尔斯密码一样，只用两种符号（·和—），就可以编成多种多样的代号。因此，基因分子的图式，完全可以想象为压缩在极小空间范围内的一种微型密码；这种"遗传密码"，携带着有机体未来发育的宏观特性的全部信息。

后来，在揭开DNA结构之谜的基础上，生物学家们正是在"遗传密码"这一富有想象力概念的指引下，到20世纪60年代，终于确定了生物界的遗传密码表。

其次，"突变实际上是由于基因分子中的量子跃迁引起的"③。薛定谔提出，达尔文把纯种群体里出现的细微的、连续的、偶然的变异，当作自然

---

① 薛定谔：《生命是什么？》，上海人民出版社，1973年版，第67页。
② G. D. 沃森：《双螺旋——发现DNA结构的故事》，科学出版社，1984年版，第6页。
③ 薛定谔：《生命是什么？》，上海人民出版社，1973年版，第37页。

选择的材料，是错误的；只有"跃迁式"的突变，才是自然选择的工作基地。

在薛定谔看来，经典物理学是无法解释生物遗传的高度不变性的。例如，奥地利哈布斯堡王朝的一些成员有一种特别难看的下唇，16～19 世纪，经历了几个世纪的遗传，他们后代的肖像，同前十几代祖先的畸形特征，竟然如此酷似。这说明，决定这种宏观遗传特征的基因结构，是高度稳定的。怎样解释这种不变性呢？经典物理学是无能为力的。在这种情况下，只有量子论，才能弥补经典物理学的不足。

根据量子力学的原理，突变就是基因分子从"一种构型转变为另一种构型"的"量子跃迁"。① 而这种跃迁式的异构变化，"实际上是十足的罕有事件"。② 这样，也就合理地解释了基因分子结构所决定的生物体宏观特征的高度不变性。

应当指出，薛定谔把物种遗传中的突变，同量子跃迁联系起来，这就向生物学和物理学的统一，迈出了关键的一步。它不是一种简单的类比，也不是把物理学的概念照搬到生物学的领域。而是在更深刻的程度上，揭示了物质运动不同形式间的内在统一性。事实说明，薛定谔《生命是什么?》所选择的道路，不失为通向揭示遗传之谜的一条"终南捷径"。③

3. 生命赖"负熵"为生

《生命是什么?》提出了有机体以"负熵"为生的论点，从一个全新的角度，深刻地说明了生命活动的本质。

薛定谔指出，生命有机体总是能够避免趋向热平衡的衰退，保持自身的高度有序状态。而非生命物质作为一个孤立系统，总是趋向于熵值的不断增加，趋向于越来越大的无序状态。

在薛定谔看来，新陈代谢中的本质的东西，"是使有机体成功地消除了当它自身活着的时候不得不产生的全部的熵"。他指出，"要摆脱死亡，就是

---

① 薛定谔：《生命是什么?》，上海人民出版社，1973 年版，第 54 页。
② 薛定谔：《生命是什么?》，上海人民出版社，1973 年版，第 69 页。
③ 薛定谔：《生命是什么?》，上海人民出版社，1973 年版，第 6 页。

说要活着，唯一的办法就是从环境里不断地汲取负熵"。"有机体就是赖负熵为生的。"[1] 可以看出，用汲取"负熵"来定义生命活动的本质，比"我们是以能量为生"的常识性见解，更加符合现代科学观念。"以'负熵'为生"实际上意味着，我们不仅要从物质和能量的交换，而且，特别要从信息交换的角度，来看待生命现象。

应该指出的是，循着有序和无序，增熵和减熵这条思路，薛定谔把人们的注意力，引向了当代方兴未艾的系统科学，特别是预示了耗散结构理论的出现。

他指出，产生有序有两种方式：一是"有序来自无序"；二是"有序来自有序"。他赞成"'有序来自无序'的原理"[2]。在他看来，生命现象所遵循的特殊规律（"有序来自有序"）和热力学第二定律（即熵定律）终究是可以统一起来的。正如后来普利高津所说，"把生命系统定义为……一种耗散结构的开放系统，无疑是很诱人的"。"一个最令人兴奋的观点是将物质单元和生命是什么与生命不是什么的明显特点联系起来的可能性。"[3]

无疑，揭示这种联系，通过非平衡态统计物理的道路，和物理学的统一，需要数代人持续努力才可能实现。薛定谔的功绩就是，早在 20 世纪 40 年代，便以相当明确的形式提出了这个问题。他的结论是：生命的奇迹，基因遗传之谜，是自然界沿着"量子力学的路线完成的最精美的杰作"[4]。

三、现代自然科学唯物主义的杰作

从哲学角度考虑，《生命是什么？》一书对现代自然科学唯物主义的发展，是一种巨大的贡献。薛定谔在这里，把科学家的严谨、哲学家的深邃和诗人的想象融为一体，提供了一本不可多得的现代自然科学哲学杰作。

---

① 薛定谔：《生命是什么？》，上海人民出版社，1973 年版，第 78 页。
② 薛定谔：《生命是什么？》，上海人民出版社，1973 年版，第 88 页。
③ J. 普利高津：《结构、耗散和生命》，载《普利高津与耗散结构理论》，陕西科技出版社，1987 年版，第 56 页。
④ 薛定谔：《生命是什么？》，上海人民出版社，1973 年版，第 93 页。

1. 该书鲜明地表达了薛定谔的现代自然科学唯物主义信念

这种信念完全是以现代科学理论为基础的。它不仅表现在其序言中，对知识统一性的深信不疑。而且，特别是在寓意深刻的跋中，对自然和自我的可理解性，给予了强有力的论证。

在谈到"决定论和自由意志"时薛定谔写道："在一个生物的肉体里，同它的心灵活动相对应的，以及同它的自觉活动或任何其他活动相对应的时空事件（考虑到它们的复杂结构和公认的物理化学的统计学解释），如果不是严格地决定的，无论如何也是统计地决定的。"[①] 他进一步指出："意识发现它自身是同一个有限范围的物质，即同肉体的物理状态紧密相连的，并且是依赖于它的（要考虑到在肉体发育期间心灵的变化，如在青春、成年、衰老等时期内的变化，或者要考虑到发热、酒醉、麻醉和脑损伤等的影响）。"[②] 很明显，在他看来，灵魂是由肉体所决定的，决定论和自由意志，归根到底是在自然规律客观性的基础上统一起来的。

薛定谔以此为基础，尖锐地批评了主观唯心主义和不可知论。比如，珠穆朗玛峰，从不同的山谷看来，景象各不相同，似乎是好多个不同的山峰。但这只是一种错觉。实际上，真实存在的仍然是"同一个山峰"。又比如，对同一棵树，有人宣称，"我看到的是我的树，你看到的是你的树，（非常像我的树），而这棵树自身是什么，我们不知道"。薛定谔指出，这不过是放肆的"无稽之谈而已"。至于灵魂、意识，"自我"到底是什么？它不过是被你自己意识到的，当下的直接经验和记忆的集合体；你可能忘记过去，专注于眼前，但这决"不会有生命死亡的悲哀"[③]。

这些论述，表明他对生命之谜的哲学含义的解释，其基本倾向，是一种毫不含糊、明白无误的自然科学唯物主义。

值得一提的是，《生命是什么？》每一章的开头，都引用一位哲学家或诗人的一句名言，作为提示，用以表达作者的科学哲学信念。关于写作的动

---

① 薛定谔：《生命是什么？》，上海人民出版社，1973 年版，第 94 页。
② 薛定谔：《生命是什么？》，上海人民出版社，1973 年版，第 97 页。
③ 薛定谔：《生命是什么？》，上海人民出版社，1973 年版，第 98 页。

机，基因分子模型的讨论和检验，以及有序、无序和熵，他直接引用了斯宾诺莎唯理论的唯物主义观点。关于遗传机制、突变和量子力学的依据，直接引用了歌德的诗句，表达了他丰富的想象。只在开头第一章"古典物理学家对这个主题的探讨"，引用了笛卡儿"我思故我在"的名言。

令人叹服的是，恰恰在这里，薛定谔以一位理论物理学家的清醒头脑指出，人的大脑及感官的整体功能，或者它同环境的相互作用的功能，根本不同于一台精巧的机器。但是，第一，思想同大脑的生理过程，是密切对应的；第二，思想的材料，知觉或经验，即有机体同外界物体的相互作用，都遵循同样的物理学规律。不难看出，这是把笛卡儿的论点，作了纯粹唯物主义的解释。

从上述材料看，薛定谔对生命问题的哲学论述，完全是以自然科学唯物主义为基础的。通过《生命是什么？》的探索，表明他确实不愧为是一位卓越的现代自然科学唯物主义者。

2. 《生命是什么？》是从经典理论科学到现代新兴综合性基础理论学科的中间环节

20世纪理论自然科学发展的一个重要特点，是传统的基础理论自然科学（天、地、生、数、理、化）从纵向发展转向横向发展，进而产生了一大批新兴的综合性基础理论学科，如控制论、信息论、系统论、耗散结构论和协同学等。薛定谔《生命是什么？》一书，把现代物理学的观点和方法，成功地引用于生物遗传学研究，揭示了边缘学科产生的某种一般规律。这是20世纪科学思想发展中，一个带里程碑性的转折。

从牛顿力学到爱因斯坦的相对论和量子力学的产生，是20世纪物理学的伟大革命。但是，从物理学史的观点来看，不论相对论还是量子力学，都属于同古典理论有着历史延续性的纵向发展，应该说是物理学本身的质的延伸。

《生命是什么？》的出现，情况就不同了。薛定谔在这本书的标题下面，有一个副标题，这就是："活细胞的物理学观"。显然，这不是物理学本身的拓展和延伸，而是用物理学的观点去研究历来与它有着不同研究对象的另一门科学，即生命科学的领域。如果说，从牛顿力学到现代物理，属于同一学科的纵向发展,那么,从统计物理和量子力学到细胞遗传学,则是不同学科之间的横向发展。这种横向发展是 20 世纪科学思想的一个重大特点。

在近代科学发展的历史中,我们不难找到两门或两门以上相关的学科互相交错、平行发展的实例。例如,19 世纪初,地质学和古生物学,相互联系、彼此促进,就是这样的情况。但是,我们翻遍从伽利略到牛顿再到爱因斯坦时期的科学史,还找不到一门传统学科向另一门同样古老的传统学科渗透,从而产生一门崭新的学科的典型实例。薛定谔的《生命是什么?》,恰恰提供了不同学科之间相互渗透的成功范例。它的巨大历史意义,只是随着现代综合性横断基础学科的兴起,才看得更加清楚。诚然,《生命是什么?》一书,本身还不是横断学科。然而,它构成了从传统基础理论纵向发展到横断基础学科兴起之间的过渡环节,则是确定无疑的。因此,研究薛定谔在《生命是什么?》一书中的科学方法,追踪他特有的思路,对于我们理解边缘学科发展的一般规律,特别是进一步理解横断学科出现的历史必然性,是有重大现实意义的。

3. 马克思主义的哲学唯物主义,应当特别重视从现代自然科学哲学中,汲取丰富的营养,为我所用

《生命是什么?》译成中文,是在它出版整 30 年之后。处在那个动乱的岁月,中译本出版的目的,只是为了把它当作"反面教材",作为"大批判"的靶子。1973 年 12 月正式出版,1975 年 3 月就出现了"评《生命是什么?》一书"的大批判文章,标题是:《薛定谔的"捷径,通向何处?"》[①] 它把这本现代自然科学唯物主义的名著,判定为"完全符合资产阶级的需要","诉诸赤裸裸的形而上学","最后到上帝面前顶礼膜拜","向神秘主义求助"的典型。对于这种粗暴的政治批判的错误及其理论上的荒谬,今天已经不值得多花费笔墨去驳斥了。当前的问题是,在坚持对外开放的条件下,我们对这部出版已近半个多世纪的自然哲学名著,究竟研究得如何?是否已经真正从马克思主义观点,进行了认真的分析,从而丰富哲学唯物主义的宝库?

在笔者看来,这不仅是对《生命是什么?》一书的问题,而且是对整个

---

① 《自然辩证法杂志》,1975 年第 1 期,上海人民出版社,第 23-31 页。

西方现代自然科学唯物主义的发展及其同哲学唯物主义的密切联系，是否重视；对于过去几十年中"左"的思潮附加在现代自然科学唯物主义上面的种种责难和偏见，是否进行了认真的清理。例如，看待自然科学唯物主义的发展，究竟是从某个固定不变的"定义"出发，还是从现代理论自然科学发展的实际出发？需不需要根据 20 世纪以来，自然科学革命性进展的内容和特点，明确提出"现代自然科学唯物主义"的概念，以区别于马克思主义经典作家曾经论述过的，从牛顿到海克尔的近代自然科学唯物主义？另外，对某些现代科学家，因科学的最新发展和认识过程的复杂性，有时难免受到某种流行的哲学思潮的影响，（如"哥本哈根学派"的实证论倾向），同传统形式的哲学唯心主义，是否应作明确的区分？如此等等。这些问题，只有在深入研究科学家的理论成果，特别是与其密切相连的自然科学哲学著作的基础上，才可能找到正确的答案。也就是说，除非我们对现代自然科学唯物主义取得的成果，认真咀嚼、消化了，是很难谈得上加强哲学和自然科学的联盟，坚持和发展马克思、恩格斯所倡导的历史唯物主义传统的。虽然，这是一个非常艰难困苦的任务，需要我们长期坚持不懈地做下去才会有收获。但是，我们必须清醒地看到，舍此而外，没有别的出路。

维纳问题的哲学辨析[*]

维纳在《控制论》中写道："信息就是信息，既不是物质，也不是能量。不承认这一点的唯物论，在今天就不能存在下去。"① 多半个世纪以来，信息科学的发展充分说明，维纳当年提出的有关"信息是什么？"问题，其影响远远超出科学技术的范围，具有深刻的哲学含义。笔者拟从本体论的层面，对这一问题略加探讨。

一

首先应该肯定，维纳关于信息既不是物质也不是能量的科学论断，是现代唯物论的重要基础。它所抛弃的是将"思想等同于胆汁"那样的庸俗唯物论思想，而绝不是怀疑现代科学赖以存在的一般唯物论前提。

在维纳看来，信息是现代科学技术新发现的一种实在。它是人在与其生存环境交互作用中从外界交换来的东西，是我们在现实生活中须臾不可离开的实在要素。信息虽与物质和能量不同，但并不是什么超自然的东西，而是与物质资源和能源材料相并列的客观实在（包括社会）的一个特殊方面。

应该承认，现代科学从研究物质和能量进而研究信息，是科学思维发展，乃至整个人类认识史上最伟大的革命转变。将信息和物质及能量明确区

---

* 原载于《晋阳学刊》，1994 年 3 期。

① 维纳：《控制论》，科学出版社，1985 年版，第 133 页。

分开来，从认识实体转向注重信息，标志着科学思维框架的转换。传统意义上的理论自然科学，主要是关于物质实体及其运动形式相互转化的种种理论，而以信息论为基础发展起来现代新兴横断学科，则是以各种有机系统的功能同构性为研究对象的。毫无疑问，信息世界的发现，大大丰富和开阔了我们对自然界和社会无比多样性的认识，从而推进和深化了唯物主义的本体论。

信息世界是自然界长期演化和社会发展的产物。生物信息是与生命的出现，有机体的自我繁殖、自我调节功能分不开的自然信息。社会信息与社会文化发展密切联系在一起，是比生物信息更高级的信息形态。而以电脑的发明和制造为标志的人工技术信息更是现代社会物质生产和科学文化高度发展的产物。不论自然信息、社会信息还是人工技术信息，从其起源和内容上说，都是一定物质系统功能状态的表征，归根结底总是客观物质世界的一种特殊表现形式。

信息过程与物质运动和能量状态不同。它从自然界的自我演化、事物的差异性、系统的功能状态，以及各种运动形式的自组织特征方面显示了世界的物质统一性。很清楚，信息不是物质和能量，绝不是心灵学者的论据。信息作为自然界自我演化的产物，信息过程作为一定物质系统特有的功能，知识信息作为智力和体力劳动的成果，只是表明了现实世界本身具有的无限多样性和差异性，丝毫没有给传心术、灵魂感应一类的迷信留下什么余地。

应当强调，信息资源是一种特殊性质的自然资源。当代社会将材料（物质）、能源和信息看作社会生活的三大支柱。信息甚至越来越成为比物资或能源更重要的资源。那么，信息究竟是怎样的一种资源呢？与物资材料和能源相比，能不能说信息是一种非物质的、超自然的神秘资源呢？显然不能。信息的提取和开发虽与人的智力发展、科学文化水平相关，但它不能与意识状态、心理活动混为一谈，更与对上帝的信仰、对各种超自然的神灵崇拜不相干。知识信息作为一种智力资源，必须转化为一定的物质形态才能为社会所利用。知识如不体现为人工客体，如某种符号系统、书籍、图画、磁带等，既无法保存，更无法为他人所接受和理解。知识信息只有表达出来才能成为现实的社会财富。可见，实在的信息资源不是智力劳动本身，而是精神活动的结果和产物。因此，不仅天然信息是自然资源，而且社会信息和人工技术信息也是一种广义的自然资源。一句话，确认信息是一种与物质材料、能源不同的新的自然资源，是现代唯物论的重要科学论据。

诚然，信息作为知识，包含着能为人们所理解的主观含义，有其语义的内容。然而，信息的语义内容仍取决于客观实在。信息的价值归根结底是由外在世界的实在性、信源的客观性决定的。不同的人们对同一信息的理解和利用可以有很大区别，但这一事实并不能否定信息来源和内容的客观性，正如思维形式的主观性不能否定认识来源和内容的客观性一样。即使源于精神生活领域的社会信息，如涉及政治、法律、伦理、美学等的观念信息，最后仍取决于一定的社会物质生活条件。因此，知识信息的主观含义与对信息的神秘解释是根本不相容的。从本体论看，问题只在于信息世界在自然界的演化过程中，究竟占据什么位置，而这是要由现代科学发展解决的问题。

二

"信息就是信息"的论点，并不是一个空洞的判断，更不是一种随便说出的意见。它推进了对意识本质的研究，为揭示精神活动特有的能动性，注入了新的活力。这是维纳问题哲学含义的又一个重要方面。

在维纳看来，人的认识活动本质上是一个信息变换过程。他指出，信息，按其内容来说，就是我们同外在世界相互作用的过程中"与外界交换来的东西"①。他写道："人是束缚在他自己的感官所能知觉到的世界中的。举凡他收到的信息都得通过他的大脑和神经系统来进行调整，只在经过存贮、校对和选择的特定过程之后，它才进入效应器，一般是他的肌肉。这些效应器又作用于外界，同时通过运动感觉器官末梢这类感受器再反作用于中枢神经系统，而运动感觉器官所收到的信息又和他过去存贮的信息结合在一起去影响未来的行动。"② 人脑和电脑虽然是两种极不相同的物质运动系统，但它

---

① 维纳：《控制论》，科学出版社，1985 年版，第 9 页。
② 《人有人的用处》，商务印书馆，1978 年版，第 9 页。

们的功能活动相似，都是一个信息变换系统。在一定意义上说，大脑作为思维的器官，就是一部极为特殊、极其复杂和无比精巧的信息机器。思维活动就是人脑对外界和内在信息进行辨别、选择、储存、加工和变换的过程。从信息论来研究人的意识的特点，为揭示精神活动和物质运动、思维规律与脑内神经生理过程的内在同一性，提供了全新的视角。今天，我们可以补充的是，人不仅是束缚在他的知觉世界中的，而且是束缚在他已获取的知识信息的观念世界中的。因此，为了发展大脑所固有的精神潜力，必须把获取新的信息放在首位。

当代脑科学表明，自我意识和大脑的相互作用是一种信息过程。对于精神主体自我来说，它既靠大脑从外界获取信息而存在，也通过与大脑的双向信息交流来主动地控制大脑的神经生理活动并影响外界环境。自我意识精神和大脑内部神经过程的相互作用，没有信息交流是不可理解的。无论是大脑活动的模式或对自我意识精神的作用，还是自我意识精神对大脑活动的调节与控制，都是一种信息变换过程。现代智能机模拟大脑精神活动的功能已经取得了惊人的进展。在一定程度上，我们可以把精神活动特有的能动性在人工大脑（电脑）中再现出来，将意识主体的某些特征和功能赋予机器。现代科学技术的这种成功和创造，无疑确证了精神和物质之间并没有一条不可逾越的鸿沟。精神世界并不是不可解读的天书，它本身就是一块特殊物质（大脑）的功能属性和产物。

应该指出，信息论对大脑功能的阐明，从双重意义上揭露了颠倒思维和存在的关系，无限夸大精神主体的作用，宣扬灵魂不死、意念万能的迷信观念的虚妄性。其一，既然自我意识精神和物质的相互作用是一种信息交流的过程，而信息又是物质的特殊功能属性，那么，将精神主体独立于物质世界之外，认为某种神奇的意念可以派生物质的说法就再也不能成立了。其二，既然我们能够使精神活动的某些功能和特点在电脑中人工地再现出来，那么，任何将思维和存在截然对立起来，视精神王国为科学禁区的蒙昧观念就更加难以令人置信了。因此，维纳指出，以信息论为基础的现代自动机的出现是活力论即唯心论的"彻底的失败"。

可见，那种认为"信息就是信息"的论断缺乏肯定的内容，并无所指的看法，甚至以为，这一论点只不过是维纳兴之所至，随便说的一句话的意见，实属浅薄之论。持这类论点的作者，忽视了将信息与物质和能量区别开来，为解开精神-大脑之谜，开辟了新的前景，从而扩大了科学和唯物论的领地。

三

维纳告诫，不承认信息既不是物质也不是能量的唯物论，"在今天就不能存在下去"[①]。问题提得如此尖锐和鲜明，以至人们不能不认真思考：随着信息的发现，唯物论怎样改变自己的形式，推进到新的阶段；哲学本体论的传统观念，怎样才能跟上（适应）现代科学的发展。

现代科学和社会生活的急剧变革使我们终于明白，人类不单靠食物为生，更加重要的是靠信息为生。物理学家惠勒（J. A. Wheeler）甚至提出，现实性的基础可能并不是量子，而是比特（bit），甚至可以说，存在就是信息[②]。显然，那种将存在简单地归结为、等同于物质和能量的时代，已经一去不复返了。信息世界具有无可争辩的本体论地位。

按照传统的哲学观念，世间上的一切事物只能划分为物质过程和精神活动两种状态；本体论要么坚守物质实体，要么崇尚精神实体，不容许有其他的选择。然而，信息流动可以沟通、横跨物质系统和精神世界，唯物论的一元论在这种情况下怎样才能贯彻到底呢？在维纳看来，答案应该是明确、肯定的。我们应该抛弃的只是那种违背科学的哲学观念。

应该承认，自然界的演化是分层次的，人们对本体问题的认识也绝不能永远停留在一个水平上。维纳问题的提出揭示了自然界演化的一个崭新的层次，从而大大推进和深化了我们对本体问题的认识。从物质世界的自我演化看，知识信息世界的出现，是人类产生后宇宙演化过程中一次意义重大的飞跃。将伴随语言、文字出现的人工信息世界当作一个单独的认识领域，从一

---

① 维纳：《控制论》，科学出版社，1985 年版，第 133 页。
② 参看《科学》，1992 年，第 11 期，第 64 页及 1991 年，第 10 期第 73 页。

般社会生活中划分出来，不啻是在自然史中，继"四大起源（宇宙、地球、生命、人类）"之后，提出的"第五起源"问题。这样看来，以语言、文字为载体的知识信息世界，恰好处在迄今为止自然界演化的最高层次。维纳关于信息既不是物质也不是能量的科学概括，揭示了物质世界自我演化的崭新内容，为阐明自然界的"第五起源"之谜（奇迹）开拓了道路。

在创立控制论之初，维纳立足于"信息就是信息"的论点，详细论述了电脑与一般的动力机和工具机的本质差别。模拟大脑的现代自动机是加工和处理信息流动的机械装置，而不是单纯处理物质材料或实现能量转化的机器。现代自动控制系统之所以能代替大脑的部分功能，原因就在于，"它不仅通过能量流动和新陈代谢，而且通过印象和传入消息的流动以及由传出消息引起的动作流动和外界有效地联系起来"。维纳强调，"现代的各种自动机是通过印象的接受和动作的完成和外界联系起来的"①。而蒸汽机、电动机和其他代替体力劳动的机械工具所实现的仅限于物质材料和能量的转化。从理论上看，区别这两类机器的不同功能和特性意义是重大的。它使得忽视精神能动性、否认信息实在性的"人是机器"的机械论观点，必然为某种新的唯物论观点所代替。

应该指出，将精神-智力活动特有的能动性看作物质本身（大脑）具有的能力和特性是信息论的基本观点。将生命活动特别是中枢神经系统的目的性功能赋予机器是现代自动机理论的出发点。正是这一出发点明显地体现着一种新的世界观。这种以信息论为基础的世界观是现代唯物论的重要内容，也是其区别于机械唯物论的根本特征。它为唯物主义本体论，提供了新的论证。要而言之：

第一，信息论超越了实体论的局限，从一个全新的视角揭示了意识与大脑、精神与物质的同一性。机械论仅从物质和能量的观点，即仅从物质实体的同质性看待精神和物质的关系难以科学地说明思维过程和意识的本质。因为，精神和物质并不具有实体的同质性。思想和意识活动并不是物质，既不是胆汁，也不是电子、夸克、胶子那样的东西。即使我们能观察和记录到大

---

① 维纳：《控制论》，科学出版社，1985 年版，第 42-43 页。

脑中全部电子运动过程，也无法穷尽精神活动的本质。因此，机械论观点迟早都会陷入"思想犹如胆汁"那样的谬论。然而，信息论从系统的功能同构性出发，从信息变换的角度研究意识活动，则为精神与大脑的相互作用作出了新的说明。电脑能够模拟大脑的某些逻辑思维过程，就因为两者有功能上的同一性，都具有处理信息的能力。这就确证了精神不仅起源于物质，而且从功能上看也是自然界长期演化的结果。信息论从功能相似性上对思维、意识活动与物质同一性的揭示，为推进哲学本体论（存在论）的研究，提供了新的科学基础。

第二，信息论从更深的层次上揭示了世界的物质统一性。从信息观点看世界，自然界不仅是物质和能量的统一体，而且存在着种种信息的转换过程。我们生活于其中的现实世界，当然不是活力论所主张的到处充满了"生命力"或由某种精神实体（灵魂、意志、上帝等）主宰的神秘莫测的虚幻世界；但也并不是仅仅由物质和能量的机械运动所统治的毫无生气、死寂一片的原子世界；而是一个存在着种种物质能量运动形式，存在着种种信息流动过程的丰富多彩，千姿百态的实在世界。只有从物质、能量和信息相互渗透、相互作用、相互联系的观点，才能充分显示自然界演化和社会发展的无穷无尽的多样性。也只有从信息传输、加工、变换的观点，才能更深刻地揭示精神和物质、思维和大脑、人和自然的内在统一性。今天，科学借助于信息论正在实现人类千百年来最伟大的幻想，实现思维的人工模拟。智能机的发明和不断更新使得大脑不再是黑箱，精神连同它的物质器官一起都不再是科学不能涉足的神秘领域。应该说，这是唯物论的伟大胜利。

维纳指出："事实上，机械论者和活力论者全部争论的问题都因提法不当而被抛到垃圾箱里去了。"[①] 这一论述曾经招致许多非议，批判者断言，维纳否定哲学上的路线斗争等。其实，从上述维纳有关"信息就是信息"的全部论述来看，维纳并不是不要唯物论，只是要求唯物论应当与现代科学相一致。这里所谓问题的"提法不当"，无非是说，仅从物质和能量的观点难以充分说明物质世界的层次性和多样性，无法深刻揭示精神活动的本质。一句

---

① 维纳：《控制论》，科学出版社，1985年版，第44页。

话，机械论驳不倒唯心论。然而，不可置疑的是，活力论将"生命力"视为创造和支配万有的神秘力量，无限夸大精神的作用，这种观点，由于信息论的出现更是彻底破产了。

总之，维纳问题的提出表明，唯物论必须随着科学的发展而发展。今天，只有彻底抛弃唯心论和机械论，自觉采纳信息论观点才能使唯物论上升到新的水平。维纳在 60 多年前所表达的正是现代科学家的共同心声。

右脑和实在[*]

长期以来，人们习惯于将我们对实在的认识归功于左脑，从而忽视和掩盖了右脑的认识功能。笔者试图从当代脑科学提供的某些证据，说明右脑在把握实在过程中至关重要的作用。

一、右脑和左脑

右脑和左脑是相互连接的整体，但二者在精神活动中的功能和地位有着明显差异。右脑是潜意识活动的中枢，是精神生活的深层基础。左脑擅长于语言表达，逻辑分析和抽象范畴的运用，而右脑则擅长于空间知觉，想象和对隐喻的理解。从语言能力看，左脑一般只对话语的形式方面，音素、音素的组合和句法规则，即语词、句法的字面意义作出反应；右脑则对语句的内涵方面，包括说话时的音调，面部表情和体态姿势等更引起注意。就是说，右脑对通常被认为是左脑优势的语言活动也起着不可或缺的作用。

科学对右脑功能的认识，20世纪60年代以来，由于裂脑人的研究，有了巨大的进展。斯佩里指出："在裂脑综合征中，我们是在与两个分离的自觉意识半球，也就是与同一个头颅中平行地活动着的两个分离的意识存在或心理打交道，它们每一个都各有其自身的感觉、知觉、认识过程，学习经验

---

* 原载于《自然辩证法通讯》，1996年1期。

和记忆，等等。"①

值得注意的是，右脑虽不能用语言来表达自己，但却能理解大量的语词。更令人惊奇的是，左脑患者仍可以保持其鲜明的个性特征。例如，他的幽默、厌烦、爱恋和灰心等人格特征，与手术前没有什么变化，并且还能够唱一些完整的熟悉的歌曲等。②

裂脑人表明，大脑两半球与其说是同一个脑的两部分，不如说是两个独立的、平行活动的相互联结的大脑。右脑认知是一种非语言的意识。它保留着动物祖先本能的"平行思维"能力，用较原始和较直接的方式反映感觉信息。因而，右脑感受（gut feel，又称内感受）至今还有着令人惊叹的神奇的认知潜力。它可以凭借体验和想象产生激情、控制行为、认知事物、解决问题。

有的学者把围绕右脑功能的最新发现，称之为"右脑革命"③，这是毫不为过的。因为，片面强调左脑，已是一种时代的通病。例如，传统的学校教育，众多的科技人员，几乎专注于发展左脑能力，即语言逻辑智力，而极少注意右脑的潜力，即人所特有的激情和创造能力。有人甚至预言，21 世纪统治地球的将是"人造脑"，即人工智能。不可思议的是，大自然竟然创造出一个闲置的右脑，或者，右脑不过是一部"备用的马达"罢了。可以看出，脑科学关于右脑的发现，对科学和哲学都将产生重大而深远的影响。

首先，从科学来说，传统意义上的大脑之谜，在一定意义上，就是右脑之谜。这并不是说，脑科学已经完全搞清楚了左脑的机制，而是相对说来，右脑是谜中之谜，科学对它的重要性的认识，才刚刚开始。自从神经生理学、实验心理学和精神病理学挣脱颅相学的迷信外壳，发展成综合性的现代脑科学以来，一个多世纪过去了，科学对脑的研究，一直侧重于左脑。19 世纪中叶语言中枢的发现，特别是 20 世纪计算机革命的兴起，给予左脑研究以强大的推动。这使一些人误以为，揭开语言的神经机制，发展逻辑思维能

① Sperry R W：Mental Unity Following Surgical Disconnection of the Cerebral Hemispheres，New York：Academic Press，1968：318.

② Smith A：Speech and other functions after left（dominant）hemispheretomy，J. Neurol. Neurosurg，Psychiat，1996，29：469.

③ T. R. 布莱克斯利：《右脑与创造》，傅世侠等译，北京大学出版社，1993 年版，第 92 页。

力，就是神经科学的最大使命，因而将脑科学等同于左脑科学。

例如，有的神经科学家在解释语言能力时宣称，获取概念的能力，以及调节语言活动和非语言活动的功能区，均位于左半脑[1]。然而，事实上，离开右脑意识就不可能充分了解左脑的语言机制，语言活动与非语言活动是密切相关的。无论原始人到智人的进化，还是现代关于脑损伤的解剖学证据均表明，非语言活动是语言活动的基础，而非语言活动恰恰是右脑的功能。又比如，也有人推测，未来的超级智能人有可能将人类创造的全部文化信息都储存在它们的超级大脑里。人们不无疑问：这种"超级智能人"所储存的信息能够穷尽右脑直觉想象力的成果吗？它包含有人类特有的感情、意志能力吗？回答只能是否定的。然而，这种推测却表明，人们对左脑革命，即计算机革命的成果是多么夸大，竟至于几乎忘记了右脑的存在。

令人高兴的是，当代脑科学正在告别专注于左脑研究的时代。"右脑革命"，也就是要从片面注重左脑的传统思维定势中走出来，而这本身必将推动脑科学的发展。

其次，从哲学来说，对右脑的研究，意味着从更深的层次和更全面的视角去把握认知的主体，从而为语言哲学的困境，提示某种出路。一般地说，转向主体、转向语言的研究，是现代西方哲学的重要特点。现代人本主义哲学家以"我意"、"我欲"代替了笛卡儿的"我思"。弗洛伊德关于"潜意识"的科学发现，给哲学对认识主体的研究，注入了新的活力。当代脑科学关于右脑是非语言意识中枢的发现，一方面为潜意识理论提供了新的强有力的科学论据，另一方面，也大大加深和拓展了哲学对主体意识内容更深层的理解。现在很清楚，语言哲学家的有关指称，特别是语义与语境问题的研究，很大程度上将取决于对右脑功能的科学认识。

维特根斯坦的名言"一个人对于不能谈的事情就应当沉默"[2]，至今在后现代主义哲学家那里，仍奉为不可改变的信条。按照罗蒂的看法，"任何外在于语言的东西都不能成为认识的基础"[3]。在他们看来，语言几乎成了隔绝

① Damasio A R，Damasio H：大脑和语言，《科学》，1993 年第 1 期，第 37-40 页。
② 维特根斯坦：《逻辑哲学论》，郭英译，商务印书馆，1995 年版，第 7 页。
③ Rorty R：by Alan Malachowski，Basil Blackwell Ltd，Oxford，1990，145.

人与实在的城堡。

　　事实果然如此吗？不错，人类文明的发展，尤其是近现代科学的发展说明，人类主要依靠语言思维的力量脱离了蒙昧时代。现代计算机革命，极大地扩展了左脑逻辑思维的能力。然而，当代脑科学的发现却提示我们，还存在着另一条把握实在的道路。在充分重视语言思维的同时，我们必须转向开发非语言意识，即右脑的能力。

　　科学对右脑的揭示，为冲破语言城堡的围困指明了方向。克里克指出：意识（consciouses）或觉察（awareness）"可以采取从痛苦的体验到自觉的思维等多种形式"①。他认为，应当区别外现表象和内隐表象，后者包含着经验，不仅形式，而且内容也是主观的。例如，电视屏幕上的色点及其位置是外现的，而其中显现出的比方说一张脸，则是内隐的表象；人们只有与个人独特的经验联系起来，才能意识或觉察到这是某个人的脸。如何解释这种直觉意识活动呢？他指出，很可能需要提出"根本上是新的概念"，而这种新概念对传统认知观念，即左脑语言思维定势的冲击，可与量子力学革命所引起的观念革命相比拟②。克里克的论点是清楚的：意识主体的统一性、多样性和层次性，绝不可单单归结为左脑的语言思维，而只有从左、右脑协调一致的活动中，才能得到合理的解释。这表明，语言哲学的困境、语义的争论、语境的阐释等，只有越出语言思维的限制，从非语言意识的层面，即从右脑认知的角度，才能摆脱"不得其门而出"的困境。

二、为什么梦幻可以揭示实在？

　　聪明的唯心主义哲学可以揭示出深刻的真理。从科学上看，这个问题与梦幻意识可以揭示实在，有着相同的认识根源。右脑活动是梦幻意识的生理基础，而梦幻的内容，不只是主观愿望的表达，在一定条件下，还可以包含着对客观实在真谛的领悟。

　　潘菲尔德发现，觉醒状态下，刺激右脑，通常会诱发出一些梦幻意识。

---

① Crick F，Koch C：意识问题，《科学》，1993 年第 1 期，第 84 页。
② Crick F，Koch C：意识问题，《科学》，1993 年第 1 期，第 85-86 页。

在手术台上，患者一方面与医生进行正常谈话，另一方面却描述出一些倒叙的记忆或视觉幻像，如声称他看见了家里客厅中的谈话场景或远处的河流等。① 也就是说，刺激右脑可以观察到真实的"白日做梦"那种双重意识的情况。

睡眠研究者指出，在夜间睡眠的大部分时间里，意识活动由右脑控制；脑电图也显示出，在初夜梦的过程中，多为右脑的活动。梦的内容通常是非语言的、情绪性的，充满了表象，缺乏逻辑时间顺序，这些都是右脑活动的特征。实验表明，情绪性内容和空间性内容在右脑激活中是叠加的：单是情绪性内容或空间性内容分别只引起1/3强的右脑反应，而包含有两种因素的情况则引起超过两倍多的右脑反应。② 上文也指出，在语言活动中，右脑能理解话语的深层含义即隐喻，右脑感受可以领会谈话中那种"只可意会，不可言传"的内容。这意味着，在人与外界的沟通中，右脑意识可以包含着对事物的深刻领悟。语词本身，通过抽象、概括，表达在话语中，有一种对"意谓"的颠倒作用，即将个别改变为一般。因此，通过语言形式，人们往往可以构造出一个虚假的世界。对语言形式的这种欺骗作用，培根在其"偶像说"中早就作过尖锐的揭露。既然，语言可以欺骗我们，那么，右脑的非语言意识，是否可能使我们更直接地把握到客观实在呢？应该说，答案是肯定的。

右脑与梦幻意识的确实联系，使我们不能不追问：我们如何能从梦幻中把握实在？今天，这并不是一种荒唐的玄想，而是一个实际的科学认识论问题。这就是，我们在运用语言表达思想的同时，如何运用包括梦幻意识在内的创造性想象力和情感体验去直接地领悟大自然的韵律？一方面，梦境往往表达出人们精神生活的追求，梦幻是窥知心灵的窗口；另一方面，梦幻中无限自由的想象力，还可以帮助我们摆脱语言思维的限制，成为网罗客观实在的工具。凯库勒的蛇梦，就是无计其数的实例中一个显著的例证。

重要的是，右脑认知是左脑思维的基础。实验表明，左、右脑对同一事物可以得到不同的感受，两种分离的自我就存在于大脑两半球不同感受的

---

① Penfield W：The Mystery of the Mind，Princeton Univ. Press，1975，34-35，50.

② T. R. 布莱克斯利：《右脑与创造》，傅世侠等译，北京大学出版社，1993 年第 142-143 页。

"相对离差"（varations）活动之中。因此，我们总像是有两个相互纠缠的自我：左脑用语言谈论着某种事物，右脑借体验控制着相应的行为。很显然，只有行为控制才是语言表达的基础。

在精神分裂症中，语言和行为、理智和感受的分裂，极端典型地表现为两个人格、两种分离的意识。感情刺激导致的右脑功能障碍，使潜意识得不到正常的发挥，往往是引起精神症状的深层原因。无论从正常人看，还是从精神症患者看，右脑活动都是语言思维的内在根据。

为什么梦幻意识可以包含着对实在的领悟呢？

第一，从主体方面看，"日有所思，夜有所梦"，精神自我的能动性只有在梦幻中才能得到无比高度的自由发挥。梦境是不受人的理智限制的，不论是科学的推论，还是伦理的说教，在这里，均不成为自由想象力的障碍。假如凯库勒在白天运用他的理智分析，断不会得出苯分子链就像蛇咬住自己的尾巴那样的结构，因为，苯和蛇相去太远了。只有在梦境中，杂乱无章的潜意识驱力，才可能使他想象到这一点。

第二，从客体方面看，具体事物总有其存在的偶然方面，因而，梦境中意外的想象也可能是客观实在的真谛。朴素意识认为，大自然总是遵循必然性。然而，事实上在生命的进化中，不仅单个基因的突变完全是偶然的，而且生存环境的改变也并不总是受制于必然。例如，有科学家指出，恐龙的灭绝，很可能是6500万年前一颗小行星撞击墨西哥尤卡坦半岛引起的后果。何况，地球的存在，对于茫茫宇宙来说也不过是一粒微不足道的尘埃。可见，客体本身的存在状况给梦幻留下了足够充分的活动余地。

第三，意谓内容的真实性是语言表达的可靠基础。朴素意识认为，唯有理解，才能感受。右脑意识却相反地提示，只有具体的体验，才是对实在的真正领悟；没有感知，不可能理解。只有为主体深刻体验到的东西，在语言表达中才更能为人们所理解。就此而言，主体对实在的把握，杂乱无章的梦幻意识比条理清晰的语言思维，显得更为根本。这也可以合理地解释，我们的古代祖先在知识贫乏的情况下，为什么会采用解析梦幻的法术预卜未来。因为，实在的奥秘，往往也可以在梦境中显现出来。

作为一种深层的主观认知形式，右脑意识是对客观实在的直接把握。在这里，对于客体的意识只有与主体意识契合为一，客观实在的事物才能真正为主体所认知。例如，网球运动员在接球或叩击时，只有当球的速度和方位为主体的内感受所领悟，才能在瞬间作出正确的反应。在这种及时反应中，是没有可能用语言来分析、推论和思考的，全凭右脑控制的主观体验。

许多科学家指出，那种与客体完全融为一体、对客体的思考达到"出神入化"、"忘乎所以"的体验是创造的源泉。莫诺写道："每位科学家想必都已注意到他在更深的层次上的精神反应，并不总是表现为语言的。""当注意力如此集中于想象的经验达到出神入化而忘却其他一切的境地时，我知道（因为我就有过这种经验）一个人会突然发现他自己同客体本身，比如说，同一个蛋白质分子完全融为一物了。"[1] 这种主体完全融于客体的情况，是一种自我意识的深层精神反应，其生理基础就是右脑的非语言活动。

传统科学认识论的一个重大缺陷，就是忽视对主体意识的研究。经典理性主义追求的"纯客观的观察"，现代理性主义强调的"经验渗透着理论"等，都将主体状况排除在科学认识的视野之外。然而，当代脑科学对右脑的研究说明，除非我们弄清客体意识与主体意识如何一致起来，否则不可能全面理解科学认识如何可能，人到底如何思维的深层机制。应该说，忽视主体意识研究的认识论，既不是全面的，也不是科学的。

爱因斯坦和泰戈尔就科学认识的真理性问题，曾经有过一次很有教益的谈话。爱因斯坦坚持，真理只是客观的，泰戈尔则强调，真理"存在于主观和客观两方面的和谐中"[2]。现在看，泰戈尔的论点不是没有道理的。这并不是说，不存在客观真理，而是说，科学要想揭示出客观真理就必须将主体的状况，即主观意识，纳入自己的视野。脱离主体意识来谈我们对客观实在的认识，事实上、逻辑上都很难办得到。哲学上一个引人入胜而又难解的"斯芬克斯之谜"是：自我和世界、主观心理和客观实在、艺术活动和科学认识之间奇妙的相关性、对应性和协调性。人们越是揭示世界也就越能把握自我，越是剖析自我也就越能猜知宇宙。这就是我们为什么不能忽视一切主观

---

① 雅·莫诺：《偶然性和必然性》，上海外国自然科学哲学著作编译组译，上海人民出版社，1978年版，第115页。

② 爱因斯坦：《爱因斯坦文集》（第1卷），许良英、范岱年编译，商务印书馆，1976年版，第271页。

认识形式，包括梦幻意识在内，对把握实在的重要价值。

三、直觉和逻辑

右脑活动是直觉思维的基础。实验表明，右脑对复杂几何图形的识别能力为左脑的两倍多（86：33）[1]；而对具体语词（即可形成表象的语词）的记忆能力，右脑高出左脑近 3 倍。右脑控制着清醒情况下的直觉意识。

爱因斯坦关于直觉思维在科学认识中的基础地位和决定作用，有过很精辟的论述。他指出："在我的思维机制中，作为书面语言或口头语言的那些语词似乎不起任何作用。好像作为思维元素的心理存在，乃是一些符号和具有或多或少明晰程度的表象。而这些表象则是能够予以'自由地'再生和组合的。"[2]"从心理学的观点来看，这种组合活动似乎才是富于创造力的思维的基本特征，这种组合活动，即存在于能够传达给别人的用语词或其他符号加以逻辑地建构起来的任何联系之前。"[3]

运用符号和表象进行思维是一种比语言逻辑思维更根本的右脑能力。亚里士多德在《论灵魂》中早就指出，没有一种心理上的画面，思维是不可能的。一切感觉信息，都可以形成相应的心理表象。表象的形式多种多样，其中以视觉表象最为丰富和有力。符号和表象就是右脑思维的"语词"。随着儿童的发育成长，左右脑的分工和专门化日趋定型，在左脑越来越成为语言思维中枢的情况下，右脑则越来越专门地运用感性表象进行思维。表象思维的优点就在于，它拥有对外界事物的直接感受，即直觉的能力。包括爱因斯坦在内的许多伟大科学家都以自己的方式，发展了这种非语言的思维能力。直觉意识与高等动物的应激活动不同，在人的表象中已包含动物本能所不具有的抽象成分。因而，人可以自由地再生和任意地组合这些表象，以达到把握客观实在的目的。

---

① Olson M B：Right or left hemispheric information processing in gifted students，The Gifted Child Quarterly，1977，21：116-121.

② Wechsler A F：Crossed aphasia in an lliterate dextral，Brain and Language，1976，3：171.

③ Hadamard J：The Psychology of Invention in the Mathematical Field，New York：Dover Publications，1945，142.

作为一种特殊的右脑认知形式，直觉思维是一种高度自觉的意识活动。

第一，直觉思维需要主体将注意力高度地集中于特定的方向或问题。它是一种目标明确的意识活动，而不是盲无目的的胡猜乱想。想要最后得到在逻辑上有联系的概念的愿望，是表象组合活动的情绪基础。阿基米德金冠比重的发现，凯库勒的蛇梦，爱因斯坦骑上光子飞行的想象，沃森、克里克发现双螺旋结构时的联想等，都是这种注意力高度集中的结果。这种表象自由地再生和任意地组合，如同烧香的信徒围绕庙堂久久徘徊，一旦时机成熟，即可破门而入，也像专心致志的药剂师煎制药物，只待火候到家，即可提炼出精品。总之，表象的再生和组合，是围绕明确的目的进行的。

第二，直觉思维要求丰富的想象力。与连续的、分析的语言逻辑思维相比，它是一种发散型的平行思维，要求主体意识同时运用联想、选择、推理、综合等多种能力，并行处理多种感觉信息。在想象中，主体可以任意逼近实在对象，可以网罗、吞噬、咀嚼客体，从而发现真理。

第三，直觉思维使主体与客体处在深层的直接联系中，与逻辑思维相比，它更有赖于灵感和激情的驱动。借助于语言表述进行的逻辑思维属于精神活动的表层，而非语言的直觉则是潜意识对客体的直接把握，是主体与客体的直接沟通。思维一旦超出逻辑程序的限制，自我意识即可与具体实在融为一体。这种情况，有如逻辑思维只能将曲线或圆周近似地设想为无限增多的直线连接，而直觉思维则有如对曲线的直接感知，是越过直线片断对曲线整体的把握。

在认知主体的整体功能状态中，右脑活动对于人格和个性比左脑思维更具有决定性作用。手术切除了左脑的右脑人，虽然失去了语言能力，但人格意识、创造性等，仍可与正常人一样；相反，切除了右脑的左脑人，虽然还有语言能力，却只能像机器人那样地思维，感情淡漠，丧失自我。对切除右脑患者的心理测验表明，他们中的大多数人"智力本身并没有突出的不足，词汇和语言表达也显得极少受影响，而记忆以及洞察力、情绪控制、主动精神、建设性设想和想象力等相联系的那些较复杂的协调能力，则成了大脑半球切除手术的牺牲品"[①]。这说明，右脑在整个精神活动中所占的位置，远比

---

① Gardner W J：Residual function following hemispherectomy for tumour and for infantile hemiphegia，Brain，1955，9：501.

左脑所起的作用更为根本。

当然，肯定直觉思维的巨大认知功能，并不是要排斥逻辑思维。相反，只有逻辑和直觉相互补充，才能给科学理性的重建奠定稳固的基础。针对忽视右脑功能的逻辑理性主义的片面性，着重强调直觉思维的重要性是完全必要的。但是，科学思维毕竟是大脑两半球协调一致活动的结果。在这里，柏格森不应被简单地抛弃。我们可以超越他的直觉主义，但却不可能绕过他提出的认识论问题：主体和客体必须融为一体，才能把握到实在的真知。有理由希望，以直觉和逻辑相联系为出发点的认识论，将有可能从主、客体机械分割的传统科学认识论的悖论中摆脱出来。只有充分发挥左右脑既分工又协调的全部潜力，才能使科学认识论前进到一个新的水平。

马克思指出："具体之所以具体，因为它是许多规定的综合，因而是多样性的统一。""从抽象上升到具体的方法，只是思维用来掌握具体并把它当做一个精神上的具体再现出来的方法。"① 今天，应该补充的是，这里指的"思维"，不仅是逻辑的，而且更重要的是直觉的思维。

从认识论和认知过程看，直觉先于逻辑。在认识中，直觉起着开路先锋的作用。一般来说，逻辑思维是不过问前提真假的，唯有直觉思维总是指向澄清前提的真假问题。从认识的价值论看，逻辑方法既可为科学，也可为哲学，还可为神学服务。如果理性思维根本不过问前提的真假，那么，科学就难免落入独断论的陷阱。而独断论，其实就是一种盲目的迷信。唯有直觉思维才将追问前提能否成立视为己任，因而，只有它才能帮助逻辑推理走出独断论的迷津，不断开拓出新的科学天地。现代科学革命，从物理学革命到生物学革命，都是从追问经典科学的前提（时空的绝对性，进化的必然性等）开始的。正是在这里，才显示了直觉思维对于打破思想僵化的伟大革命力量。新的认识总是开始于直觉，这是科学史和一般认识史的常规。由此还可进一步看出，直觉、语言、实在三者之间，并不是简单的线性关系，而是一种三角形关联；在主体和客观实在之间，并不总是存在着语言中项，更多的是一种直觉的联系。在人与人的交往中，"心有灵犀一点通"的情况并不少

---

① 中共中央马克思恩格斯列宁斯大林著作编译局：《马克思恩格斯全集》（第12卷），人民出版社，1962年版，第751页。

见，而在人与自然的沟通中，科学家的灵感和直觉，更是起着先导的作用。

从本体论或自然发生论看，把语言看作人与自然之间唯一通道的观点，显然是不能成立的。语言、文字处在宇宙演化的末端，只有主观直觉才是语言和实在的中项。智人在数万年间，没有语言文字，仅凭蒙昧意识和原始直觉思维就与自然和谐相处了；婴幼儿在学会语言前，就有明显的主、客体意识活动存在。这表明，在主体和客观实在之间，除了语言、逻辑思维的间接联系之外，还存在着深厚、牢固得多的，由感性知觉、直觉意识所包容、滋润、生发和通达的直接联系。保持这种认知渠道的畅通，弄清其运作机制，仍是当今科学和哲学的难题，也是人类身心全面发展的重要方面。人们之所以往往把直觉认识与神秘主义混为一谈，除了长期逻辑理性主义统治造成的偏见之外，更根本的原因是，科学至今对大脑，特别是对右脑的认识，仍处在极为无知的状态。因此，我们强调，大脑"右半球可能是比左脑对认识作用负责的一个更重要的部分"[1]。着重开发右脑的潜力，是一个意义重大的课题。

鉴于此，笔者认为我们也许正处在当代哲学最令人兴奋的转折时期：从片面崇尚 Logos 的传统更自觉地转向非逻辑问题的研究。21 世纪被认为仅仅是"非理性主义"哲学家才关注的这个领域，恰恰是未来哲学和科学的高地。谁占领这片高地，谁就拥有未来。脑科学的进展将迫使传统理性主义为某种包含直觉理性主义内容的科学理性主义所取代。可以预期，在一个充分发掘右脑潜力，使左、右脑得到较为平衡发展的社会，人们将不再有"人已死了"的悲哀。

---

① 杜镇远，《哲学与科学》，山西人民出版社，1991 年版，第 98 页。

第四篇

哲学的历史与未来

德国古典唯心主义哲学的历史进步作用[*]

德国古典唯心主义哲学是资本主义上升时期的资产阶级进步哲学。黑格尔的辩证法是人类文化发展史上的优秀成果。这本来是马克思主义经典作家已有定论的问题。但是，在对德国古典唯心主义哲学的研究中，长期以来，存在着一种否定一切的片面观点，至今没有从根本上得到纠正。从欧洲哲学发展的历史实际出发，客观地评价德国古典唯心主义哲学，仍然是摆在我们面前的一个重大课题。

一、德国古典唯心主义哲学的资产阶级进步实质

有阶级存在的社会里，哲学总是一定社会阶级的利益、愿望和意志的理论概括。任何一种哲学思潮、派别，归根结底都是一定阶级某种精神状态的集中反映。一定阶级在特定的发展阶段上，它的哲学采取什么形式出现，是它本身成熟程度的标志。评价德国古典唯心主义哲学，离不开对当时欧洲资产阶级，特别是德国资产阶级所处的历史地位及其发展状况的分析。

18 世纪末到 19 世纪初，无论对整个欧洲来说，还是对德国来说，资产阶级都处在上升时期。特别是在德国，当时封建生产关系还占统治地位。资

＊ 原载于《西方哲学史讨论集》，北京：生活·读书·新知三联书店，1979 年版。

产阶级刚刚在成长、发展，是一种新生的社会力量。资产阶级同封建贵族的矛盾，是当时德国社会的主要矛盾。无产阶级和劳动人民同资产阶级的矛盾，只是处在从属的、次要的地位。它不但不是社会的主要矛盾，而且远未得到充分的发展。在意识形态领域内，反对传统宗教神学统治的斗争，是资产阶级争取自己生存和发展的思想解放运动。很显然，在这种情况下，判断德国古典唯心主义哲学的社会历史作用，看它究竟是进步的还是反动的，就只能看它对资本主义的发展，对资产阶级的成长，是起促进作用，还是起阻碍作用。具体地说，从康德到黑格尔的哲学革命运动，究竟对当时占统治地位的封建意识形态，对传统神学采取什么态度？而在实际上又起了什么作用？是批判、贬低的态度，还是维护、抬高的态度？是破坏、瓦解的作用？还是巩固、加强的作用？这就是我们评价德国古典唯心主义哲学的主要社会历史标准。如果离开当时的具体历史条件，离开对资产阶级所处的社会地位的分析，从一种抽象的所谓"党性"原则出发，例如，把古典唯心主义同法国唯物主义简单地加以对照，或者用马克思主义哲学作尺度，对它进行衡量，以此来否定德国古典唯心主义哲学的资产阶级进步性，显然是不正确的。

过去，有人照搬苏联那一套，把德国古典唯心主义哲学说成是德国贵族对法国革命的一种反动。现在，没有人公开否认德国古典唯心主义哲学是资产阶级的意识形态。但是，仍有人在实际上把它说成是德国资产阶级反动性的一种表现。这种观点，是很难令人信服的。

让我们以康德的"批判哲学"和黑格尔的"绝对精神"为例，加以说明。

先说康德。他的"批判哲学"是二元论、唯心主义先验论的。这当然是错误的，应当受到批判。在康德哲学中，没有哪一个论点，比他"为了给信仰留地盘，就有必要拒绝知识"的主张，受到唯物主义者更严厉的谴责了。然而，有人指责康德这个论点的反动性，完全忽视了对它的实际内容和社会作用的具体分析。当时，占统治地位的看法是，可以用理性推论的方法，来证明上帝的无上权威。而康德"拒绝知识"的论点，恰恰是为了批判这种看法，强调上帝是不可能用理性证明，而只能靠信仰维持的对象。不难看出，这在实际上是贬低了宗教的权威。因此，把康德的"批判哲学"，仅仅归结为否定人的认识能力，批判唯物主义的反映论，而根本不提他批判宗教神学的积极作用，显然是很片面的。事实上，康德哲学推崇资产阶级的理性权威，批判传统宗教神学的历史功绩，是不容否定的。"人为自然立法"的荒谬公式，在当时，把新兴资产阶级崇尚科学的进步意向，提到了前所未有的高度，就是最好的证明。整体来说，康德的"批判哲学"，不仅是批判理性，而且通过批判理性，又是批判宗教的。无疑，这表达了资产阶级要求摆脱传统神学束缚的意志。它的主要锋芒，指向占统治地位的莱布尼兹形而上学体系，从而动摇了传统宗教神学的统治，促进了封建贵族意识形态的瓦解。正因为如此，马克思指出，康德哲学是"法国革命的德国理论"①。可见，断定批判哲学"完全是站在反动势力一边"，目的就是为了"保卫宗教和信仰"等，这就不仅是片面的，而且把问题搞颠倒了。

再看黑格尔的"绝对精神"吧。谁都知道，这是一种彻底唯心主义的哲学，是一种改头换面的神学，恩格斯说过，创世说在黑格尔那里，"往往采取了比在基督教那里还要混乱而荒唐的形式"②。确实，黑格尔"绝对精神"的形而上学体系，不仅极其神秘，难以理解，而且是荒谬透顶的。但是，能不能因此就说，"绝对精神"这个唯心主义概念的提出，在黑格尔的时代，就是一种封建贵族的意识形态，或者是资产阶级反动性的表现呢？历史的答案是否定的。首先，黑格尔的"绝对精神"，就其阶级基础和社会内容来说，无非是绝对化了的资产阶级理性，是被提升为哲学概念的资产阶级意志。黑格尔在许多地方反复声称，"绝对精神"就是万能的上帝③。可见，"绝对精神"这个玄而又玄的神秘概念，它所包含的实际社会内容，无非就是资产阶级所要求的"自由"，思想解放等。而这些东西，在当时的德国是尚待争取实现的目标。黑格尔提倡这些东西，鼓吹这些东西，不但不是什么贵族的反动，而且也谈不到是什么资产阶级反动性的表现。只能说，透过"绝对精神"的神秘闪光，我们看到的是成长时期德国资产阶级要求进步的强烈意

---

① 中共中央马克思恩格斯列宁斯大林著作编译局：《马克思恩格斯全集》（第 1 卷），人民出版社，1956 年版，第 101 页。
② 中共中央马克思恩格斯列宁斯大林著作编译局：《马克思恩格斯全集》（第 21 卷），人民出版社，1965 年版，第 316 页。
③ 黑格尔：《历史哲学》，三联书店出版社，1956 年版，第 55，58 页。

志。另外，黑格尔的"绝对精神"，对传统的宗教迷信是持批判态度的。他始终坚持国家高于教会，法律高于教条，哲学高于宗教。在他的形而上学体系中，哲学是"绝对精神"发展的顶峰，宗教则是一个较低的环节。封建主的意识形态把宗教教条抬高到至高无上的地位，而黑格尔的"绝对精神"哲学却把宗教置于理性之下。事实上，黑格尔大谈关于神的知识，但他所要求的，是一种符合理性的上帝，也就是适应资产阶级利益和愿望的宗教。黑格尔这种抬高理性，贬低传统教条的主张，同康德批判宗教的进步意向是一致的。这种做法，在客观上只能是从宗教内部来瓦解和动摇基督教教条的权威。可以说，"绝对精神"哲学对于传统宗教思想统治的关系，正如青年黑格尔派虽然没有超出黑格尔体系的范围，但却起了从内部来瓦解黑格尔哲学的进步的历史作用一样。总之，黑格尔的"绝对精神"，虽然是错误的，唯心主义的，但在当时历史条件下，却是资产阶级进步意志的一种特殊表现形式。可见，断言黑格尔的思想体系，形成于法国革命之后，因而比康德的"批判哲学"更保守，在当时就是起反动作用的观点，是根本站不住脚的。

综上所述，我们的看法是，进步和反动通常是一个政治概念，是对某种哲学思潮或派别在特定的历史条件下，所起的社会政治作用而言。而唯物主义同唯心主义作为一对哲学范畴，它本身有正确和错误之分，并且同社会上的阶级斗争是紧密联系在一起的。但这并不是说，哲学上的路线斗争和政治实践可以直接等同起来。从德国古典唯心主义哲学的例子可以看出，把理论上的唯心主义错误，同政治上的反动作用混为一谈，显然是一种简单化的做法。事实上，德国古典唯心主义哲学不仅不能同没落时期的各种资产阶级反动哲学一律看待，而且，同英国革命后出现的贝克莱、休谟哲学的社会历史作用，也是有很大不同的。道理很简单，无论是贝克莱、休谟哲学还是现代资产阶级哲学，它们的目的都是为了欺骗和麻痹劳动人民，是资产阶级由进步逐渐转向反动、思想保守以至精神颓废和腐朽的一种表现。而从康德到黑格尔的德国古典哲学的发展，虽然采取了唯心主义的形式，但它的主要对立面却是已经腐朽的，但还占统治地位的封建主的意识形态。这种唯心主义哲学，特别是黑格尔的绝对唯心主义哲学，虽然没有超出宗教神学的思想体系的范围，但它毕竟同传统的基督教教条有所区别。它所起的历史作用，类似于中世纪的"异端"神秘主义。在当时，它是资产阶级力图摆脱传统神学，同封建专制思想统治作斗争的一种特殊形式。

马克思把黑格尔的哲学称为"逻辑的泛神论"①,并且指出:"普鲁士的国家哲学家们,从莱布尼兹到黑格尔,都致力于推翻神。"② 这是很有道理的。泛神论是从中世纪神学统治,走向无神论的一种过渡形式。无论从整个欧洲,还是从欧洲某个国家近代哲学发展的历史来考察,一般的情况都是:随着资产阶级经济上、政治上力量的逐渐发展强大,他们在精神上的发展也逐渐成熟起来,迟早要同封建专制制度及其思想桎梏发生公开的对抗,脱掉神学的外衣,举起唯物主义和无神论的旗帜。但是,这要有一个发展过程。而在这个过程中,泛神论就是一个很重要的必经阶段。从布鲁诺、斯宾诺莎到伟大的法国唯物主义者和杰出的费尔巴哈,标志着整个欧洲资产阶级精神发展的这样一个逐步上升的过程。每一个国家,资产阶级哲学的发展,也都分别经历了一个逐渐从中世纪神学桎梏下脱胎出来的类似过程。英国从邓·斯各脱的唯名论到弗兰西斯·培根的二重真理说,直到革命时期才出现了霍布斯的唯物主义和无神论。法国从笛卡儿的形而上学、二元论,到了 1789年大革命前的百科全书派,资产阶级才公开举起唯物主义和战斗无神论的大旗。德国也不例外。从 17 世纪的莱布尼兹,到康德、黑格尔的古典唯心主义哲学,直到 1848 年革命前夕,费尔巴哈才转到唯物主义和无神论的立场,完成了资产阶级对宗教的批判。我们说德国古典唯心主义哲学是资产阶级的进步哲学,也正是说它代表着德国资产阶级逐步成长、发展的一个特殊阶段。康德和黑格尔的唯心主义哲学,固然反映了德国资产阶级政治上特有的软弱性和保守性,但主要的是由其发展程度的不成熟决定的。因此,它绝不是资产阶级反动性的表现。相反,它是资产阶级走向同封建意识形态公开决裂的前进运动。黑格尔的逻辑泛神论,就说明他的唯心主义体系,不过是资产阶级用来摆脱基督教神学的一件神秘的外衣。它的实际历史作用,是从内部动摇和瓦解了传统宗教神学的统治地位。

有一种观点认为,可以用法国大革命的影响,来说明德国古典唯心主义

---

① 中共中央马克思恩格斯列宁斯大林著作编译局:《马克思恩格斯全集》(第 1 卷),人民出版社,1956 年版,第 250 页。

② 中共中央马克思恩格斯列宁斯大林著作编译局:《马克思恩格斯全集》(第 8 卷),人民出版社,1961 年版,第 468 页。

哲学的反动性。这是不合乎历史实际的。应该肯定，法国大革命对德国资产阶级的鼓舞、推动作用是主要的；而革命过程中，无产阶级和劳动人民的激烈革命行动，对资产阶级的威胁作用只是次要的。因为法国革命毕竟是一次资产阶级反对封建专制制度和中世纪残余的革命，而不是无产阶级反对资产阶级的革命。把法国革命中劳动人民的发动强调得过了头，把它说成是促使刚刚出生、正在成长的德国资产阶级转向反动，甚至是"愈来愈反动"的原因，这是违背事实、不合情理的。恩格斯指出："德国资产阶级的创造者是拿破仑。"① 事实是，黑格尔晚年成为官方哲学家的时候，资本主义在德国才开始得到了迅速的发展。当时，无产阶级还处于从属资产阶级的地位。在这种情况下，怎么谈得到"资产阶级害怕自己的掘墓人无产阶级更甚于害怕封建地主阶级"呢？有的同志引经据典，往往把马克思关于 1848 年革命中资产阶级特点的正确论述，搬到 19 世纪初叶，这不是公然的颠倒历史吗？总之，德国哲学革命的特点，只能从德国内部的条件来加以解释。法国革命的影响，绝没有那样神奇的力量，竟至可以改变当时德国社会的主要矛盾，泯灭资产阶级和人民大众同封建统治阶级之间的尖锐斗争。

应该指出，德国古典唯心主义哲学同法国唯物主义哲学的对立，从阶级根源上看，既不是两个阶级的对立，也不是同一阶级内部进步和反动的对立。它们之间的斗争，主要是两个国家不同的具体历史条件造成的。从根本上说，这种斗争是同一社会阶级发展和成熟程度不同的反映。它们之间的矛盾，从政治上看，并不是要不要反对封建专制制度及其神学思想统治，而是在不同情况下，用什么方法，采取什么形式达到共同的目的。法国唯物主义是法国大革命的理论准备，德国古典唯心主义同样是为德国资产阶级革命开辟道路的。就其进步的资产阶级实质而言，两者是没有区别的。显然，用法国唯物主义来贬低德国古典唯心主义，把两者绝对对立起来，是很不妥当的。

总之，德国哲学革命同法国哲学革命的差别，主要是形式上的，而不是实质性的。正如黑格尔所说，法国人有要把事情办成的决心，使思想立即变

---

① 中共中央马克思恩格斯列宁斯大林著作编译局：《马克思恩格斯全集》（第 4 卷），人民出版社，1958 年版，第 52 页。

成现实的特点，而德国人却只能戴着睡帽，在头脑里发生骚动。这种差别，主要是由不同的民族特点，而归根结底是由资产阶级发展程度，成熟程度的不同而造成的。不承认这种形式上的差别，不承认革命道路，革命形式的多样性，本身就是思想僵化的表现。这是马克思主义经典作家向来反对的。

二、黑格尔的辩证法是思想史的概括

黑格尔的辩证法是德国古典唯心主义哲学的最大成果，也是资产阶级哲学发展的顶峰。充分估计黑格尔辩证法对人类认识发展的巨大历史贡献，是正确看待德国古典唯心主义哲学的一个更为重要的方面。正如判断一种哲学的社会政治作用，不能离开具体的社会历史条件一样，判断一种哲学的科学价值，同样不能离开确定的社会实践标准。

列宁说，哲学史"简略地说，就是整个认识的历史"①。历史上的进步哲学，既是进步阶级精神状态的集中反映，又是一定历史时代人类智慧发展的结晶。在这里，评价一种哲学学说、派别或思潮的科学价值和历史贡献，就只能根据它在多大程度上符合时代精神的要求？在人类思想发展史上，提供了多少有价值的东西？如果把进步和反动的政治概念，运用到理论思维的领域，那么，我们考察一种哲学的进步或反动，就只能是看它：在特定的历史时代，究竟是给科学认识不断开辟道路，还是堵塞科学前进的道路？是促进了人类认识的发展，还是阻碍或延滞了新的知识领域的开拓？如果不是这样，而是简单地用一个人的社会政治态度来评判他的理论成果，或把他所获得的理论成果同他本人对这种成果的某种哲学解释混为一谈，那就不可能对一种哲学学说所包含的实际成果作出正确的评价。

拿黑格尔的辩证法来说吧。有一种观点认为，黑格尔的辩证法仅仅是对客观辩证法的一种猜测，归根结底是形而上学的等。这种看法是很值得商榷的。

这里，首先要澄清一个问题。就是：持这种看法的同志往往引证列宁，

---

① 中共中央马克思恩格斯列宁斯大林著作编译局：《列宁全集》（第38卷），人民出版社，1959年版，第399页。

似乎这种观点是经典作家支持的。事实不然。列宁在《哲学笔记》中仅仅是在论及黑格尔辩证法对客观辩证法的关系的时候，才用到"猜测"的提法。显然，这并不是对黑格尔辩证法的全面评价。因此，片面地引证列宁，丝毫不能说明这种论点是正确的。

诚然，黑格尔的辩证法是唯心主义的。它具有极其神秘的外壳，是头足倒置的。但是，这绝不是说，黑格尔的辩证法仅仅是一种猜测，更不能因此就说它是形而上学的。事实上，黑格尔的辩证法既不是不自觉的臆测，更不是任意的虚构，而是一种具有世界历史意义的理论创造和科学发现。它对破除形而上学的思想方法，起过不可磨灭的历史进步作用。

黑格尔对辩证法发展的重要贡献和历史功绩，不仅是对客观辩证法的猜测，而且主要是对主观辩证法的发现和对辩证法普遍规律的自觉论述。黑格尔主要不是从对自然现象的观察或对社会历史事件的概括中，猜到了辩证法，而是在对认识论问题的深刻研究中，对人类精神现象的历史考察中，对思维运动规律及其形式的理论探索中发现了主观辩证法，并且"第一个全面地有意识地叙述了辩证法的一般运动形式"[①]。为了说明这一点，有必要简略地谈一下近代资产阶级哲学发展的历史和黑格尔的逻辑学。

认识论问题，是近代哲学注意的中心。从培根的《新工具》到康德的《纯粹理性批判》，无论唯物主义者，还是唯心主义者，也不论是经验论者，还是唯理论者，他们对思维和存在的同一性问题，特别是关于认识的对象、认识的起源、认识的过程、认识的能力及真理性的标准等问题，都进行过多方面的探讨，取得了不少成就，积累了大量的思想资料。但是，在黑格尔以前，没有一个人，达到了对认识论的全面的辩证理解。他们的共同缺陷，都是形而上学地看问题，缺乏辩证法观点。黑格尔与他的前人不同的地方，就是他坚持用辩证发展的观点来研究人类认识问题，把认识论同辩证法结合在一起，从而大大推进了认识论问题的研究。黑格尔颠倒地但却是辩证地解决了思维和存在的同一性问题。在他看来，人类的认识是一个历史发展过程，认识的历史和思维的规律是一致的。因此，不能把认识的能力和认识的过

---

① 中共中央马克思恩格斯列宁斯大林著作编译局：《马克思恩格斯全集》（第23卷），人民出版社，1972年版，第24页。

程、认识的形式和内容分开，不能把主观和客观截然对立起来。他批判康德，在进行认识之前就来考察认识的能力，无异于"未学会游泳之前切勿下水"那样地愚蠢。他指出，认识本身是一种从简单到复杂，从抽象上升到具体的不断前进的运动。"这个前进运动的特征就是：它从一些简单的规定性开始，而在这些规定性之后的规定性就愈来愈丰富，愈来愈具体。……它不仅没有因其辩证的前进运动而丧失了什么，丢下了什么，而且还带着一切收获物，使自己的内部不断丰富和充实起来。"① 正如列宁所指出的，黑格尔的这种看法，"对于什么是辩证法这个问题，非常不坏地做了某种总结"②。

特别应该指出的是，形而上学的唯物主义否认认识的能动作用，而康德哲学更是把主观与客观、现象与本质、感性和理性的矛盾推到了极端。正是在法国唯物主义陷于被动，特别是康德处于困境的地方，黑格尔作出了真正的发现。他在批判地总结前人关于认识论研究成果的基础上，着重指出了认识过程所具有的矛盾性质。他认为，辩证法就是讲矛盾发展。"认识一切对象的矛盾性乃是哲学思考的本质。""认识甚或把握一个对象，也就是要觉察到此对象为相反的成分之具体的统一。"③ 应该说，这种关于人的认识本性的看法，是近代哲学史上一种划时代的创见。黑格尔关于认识论的理论，从根本上打击了形而上学思想方法的统治，对于人类认识的发展，起了很大的推动作用。

《逻辑学》和《哲学史讲演录》在黑格尔的全部哲学著作中，是最有价值的部分。这绝不是偶然的。因为他在研究人类认识发展的历史，研究精神现象和思维规律的领域内，下的工夫最多，获得的成果也最大。尽管黑格尔是一个知识渊博的学者，但是在对自然现象和社会历史领域的研究上，恰恰是他学说中的薄弱部分。在对自然现象的研究方面，黑格尔"远远落后于康德"④，更远远落后于他同时代的理论自然科学研究。他的自然哲学，不承认自然界有任何时间上的发展，这在当时就是一种反科学的胡说。在社会历史

① 中共中央马克思恩格斯列宁斯大林著作编译局：《列宁全集》（第38卷），人民出版社，1959年版，第250页，参看《逻辑学》（下卷），1978年版，第549页。
② 中共中央马克思恩格斯列宁斯大林著作编译局：《列宁全集》（第38卷），人民出版社，1959年版，第250页。
③ 黑格尔：《小逻辑》，三联书店出版社，1954年版，第143-144页。
④ 中共中央马克思恩格斯列宁斯大林著作编译局：《马克思恩格斯全集》（第20卷），人民出版社，1971年版，第14-15页。

领域内，他同样大大落后于同时代的先进的历史学家。当他在《历史哲学》中大谈"世界历史是自由意识中的进步"的时候①，基佐早在《法国史概论》（1821年出版）中，就力图用阶级斗争来解释现实的历史运动了②。

　　然而在《逻辑学》，特别是认识论的范围内，情况就大不相同了。如果说，在自然和社会历史领域内，黑格尔往往在很大程度上是一个靠臆测和猜想来虚构体系的思辨学者。那么，在人类思维领域内，他就像实证科学家那样，是一个实事求是地进行理论研究的哲学天才。他把对精神现象和思维规律的探索，同哲学史的研究结合起来，把对形而上学思维方法的深刻批判和自己的理论实践结合起来，通过对概念的运动和转化的研究，通过对思维形式及其规律的研究，发现了概念的辩证法，并且在概念的辩证法中猜测到了客观事物的辩证法。在这里，虽然他的表述方式采取了极其抽象的神秘的形式。但他所获得的实际成果，至今仍保持着十足的科学价值。

　　黑格尔的《逻辑学》，把辩证法的普遍规律只是当作思维的规律，并作了系统的阐述。这个事实充分说明，黑格尔的辩证法，从其实际内容和科学价值来说，主要是揭示了认识论的辩证法。列宁在评价整个《逻辑学》的内容时，指出："概念（认识）在存在中（在直接的现象中）揭露本质（因果律，同一，差别等等）——整个人类认识（全部科学）的真正的一般进程就是如此。"③ 黑格尔的逻辑学，从存在论、本质论到概念论，或从客观逻辑到主观逻辑，这种结构和论述，从实质上看，正是反映了人类认识从抽象到具体不断前进、逐步深化的运动。逻辑学从最抽象的"存在"开始，到最具体的"绝对理念"告终，并不是空洞的、任意的概念推演，或纯粹是人为地编造。在实际上，这是揭露了认识（主体）越来越深刻地反映客观世界的实际进程。黑格尔的逻辑学并不排斥独立于人的意识之外的客观自然界，并不否认概念（认识）具有不以人的意志为转移的客观内容。相反，他极力驳斥康德等关于认识的主观主义看法，深刻地研究了客观世界的运动在概念运动中

----

　　① 这是1830年黑格尔写的手稿，转引自《列宁全集》（第38卷），人民出版社，1959年版，第344页。

　　② 参看普列汉诺夫：《论一元论历史观之发展》，第35-36页。

　　③ 中共中央马克思恩格斯列宁斯大林著作编译局：《列宁全集》（第38卷），人民出版社，1959年版，第355页。

的反映①。因此，按逻辑学所论述的实际内容来说，黑格尔的辩证法可以说是颠倒地接近了辩证的反映论。

拿黑格尔在《逻辑学》的概念论中，自觉阐述的否定之否定规律来说，实际上是对认识进程的一种科学概括。黑格尔认为，"保持肯定的东西于它的否定的东西中，保持前提的内容于它的结果中，这就是理性认识中的最重要的东西"，全部逻辑都是由这个要求组成的②。否定，并不是形而上学所了解的简单地抛弃，否定一切，而是认识发展的一个环节。否定的东西本身就包含着肯定的内容。否定之否定，并不是空洞的三段论式，更不是矛盾的调和，而是新的认识的起点，是更高级、更丰富的概念（认识），是"对立物的统一"③。黑格尔的整个概念论或主观逻辑，详尽地论述了从个别到特殊，再上升到一般，这样一个否定之否定的认识过程。黑格尔强调，认识的历史，各门科学，好比是一系列的圆圈。他把全部哲学史比作一个大圆圈，"这个圆圈又是许多圆圈所构成"④。从希腊哲学经过中世纪哲学到近代哲学，同他的《逻辑学》从存在论到本质论再到概念论的进展相一致，是一个大的否定之否定的过程。这当然不是说，近代哲学只是简单地回复到古代哲学，或是概念论只是重复存在论。而是说，在更高的程度上，近代哲学包含了古代哲学的一切积极成果，发展了它的全部丰富内容；同样，概念论或主观逻辑汲取了存在论和本质论的全部内容，绝对观念是比纯存在丰富得多、发展得多的认识范畴。总之，否定之否定作为构成整个逻辑学体系的根本规律，它的全部丰富内容，是随着认识的实际进程展开的。它的真正科学价值是对认识过程的历史概括。

可见，不论是把黑格尔的整个《逻辑学》说成是人为地编造，还是特别把否定之否定规律说成是调和矛盾的空洞三段论，都是不符合事实的。这种做法，并没有剥除黑格尔逻辑学的神秘外衣，而只是用形而上学来否定了黑格尔的辩证法。应该承认，黑格尔通过逻辑学的研究，揭示的是思维运动的

---

① 中共中央马克思恩格斯列宁斯大林著作编译局编译：《列宁全集》（第38卷），人民出版社，1959年版，第181页，190页。

② 中共中央马克思恩格斯列宁斯大林著作编译局编译：《列宁全集》（第38卷），人民出版社，1959年版，第243页，参看《逻辑学》（下卷），1976年商务版，第541页。

③ 参看《逻辑学》（上卷），第36页。

④ 黑格尔：《哲学史讲演录》（第一卷），三联书店出版社，1956年版，第32页。

真实联系，阐明的是认识发展的固有规律。因此，黑格尔在《逻辑学》中详尽论述的辩证法的普遍规律，并不是猜想，更不是虚构，首先是对现有逻辑材料、思维形式，进行分析研究，特别是对形而上学简单的、僵化的思想方法，进行深刻批判，所作出的天才的理论概括。黑格尔在这里自觉表达的是，观念与自身同一的历史过程。用唯物主义的话来说，就是思维和存在、主观和客观、认识对自然的永远前进、无限接近的过程①。正因为如此，列宁指出："黑格尔的辩证法是思想史的概括。"②

黑格尔的逻辑学著作是近代哲学发展史上，极其重要的杰出篇章。它在认识论的范围内，同笛卡儿的物理学和斯宾诺莎的《伦理学》在本体论的范围内一样，对于推动唯物主义的发展，为科学认识开辟道路，建立了"具有世界历史意义的勋业"③。没有黑格尔的辩证法，就没有马克思的历史唯物主义，就没有现代唯物主义哲学。列宁说："黑格尔逻辑学的总结和概要，最高成就和实质，就是辩证的方法。"并且明确指出："在黑格尔这部最唯心的著作中，唯心主义最少，唯物主义最多。"④ 为什么唯物主义最多？主要是指他在这里实际地研究了认识论的问题，发现并阐述了辩证法的普遍规律；而不是像在自然哲学或历史哲学那里一样，违背事实任意地虚构体系。要正确估计黑格尔辩证法的科学价值，就必须把他在逻辑学研究中所获得的实际成果，和他本人对这种成果的神秘主义错误解释，严格区别开来，正如列宁所说，"要挑选出其中逻辑的（认识论的）成分，清除掉它的神秘观念：这还是一项巨大的工作"⑤。

马克思的辩证法同黑格尔的辩证法，是根本对立的。这主要是指，黑格尔对概念辩证法和客观辩证法关系的颠倒，用概念辩证法去虚构体系和臆造自然界，以及社会历史的真实联系。我们要批判黑格尔对辩证法所作的唯心

---

① 中共中央马克思恩格斯列宁斯大林著作编译局编译：《列宁全集》（第 38 卷），人民出版社，1959 年版，第 207、208 页。

② 中共中央马克思恩格斯列宁斯大林著作编译局编译：《列宁全集》（第 38 卷），人民出版社，1959 年版，第 355 页。

③ 恩格斯：《自然辩证法》，《马克思恩格斯全集》（第 20 卷），人民出版社，1971 年版，第 407 页。

④ 中共中央马克思恩格斯列宁斯大林著作编译局编译：《列宁全集》（第 38 卷），人民出版社，1959 年版，第 253 页。

⑤ 中共中央马克思恩格斯列宁斯大林著作编译局编译：《列宁全集》（第 38 卷），人民出版社，1959 年版，第 293 页。

主义颠倒，这就是说，要用唯物主义观点去改造和解释黑格尔所发现的主观辩证法。但这绝不是说，可以把黑格尔的辩证法同唯心主义等同看待，正如不能把机械论同唯物主义等同一样。我们不能原封不动地照搬黑格尔的逻辑，必须清除它的神秘形式。但这也不是说，可以把黑格尔的辩证法同形而上学混为一谈，正如不能把唯物主义同唯心主义混为一谈一样。在这里，主要任务是把黑格尔的辩证法"倒过来"，使它用脚着地。就是说，要从客观实际出发，去发现事物的真实联系和辩证运动的规律，从而把唯物主义推向前进。很显然，马克思主义所要求的，是用客观辩证法去解释主观辩证法，并把辩证法贯彻到底。而绝不是把黑格尔的辩证法，砸得稀烂，批得体无完肤，倒退回形而上学的老路上去。

本来，发掘宝藏和清除垃圾是同一任务的两个方面，都是为了用唯物主义观点来批判和改造黑格尔的辩证法。清除垃圾的目的是为了发掘宝藏。但是，过去长时期内，存在着的否定一切的观点，在对待黑格尔哲学的研究中，实际上是把这个主要目的弄得模糊不清，甚至根本颠倒了。不是为了发掘宝藏而清除垃圾，而是因为清除垃圾竟至把宝藏也当作废物处理了。这种情况再也不能继续下去了！

深入研究和正确评价黑格尔的辩证法，对于批判形而上学，发展科学认识，具有重大的现实意义。列宁曾经向我们强调，研究黑格尔的辩证法对发展马克思主义哲学的重大意义。特别重要的是，根据列宁的看法，用唯物主义观点解释黑格尔的辩证法，可以找到现代"自然科学革命所提出的种种哲学问题的解答"①。应该承认，半个多世纪过去了，我们在这方面所做的工作还很少。列宁的遗训，并没有过时。现在还有待于我们去努力实现。用马克思主义观点认真研究黑格尔的辩证法，批判地继承人类历史上这份优秀的文化遗产，是我们义不容辞的责任。在当前，这对于传统文化的创新，特别是对于促进我国科学文化的迅速发展，加速实现新时期的总任务，将发挥巨大的作用。

---

① 中共中央马克思恩格斯列宁斯大林著作编译局编译：《列宁全集》（第33卷），人民出版社，1957年版，第205页。

黑格尔《自然哲学》的理论遗产[*]

从当代哲学的发展着眼，可以在三个不同层次上，对黑格尔的《自然哲学》遗产进行分析。这就是，本体论、认识论及各种自然科学争论问题的态度和解决办法。对这些内容的分层研究，可能有助于弄清《自然哲学》的真正历史价值，有助于推进马克思主义自然哲学，即自然辩证法的基础理论的发展。

一、自然界是"精神异化"的逻辑泛神论本质及其宗旨

从本体论层次看，黑格尔《自然哲学》强调，自然界是精神异化的活生生的整体。在这里，黑格尔试图用逻辑演绎的方法，提供出一幅自然图画，强使千变万化的自然服从他的思辨逻辑。在他看来，自然事物只有通过精神，才彼此被维系在一起，成为有机的整体。黑格尔哲学的这种逻辑泛神论，在理念发展到自然哲学阶段，表现得最为充分、明显。

历代研究者，大多只是把"精神的异化"简单地当作一个神学命题来批判。现在一种有代表性的做法，还把黑格尔关于自然本质的概念，分解为两个并列的命题，即"精神的异化"和"有机的整体"，力求着重揭示后者包含的辩证内容。笔者认为，从当代科学和哲学发展的实际出发，上述这些意见是值得商榷的。

---

　　* 原载于《外国哲学》（第 12 辑），北京：商务印书馆，1993 年版。

首先，"自然界是精神的异化"，不只是个类似"上帝创造世界"的神学命题。就其实际内容和最后归宿来说，毋宁说它是费尔巴哈人本主义的直接理论前提。

应该指出，黑格尔的逻辑泛神论，尽管同19世纪法国无神论在形式上很不相同，甚至直接对立。但是，它的核心思想是，倡导一种有理性的神性，强使上帝服从于逻辑的必然性。这不仅是对超自然信仰的有力批判，而且是对正统神学权威的极大贬损。显然，它的实际内容同法国启蒙运动倡导理性，提高人的地位的时代潮流是相吻合的。如果说，斯宾诺莎的泛神论，是从中世纪有神论向无神论的过渡形式，是法国无神论的理论前驱。那么，黑格尔的逻辑泛神论，对于费尔巴哈的人本主义，就是一种不可缺少的理论准备。

这里又包含两层意思。其一，费尔巴哈借助于黑格尔《自然哲学》"精神异化"的概念，直接作出了宗教是"人的本质的异化"的无神论结论。其二，《自然哲学》的宗旨，是从"自然事物向精神的过渡"[①]。而人既是自然系统"最高的发展阶段"，又是精神哲学的逻辑起点。这就不难理解，《自然哲学》所采取的荒唐的创世说形式，恰恰包含了费尔巴哈以人为核心的哲学所必需的逻辑前提。

因此，我们可以说，没有黑格尔的逻辑泛神论，就既没有费尔巴哈的无神论，也没有他的人本主义。也许，这才是从自然界的本质这个侧面上考察，《自然哲学》真正有历史价值的东西。

其次，作为"有机整体"的思辨体系，对当时科学的发展，并无实际帮助。相反，这一思辨体系的出现，恰与实证科学从传统哲学进一步分化的历史进程背道而驰。

事实是，当黑格尔构造他的自然体系时，不仅康德的星云说已提出半个世纪，物理学已远远超出牛顿力学的范围，开始进入热力学和电动力学的实证研究领域；而且，化学已由于拉瓦锡的氧化说，最后告别了燃素说的炼金术残余，进展到定量研究的道尔顿原子论时期；生物学更是依靠拉马克"用进废退"学说，叩响了进化论实证研究的大门。

---

① 黑格尔：《自然哲学》，商务印书馆1980年版，第617、377页。

黑格尔自然体系的真正悲剧，并不是他不了解当时经验科学取得的许多重大进展，而在于他拒绝承认，这些进展意味着一系列基础理论自然科学部门纷纷脱离传统自然哲学的思辨，转入实证研究的领域。这是一种不可逆转的历史趋势。他错误地认为，谢林自然哲学的衰落，不是这种历史进展的必然结果，而是认为自然哲学在谢林那里，缺乏逻辑形式的完整性。因此，这位近代哲学的辩证法大师，不是顺应科学和哲学进一步分化的时代潮流，主动地给实证科学的独立发展让出地盘，而是力图用他包罗万象的"应用逻辑"，固守自然哲学的世袭领地。

应该强调指出，黑格尔自然哲学的失败，从现代观点看来，决不只是哲学家个人的过失，而是他那个时代任何一种妄图代替实证科学，构造思辨自然体系的哲学不可避免的结局。恩格斯把黑格尔哲学，包括自然哲学体系，比喻为近代哲学史上一次巨大的，也是最后一次的流产，无疑是完全正确的。

不仅如此，从这里，或许还可以揭开现代西方哲学发展中一个难以解答的哑谜：许多现代科学家和科学哲学家，从爱因斯坦、罗素、海森堡、莫诺、普利高津，到石里克、波普尔以及费耶阿本德，都对休谟和康德评价甚高，而对黑格尔的自然哲学体系却不屑一顾。道理很简单，休谟只对近代科学赖以存在的因果性范畴，进行了怀疑论的哲学分析，并没有在科学家面前提出什么自然体系。而康德，当他早年提出天体演化的自然体系时，是以一位理论自然科学家的天才出现在历史舞台的；当他以批判哲学闻名于后世时，像休谟一样，只是侧重探讨了科学发展中的认识论问题，却并没有给科学家制定什么自然体系。因此，现代科学家和哲学家，完全可以从休谟的怀疑和康德的批判中，找到对自己科学发现和哲学思考富有启示的灵感，而绝不可能在黑格尔自然体系的逻辑演绎中，找到什么有教益的东西。

可见，从自然界的科学图景这一侧面看，黑格尔思辨自然体系的出现，毋宁是从休谟和康德的一种倒退。这也许足以说明，为什么他的《自然哲学》在出版近一个半世纪之后，才译成英语，仅仅作为一部哲学史文献，引起西方学者的注意的。

最后，毋庸讳言，黑格尔试图用思辨自然体系来框范实证科学的恶果，对当代马克思主义哲学的发展有着不可低估的消极影响。有的热衷于搞现代自然哲学范畴体系的作者，就特别强调，不能"全盘否定"黑格尔的自然哲学。

笔者认为，关于建立自然辩证法范畴体系的争论，绝不是个人恩怨之争。正如一个多世纪以前黑格尔《自然哲学》的流产，不能单纯归结为哲学家的个人过失一样。实际上，这种尖锐的争论，是 100 多年来，大批自然科学家和为科学辩护的哲学家，断然拒绝《自然哲学》的思辨体系，在现代条件下的一种表现。特别是，半个多世纪以来，包括苏联和中国在内的多数自然科学家和同情他们的哲学工作者，反对教条主义，抵制粗暴干涉、破坏、阻碍科学发展的斗争，在 20 世纪 80 年代的一种继续和反映。

问题的实质是，在科学与哲学已经充分分化的现代条件下，还需不需要哲学家去代替科学家描绘现代科学的世界图景？更不要说，去建构某种科学家必须遵循的自然哲学的范畴体系了。

上文已指出，自康德以来，实证科学已逐渐脱离传统自然哲学，获得完全独立的地位。当年，黑格尔《自然哲学》的先验体系，早就被科学家们抛到一边。仅就其包含关于自然图画，即自然史的辩证内容而论，也早已为专业科学家所写的科普读物取代了。

例如，19 世纪 60 年代初，赫胥黎的《人类在自然界的地位》（1863 年），就远比黑格尔有关人是自然"最高的发展阶段"的思辨论述要准确、生动、深刻、丰富得多。而 19 世纪末，海克尔的《宇宙之谜》（1899 年），对自然发展史的全面论述，又比恩格斯的《自然辩证法》《导言》更有说服力。

到了 20 世纪中叶，这种情况更为明显。例如，韦斯科夫的《人类认识的自然界》（1966 年）这一类读物，无论从科学性和可读性来说，都远比我们现在各种《自然辩证法》教材有关自然史内容的编排，更为优越和可取。

总之，自然哲学的本体论问题，在当代，不论是关于自然界本质的观点，还是关于自然界科学图景的论述，大部分甚至全部都已转归实证科学研究的领域，不再是哲学家的专利品。

恩格斯晚年指出，历史的真相是，任何代替实证科学的自然体系，在当时就只能是一种开倒车的行为。他本人对这一点是非常严谨的。例如，19 世纪70年代，他写过一篇包含有类似某种自然体系内容的长文，即《自然辩证法》《导言》，在他生前，这篇文章不仅始终没有发表，而且在最后整理全部有关手稿时，还特别在导言前面加上了一个"旧"字，归入第三束手稿。这说明，恩格斯确认，这篇文章的某些内容，已经陈旧了。我们有充分的证据表明，恩格斯生前不发表《自然辩证法》手稿，绝不只是因为忙于整理马克思的《资本论》遗稿，而主要是出于科学上和理论上必须谨慎从事的考虑。他清醒地看到，随着理论自然科学的巨大进展，再发表这类手稿，已经是多余的了。①

历史的教训是，在现代，还要再搞凌驾于科学之上的自然体系，不仅是多余的，而且是有害的。1934年黑格尔《自然哲学》俄文版序言的作者马克西莫夫，就是一个典型的例证。他按照建立某种自然体系的需要，在1940年，主持将《自然辩证法》手稿重新加以编排，结果几乎把原稿弄得面目全非②，俨然是一部已经完成的著作。实际上，他是用糟蹋恩格斯的办法，来为脱离科学的粗俗哲学体系服务。然而，即使如此，直到斯大林去世后，在大批自然科学家和哲学家的强烈抗议下，才不得不"退休"的这位"院士"（按苏联传统，"院士"是不退休的），到底也没有建立起什么"马克思主义"的自然体系来。接下来的另一位苏联权威凯德洛夫，也早就（20世纪50年代后期）主张建立"廿世纪的"《自然辩证法》体系。直到去世，也没有如愿以偿。他们的失败是必然的。因为他们不愿正视近、现代科学史和哲学史的基本事实，即自然发展史的综合论述，早已成为基础理论自然科学研究的对象，无须哲学家去多此一举，画蛇添足。他们这样做的结果是，使得大批科学家对自然辩证法敬而远之，造成了科学家和哲学家之间的隔阂，极大地损害了马克思主义哲学在科学家中的形象。

前车之鉴，后事之师。苏联几代人（20世纪30～80年代）都以碰壁告终的道路，难道我们还要继续走下去吗？看来，哲学工作者的当务之急，不是去建造什么自然体系，而是要在马克思主义哲学的指导下，发扬恩格斯的

---

① 中共中央马克思恩格斯列宁斯大林著作编译局：《马克思恩格斯全集》（第20卷），人民出版社，1971年版，第15页。

② 杜镇远：《重新研究恩格斯〈自然辩证法〉手稿》，载《新华文摘》1982年第8期。

"脱毛"精神和理论上的严谨作风，从深入研究现代科学提出的种种哲学问题着手，坚持为科学辩护，自觉为科学发展排除障碍、开辟道路。

二、《自然哲学》对经验主义批评的是非得失

黑格尔《自然哲学》对经验主义的批评，历来受到一些哲学家的高度评价。然而，这种批评也受到许多西方哲学家，特别是大批自然科学家的怀疑和抵制。

诚然，黑格尔强调，近代经验科学和自然哲学"是仅仅通过思维的方式和方法相互区别的"①。他着重揭示了经验方法和知性范畴的局限，这无疑是正确的。

问题在于，哲学思维方式和科学思维方式各有所长，两者需要的是彼此取长补短、相互补偿。而黑格尔对经验主义的贬斥，又远远超出了科学方法论的范围，直接危及经验科学认识的前提和基础。因此，笔者认为，从认识论的层次，分析黑格尔批评经验主义的是非得失，对于消除哲学家和科学家之间的隔阂，特别是治愈科学家心灵深处的创伤，或许是有益的。

首先，应该指出，黑格尔对经验主义的批评，有其合理之处，也有很大的片面性。他在《自然哲学》中，对理论态度的感性直观性和实践态度的功利主义片面性的批评，相当深刻地揭示了经验方法的局限性。他对整个经验主义最尖锐形象的批评，有这样两段话：

其一，他引用歌德的诗句，讽刺近代科学普遍采用的分析方法：

"化学以自然分析自命，

它是在开自己的玩笑，

而且还莫名其妙。

它手里虽然抓着各个部分，

只可惜没有维系它们的精神。"②

其二，他挖苦为经验科学辩护的朴素经验论（实在论）者，责难他们在

① 黑格尔：《自然哲学》，商务印书馆，1980年版，第4、13页。
② 歌德：《浮士德》（第一卷），上海译文出版社1982年版，第113页。

感性事物面前被动的静观态度："我们也许可以说，连动物也不会像这种形而上学家那样愚蠢，因为动物会扑向事物，捕捉它们，抓住它们，把它们吞食掉。"①

从上述引文看，黑格尔强调从整体综合的角度，从认识主体的能动性方面，来考虑自然科学的方法论问题。这对于指出 16～18 世纪发展起来的机械认识论的缺点，无疑是中肯的。他要求哲学思维不能停留在经验分析上，要从感性直观中，通过理性反思，把握事物的本质，达到无限和有限内在统一的认识。这些见解，也都是深刻的。

然而，同样明显的是，他对经验方法的批评，是走极端的。而对经验主义的全盘否定，不能不导致对科学方法论的前提，即对近代经验科学朴素实在论基础的破坏。因此，他所追求的哲学思维，不过是他虚构的支配万物的理性精神。他所指斥的形而上学家的愚蠢，正是近代科学得以存在和发展的坚不可摧的经验实在论基础。

值得注意的是，黑格尔对经验主义的这种极端态度，同他在认识论上片面的唯理论立场是分不开的。他直言不讳地宣称，自然哲学"不把经验作为最终的证明，当成基础"。因此，尽管他批评休谟的经验怀疑论，不乏真知灼见，他的《自然哲学》在逻辑形式的完整性上面，也显得比康德彻底。但是，从总体上看，他对经验主义的批评，表现出他对整个经验科学的态度，是根本错误的。他想通过对经验论方法的批评，强迫经验科学服从他的逻辑，完全颠倒了自然哲学及其经验基础的关系。

通观《自然哲学》，给人的印象是：经验是肤浅的，科学必须如何如何。这同康德的批判哲学，造成另一个鲜明的对照：哲学思维如何可能？它应从科学中吸取点什么？从这里看，黑格尔遭到科学家唾弃，康德受到科学家赞赏，不是很自然的吗？

总之，黑格尔对经验主义的批评，不只是揭示经验方法的局限，而是把自己置于同科学完全对立的地位。这不能不说是《自然哲学》留下的一种令人深省的历史教训。

其次，《自然哲学》对经验主义的批评，从科学实践，特别是对哲学的

---

① 黑格尔：《自然哲学》，商务印书馆，1980 年版，第 14、15 页。

发展来说，可以说是代价沉重、得不偿失的。

近代科学的发展同经验方法的运用是分不开的。从哥白尼的太阳中心说，开始宣布科学脱离神学独立，到开普勒、伽利略和牛顿力学体系的完成，科学的发展，每前进一步，都是经验观察，实验方法的巨大成功。经验方法在科学中的普遍运用，直接推动着哲学思维方式的改变。这就是，抛弃经院哲学空洞的演绎逻辑，自觉地采用培根系统论证过的经验归纳法，作为科学认识的基础。

经验主义哲学思潮的兴起，本身是摧毁中世纪神学权威的伟大思想解放运动。这一运动的最高成果，就是 18 世纪的法国唯物论和战斗无神论，在长达两个多世纪（16～18 世纪）的时间内，经验主义始终是实证科学的精神支柱和灵魂。我们完全可以说，没有经验论哲学的发展，没有经验主义的科学方法论，就没有全部近代实证科学。

黑格尔离开科学的经验基础来谈认识方法，其结果是使他的思辨哲学走进了完全脱离科学发展的死胡同。在《自然哲学》中，他一再摆弄"普遍性（A）—特殊性（B）—个别性（E）"演绎推理的公式，来论证自然界的发展，不过是思辨逻辑的一种应用。这就使人感到，即使从形式上看，他对经验主义的批评，非但没有推进任何实证科学对自然界的认识，反而是要重新把科学拉回到经院哲学三段论的概念游戏中去。难怪，《自然哲学》不仅引起英国经验派科学家的强烈反对，而且也使深受大陆理性派传统影响的科学家们（如李比希、赫尔姆霍茨等）感到厌恶。

很清楚，从黑格尔以后的科学和哲学发展来说，不只是某些科学家盲目地抛弃了哲学，而且是思辨哲学自外于科学。两者的分离和对立，主要责任不在于实证科学家的"狭隘经验主义"，而在于《自然哲学》那种极端公式主义所造成的片面唯理论态度的哲学危机。因此，很自然地，出路只能是哲学坚决摆脱思辨的幻想，重新向实证科学靠拢。

不错，《自然哲学》确曾强调运用概念的灵活性，提倡分析和综合相互结合，感性和理性、现象和本质的思辨辩证法。从哲学思维的发展看，这是一个进步。但是，这种进步在黑格尔那里，是以否定实证科学为代价的。不能不说，这是一种过高的代价。

至于说，他的辩证方法在《资本论》中得到了批判地运用，甚至在爱因斯坦的科学方法论中得到了验证。应该说，这是尚有争论的看法。毋庸置疑的是，不论马克思对资本主义社会的剖析，还是相对论对思辨想象力的强调，都是以经验认识为基础的。就此而言，科学方法论的前提和出发点，只能是黑格尔极力贬斥的感性直观，而绝不是创造和支配万有的"绝对精神"。

总之，从认识论的层次看，黑格尔对经验主义的批评，丝毫无损于科学，却极其有害于哲学。可以说，直到今天，我们还不得不忍受黑格尔由此而造成的哲学和科学相分裂的恶果。这是一种多么沉重的代价！

最后，自然科学复归辩证法的思维方式，没有捷径可走，只能是理论自然科学本身自然而然发展的结果。

恩格斯根据 19 世纪下半叶德国科学和哲学发展的情况，曾经设想科学家通过研究辩证法哲学的道路，可以缩短掌握辩证思维的历程。他的这一预想，长时间内遭到了严重的曲解，至今仍被推崇为所谓"自觉道路"的经典根据。应该指出，近一个多世纪理论自然科学的发展，并没有证实恩格斯的预想。相反，恰恰只是表明，"辩证法往往还是要等待历史很久"[①]。

历史是不能超越的。这对社会经济、物质生活的发展是真理，对人类精神生活，包括理论思维能力的发展，同样是真理。在黑格尔之后，19 世纪理论自然科学的发展，确实证明，实证科学本身的发展，要求逐渐超越机械论的经验思维方式，采取辩证综合思维的方式。然而，辩证思维的逻辑，绝不能代替科学的实际历史进程。相反，当代哲学表明，经验认识及其思维方式，仍是现代理论自然科学趋向、发展和运用辩证思维的基础。所谓"自觉的"辩证法思维，离开科学自然而然的发展，既无法理解，更无从把握。

现代科学理论，不论相对论、量子力学、分子生物学、脑科学，还是控制论、信息论、系统论等一系列横断学科，可以说渗透着辩证的理性思维。这对以经验论为特点的近代科学的思维方式，当然是一种根本性质的飞跃。然而，这种飞跃是怎样发生的呢？离开经典科学到现代科学的划时代发展，离开从相对论和量子力学开始的现代科学革命，就无法解释这种思维方式上的巨大历史转变。现代科学的特点是，科学理论越来越远离日常经验。例

---

① 中共中央马克思恩格斯列宁斯大林著作编译局：《马克思恩格斯全集》（第 20 卷），人民出版社，1971 年版，第 450 页。

如，多维时空、自由电子、夸克、基因等，这些概念是表象根本无法把握的，更不用说，借助于复杂的数学工具表达的种种现代科学理论了。在这里，离开思辨的想象力，离开辩证的理性思维，科学就不能前进一步。

事实证明，唯有科学本身的发展，才引起了科学思维方式的改变。现代理论自然科学的自觉的辩证意识，不是从外部由哲学家倡导或灌输进来的；而是在科学内部，随着科学革命的进展，在大批科学家头脑中自然地、但却是不可取代地逐渐形成的。看来，理论自然科学复归辩证法的道路，要比恩格斯100多年前预想的曲折、复杂得多。而始终无疑的是，科学家除了由科学本身的发展自然而然地走向辩证思维以外，没有别的道路可走，根本就不存在什么可以超越历史发展的"捷径"。在这个意义上，我们完全可以说，一步实际运动胜过一打纲领。全部马克思的《数学手稿》和恩格斯《自然辩证法》手稿，再加上10本黑格尔的《自然哲学》，也代替不了爱因斯坦或玻尔的一项科学理论推动大批科学家超越经典科学的思维方式，走向现代科学和哲学所要求的辩证理性思维。

当然，这绝不是说，我们不需要提倡科学家学点哲学，包括研究哲学史和马克思主义哲学。只是强调，这种学习和研究，绝不能脱离科学家的科学实践；而自觉地学习哲学，恰恰是以自然的经验研究为前提和基础的，绝不能把两者对立起来。

总之，当我们以冷静的眼光来看待黑格尔《自然哲学》对经验主义批评的失误时，不能不深深感到，它是留给马克思主义哲学的一个沉重的历史包袱。除非我们对这一点有清醒的认识和深刻的反省，就不可能从根本上改变哲学自我孤立于现代科学发展潮流之外的艰难处境。现在的主要问题，不是说科学家不要到哲学著作中学习辩证法，而是哲学工作者必须到科学著作中研究实际存在的辩证法。除非如此，在笔者看来，就不可能真正消除哲学家和科学家之间的隔阂。

三、《自然哲学》对专门科学争论的态度和解决方法

黑格尔《自然哲学》对专门科学争论所表现出来的真正哲学家睿智，历来为研究者所忽视。不论是它的辩护者还是反对者，几乎异口同声地说，黑

格尔用它的先验论，充当科学的裁判官。笔者认为，这是对《自然哲学》的极大误解。实际上，黑格尔在对许多科学争论问题上，既没有以裁判官自居，更没有片面地支持一种意见，反对另一种意见；而往往是兼收并蓄，各取所长，极力促进各种科学争论的发展。也许，从当代观点来看，这是《自然哲学》最值得我们珍视的精神遗产。

首先，黑格尔支持歌德的颜色学理论，不能视为《自然哲学》反科学的论据。因为，黑格尔在歌德和牛顿关于颜色理论的争论中，主要是从认识论观点来介入争论的；而从现代科学看来，歌德和牛顿的争论，还在扩大的战线下继续下去。与其说，它们是截然对立的，不如说是互相补充的。

海森堡在 1941 年《从现代物理学看歌德和牛顿的颜色学》的讲演中，专门探讨了这个问题。这很值得我们深思。在他看来，歌德和牛顿的颜色学"所讨论的是实际事物的两个完全不同的层次"①。它们在科学大厦里处在不同的位置。因而，现代物理学"自不能阻止自然科学家也走歌德观察自然界的道路，并且沿着它继续探索下去"。他还指出，歌德和牛顿的分歧，不仅仅是科学上的，而主要是"对整个世界的看法的差别；这位诗人和这位数学家对世界的态度的根本不同，就导致了他们如此不同的颜色学说"②。如果从科学和哲学相结合的现代发展来看，"那么歌德颜色学和牛顿颜色学之间的矛盾就会自然而然地得到解决"。应该说，海森堡的这种分析是正确的。

黑格尔把牛顿的颜色理论，简单地斥为"最粗糙的形而上学"③。这当然是错误的。他的错误说明，哲学家绝不可只从一般的认识论观点，来判断某个专门科学问题的是非。但是，这并不等于说，黑格尔就歌德和牛顿的争论所作的认识论分析，对科学是没有价值的；也不能说，他支持歌德颜色学，就是反对科学。

例如，他关于光和暗相互联系和转化的思想，尤其是颜色同认识主体相互作用的观点，在今天看来，这不只是对哲学，而且对物理光学，特别是生理光学，是有很大启发的。

---

① 海森堡：《严密自然科学基础近年来的变化》，上海译文出版社，1978 年版，第 69 页。
② 海森堡：《严密自然科学基础近年来的变化》，上海译文出版社，1978 年版，第 68 页。
③ 黑格尔：《自然哲学》，商务印书馆，1980 年版，第 273、120、286 页。

黑格尔指出："在纯粹的光里，就像在纯粹的暗里一样，我们什么东西也看不见。纯粹的光是黑暗的，就象漆黑的夜色一样。"[1] 他还以棱镜现象为例，说明"光与暗不是绝然分开，而是互相逾越的界限"[2]。后来，物理学的发展，证明光辐射和热辐射具有某些共同的性质。在自然界确实存在着对我们眼睛不发生作用的、完全看不见的光线。这可以看作是对黑格尔思辨观点的一种验证。

　　尤其是，黑格尔就歌德的补色理论，提出了主客体互补的重要观点。他说："客观必然的东西也在主观视觉里结合到一起。如果我们要看一种颜色，眼睛就需要有另一种颜色。"而且指出："这是一种生理学现象。"[3] 在这里，他强调了对客体的认识不能脱离主体的特点。现代神经生理学证明，视觉印象确实不完全取决于视网膜上的映像，而是包含着愿望、习惯、爱好等主观因素。可以说，黑格尔就颜色理论所发挥的主客观因素相统一的看法，在现代科学中，从物理学到生理学，都得到了广泛的验证。

　　可见，黑格尔在歌德和牛顿颜色学的争论中虽有错误，但从总体看，不能认为他就是反科学的。除了上述认识论中的合理思想外，从科学上说，黑格尔支持的歌德颜色学，不仅在美术、审美学上，而且在生理学方面，都曾取得许多成果，这是众所周知的。

　　其次，在仅属于各种专门科学范围内的争论问题上，黑格尔总是着眼于更高的哲学综合，从未轻率地偏向争论的一方。他这样做，被证明对科学发展是有益的。

　　《自然哲学》中，广泛地涉及许多纯属专门科学范围的争论。例如，关于光传播的微粒说和波动说，地质学上火成论和水成论，生物学上拉马克和居维叶关于动物分类的分歧等。分析黑格尔对有关这些争论的态度，有助于澄清他在处理哲学和科学相互关系上的立场。

　　黑格尔认为，牛顿关于光的微粒说，是对物质的间断性的片面假设，而惠更斯的波动说，则是对物质的连续性的片面假设。因此，两者都有其真理

---

①　黑格尔：《自然哲学》，商务印书馆，1980 年版，第 120 页。
②　黑格尔：《自然哲学》，商务印书馆，1980 年版，第 286 页。
③　黑格尔：《自然哲学》，商务印书馆，1980 年版，第 165 页。

性和片面性，单独地看，均不可取。在他看来，光的传播是连续性和间断性的统一。在波动说取代微粒说的时候，他敢于同时批评两者的片面性，正说明他对于科学争论所取的严谨态度，既非粗暴干涉，亦非人云亦云。他对光传播问题的猜想，也可以说是对现代科学关于光的波粒二象性的思辨预见。

黑格尔指出："在地质学采纳火成论和水成论这两条原则的时候，这两者当然都是重要的，都是属于地球的形态形成的过程。"① 在他看来，"这两种原理都必须承认是本质的，但他们各自都是片面的和形式的"②。据说，这两派地质学家，曾因观点不同而彼此咒骂，甚至用拳头互相殴打。显然，黑格尔没有卷入这种感情用事的争论，而是以冷静的分析，批评了他们各自的片面性，着重肯定了两者的认识，都有其真理的内容。后来地质学的发展，证明黑格尔的做法，可以说是高瞻远瞩的。赖尔的《地质学原理》，通过对火成岩的组成和形态的分析，指出，它们在许多地质现象中，并不像火成论与水成论激烈争论的那么重要。这就从科学上有力地印证了黑格尔对两派地质学家争论的处理，是着眼于促进科学争论发展的。

在动物分类的问题上，黑格尔试图将两种不同的意见加以综合。拉马克认为动物界有一种从简单到复杂的发展过程，即摄食动物、感性动物和理智动物。因而他以有无脊椎为标志，把动物分成两大类。居维叶则以神经系统和循环系统为标志，把动物分为脊椎、软体、关节和辐射状动物四个原始类型。黑格尔把拉马克的直线发展观点和居维叶的原始类型说结合在一起，将动物分为：①蠕虫、软体动物和贝壳动物；②昆虫；③脊椎动物，其中又分为鱼类、两栖类、鸟类和哺乳类。他这样做，实际上是各取所长，兼收并蓄，立足于综合，竭力避免妨碍科学发展的片面性。

总之，黑格尔是热情参加各种科学争论的。但在大多数场合，他并不就专门科学问题代替科学家去作结论，而仅限于从哲学上提出问题，进行探讨，以求深化科学争论，促进科学发展。可以说，在处理专门科学争论问题这一层次上看，黑格尔《自然哲学》，最少独断论的气味，而最富有科学自由讨论所必需的宽容精神。

---

① 黑格尔：《自然哲学》，商务印书馆，1980 年版，第 165 页。
② 黑格尔：《自然哲学》，商务印书馆，1980 年版，第 384 页。

最后，哲学家参加专门科学问题的讨论，是在现代条件下，加强哲学同科学的联系，促进共同发展的最重要的途径。

在现代条件下，科学与哲学已经充分分化，两者的相互联系，主要是通过专门科学哲学问题的讨论来进行的。如果说，黑格尔《自然哲学》表明，他的先验体系早已失去其存在价值；而在他的思辨方法中，究竟有哪些东西是合理的因素，又只有通过科学哲学问题的讨论，才能加以鉴别。那么，对我们来说，重要的就不在于哲学家是否介入科学问题的讨论，而在于哲学家以什么态度或动机参加科学讨论，用什么方法去解决争论和分歧。

应该说，关心论证自己的哲学体系和关心科学本身的发展，是两种不同的态度，由此也必然导致解决科学争论的两种不同方法。现代经验表明，凡属只关心论证哲学体系的作者，在参与专门科学争论时，往往容易陷入片面支持一种科学理论的泥坑而不能自拔。其后果，不但损害科学，尤其损害哲学。过去批爱因斯坦，现在批爆胀宇宙学，就属于这种情况。这种态度，甚至是黑格尔所不取的。而我们有的主张不能"全盘否定"黑格尔《自然哲学》的作者，却偏偏看不到这一点。当他们以科学指导者自居而陷入困境时，反过来还抱怨科学家们对自己不公平，竟至反问别人："科学精神为何物？"岂非20世纪80年代的咄咄怪事？

另一种态度是，主张哲学应该为科学辩护。不少真正有志于发展现代自然哲学的作者，在积极参与当代科学哲学问题的争论中，实实在在地着眼于促进科学本身的发展。他们并不存心去随意抓取某个科学例证来"证明"某种哲学观点，却在科学哲学争论中，获取了哲学发展所必需的最丰富的科学精神养料。尽管他们被指责为"全盘否定"黑格尔的《自然哲学》，但是，在笔者看来，事实上，正是他们这种态度，才有可能真正吸取黑格尔在对待专门科学争论当中充分表现出来的辩证思维遗产。

令人感兴趣的是，尽管黑格尔本人很看重他的先验体系和思辨论证，然而，当他涉及专门科学争论问题时，常常出现一种自相矛盾的情况。这就是，不顾自己的唯心主义出发点，实际关心的却是某个科学问题如何提出，分歧的实质和发展的前景。这在前述关于动物分类问题上，表现最为明显。为了提出他自己综合分类的看法，他对自亚里士多德以来有关动物分类的思想，进行了历史的考察，充分肯定了拉马克和居维叶在解决这个问题上的各自贡献，并对林奈的形式分类法，作出了相当中肯的分析。

应该看到，黑格尔用以解决科学争论的态度和方法，同他的先验体系和思辨方法，是有区别的。在这里，对某种科学理论的评价，不是对科学的裁判；对某个科学观点的批评，也不等于对科学的干涉。虽然，在这类场合，哲学家也存在一些有违科学常识的错误，但总的来说，是瑕不掩瑜的。这同他在本体论上的根本颠倒和认识论上的严重失误，不能等量齐观。因为，在涉及专门科学争论这个层次或领域时，问题本身的性质，迫使黑格尔不由自主地将思辨体系搁在一边，不能不同科学家进行较为实事求是的对话。

《自然哲学》表明，不论哲学家同科学家可能在思想体系和认识论倾向上有多么重大的分歧和对立，只要他们能在专门科学问题讨论中交流思想，就会有助于哲学和科学的共同发展。如果说，在黑格尔时代已属如此，那么，在当代，就更不容怀疑，这是哲学家和科学家相互沟通的主要渠道了。

应该强调，为了保持这条主渠道的畅通，我们必须继续努力，彻底清除《自然哲学》先验体系的幻想，认真清理思辨方法的消极影响，着重发掘在哲学与专门科学对话层次上的积极成果。如果我们这样做了，必将改善哲学家和科学家的关系，促进哲学和科学的共同发展。

总之，从当代观点来看，黑格尔《自然哲学》在本体论上没有多少值得赞许的；在认识论上，应当有所分析；而蕴藏在专门科学争论中的哲学珍宝，还有待于我们进一步去探讨。这特别是因为，在我们这个国家，西方近代科学的哲学启蒙意识，还相当薄弱。黑格尔《自然哲学》，不论其先验论如何荒唐，思辨推论如何使人望而生畏，但它毕竟是德国近代启蒙意识的产物，在对待哲学和科学的关系处理上，有许多值得我们认真借鉴的东西。

四、结束语：当代课题

（1）研究西方自然哲学，是了解全部西方哲学的"真正历史的钥匙"[①]。黑格尔《自然哲学》，类似于亚里士多德的《物理学》。所不同的是，后者被公认为西方古代经验论的始祖，而黑格尔则是德国近代古典哲学唯理论的最

---

① 马克思：《博士论文》（序），人民出版社，1962年版，第2页。

后代表。研究《自然哲学》和《物理学》的联系和区别，将有助于我们了解当代西方哲学悠久的自然哲学传统，乃至整个西方近代精神文明的特点。

自黑格尔以来，自然哲学和实证科学还在继续分化。同时，两者又在更宽广的领域和更高深的层次上，密切地联系在一起。当代，究竟哪些问题或领域，确已从自然哲学中独立出来？又有哪些新的问题或学科，进入了自然哲学的视野？这是摆在我们面前的首要课题。研究这一课题，将有助于弄清当代西方自然哲学的发展趋势和特点，使马克思主义自然辩证法的研究，放在坚实可靠的科学基础上。

（2）在当代西方哲学中，科学主义思潮和人本主义思潮的相互渗透和影响，是其鲜明的特点。从根本上说，这一特点是从西方近代科学精神和民主思想发展而来的。科学精神是民主思想的基础。这同中国哲学以伦理道德为本的传统，很不相同。西方哲学以自然哲学为本的传统，在很大程度上，决定和推动着近代人道主义思潮的产生和发展。在这个意义上说，没有科学技术的强大发展，就没有人道主义精神的发扬。有鉴于此，认真研究西方深厚的自然哲学传统，弄清它和人道主义精神的内在联系，将有助于进一步破除闭关守旧的落后心理，有助于进一步解放思想。

西方自然哲学的传统优势 *

对西方自然哲学进行历史考察，使我们不能不注意到，从古到今，深厚的自然哲学传统是西方哲学的突出优势，它在一定程度上决定着西方近现代文化面向自然、开放进取的心态；同时，也直接影响到西方现代科学发展既注重实用技术，又十分重视基础理论研究的均衡战略。

一、从中西文化对比来看西方自然哲学的传统优势

中国传统文化早在孔夫子之前，走的就是一条由人及天、从自我到世界的内向探求道路。将人事比附于天道，从伦常反观于自然是传统文化特有的思维方式。马王堆出土的文物，《德经》在前、《道经》在后，就是一个有力的佐证。与此相对应，从泰勒士到爱因斯坦和玻尔，西方的自然哲学家自始就肯定自然界对人的优先地位，遵循的是从世界到自我、由物及人向外探求的思路。正唯如此，西方文化在经历漫长的中世纪黑夜之后，从古代自然哲学中脱胎出了近代科学，而我国古代文化却不可能经由自身的发展而产生出近代科学思想。这是一种文化基因的缺陷、遗憾，我们必须面对这一现实。为什么我们民族的"四大发明"没有孕育出近代科学？在笔者看来，这远不只是一个社会经济发展的历史悬案，更重要的是我们缺乏西方自然哲学探究万物之源的思想文化传统。

＊ 原载《现代自然哲学》学术讨论会（长沙）论文摘要，1994 年 1 月。

二、没有古希腊自然哲学，就没有近代自然科学

人们经常说社会生产的需要比 10 所大学更能促进科学的发展，却淡忘了另一个事实，即古希腊自然哲学几乎包含了近代科学思想的一切萌芽。从天文学到生物学，近代自然科学都能从古代自然哲学的母体中找到最初的思想来源。哥白尼和阿里斯塔克的"太阳中心火"、达尔文和阿那克西曼德的"人从鱼而来"的猜想之间的历史联系是一目了然的。以至于我们可以说，从哥白尼、伽利略、牛顿到达尔文，近代科学好像是用数学方法，以及观察和实验将古人的某些自然哲学的天才思辨精确化、定量化了。如果没有古代自然哲学提供的丰富思想养料和精神沃壤，近代科学在西方的长足发展是不能设想的。今天，当一些人把经济发展、技术开发作为解释科学进步的一种套语，当作急功近利行为的遁词时，重温这段历史是极富教益的。

三、现代西方自然哲学是促进当代科学发展的推动力量

有人怀疑，在科学与哲学高度分化的今天，自然哲学还有存在的必要吗？应该说，这不是一个纯粹理论问题，而主要是一个事实问题。问题并不是要不要自然哲学，而在于要什么样的自然哲学。我们只要看一下从爱因斯坦、玻尔到维纳、普利高津和克里克、惠勒等著名科学家的哲学著作，就不难理解，现代西方自然哲学对当代科学发展绝不是多余的，而是绝对必需的。例如，玻恩的《因果和机遇的自然哲学》、薛定谔的《生命是什么？》、莫诺的《偶然性和必然性——现代生物学的自然哲学》、埃克尔斯和斯佩里有关精神和大脑相互作用的哲学探讨等，哪一部著作中凝结的生存哲学睿智，不都是促进了当代科学发展呢？这说明，那种认为哲学与科学只能是"你退我进"，只退不进，似乎科学越发展，哲学就越"消亡"无用的观点是有失偏颇的。我们不需要违背现代科学常识的哲学说教，但无论如何也不能忽视现代著名的理论自然科学家生动的哲学探索。就此而论，现代西方许多

优秀的自然哲学著作，仍是我们训练符合现代科学的哲学头脑必不可少的教科书。

　　总之，研究和吸取现代西方自然哲学的思想成果，对于改变传统思维模式，提高民族的思维水平，加强基础理论研究，是一项刻不容缓的工作。

在语言之外 *

维特根斯坦曾论及语言的不完全性问题。这涉及语言由何而来，它又向哪里扩展？笔者以为，拓展语言科学研究的视野，可能是解决语意阐释争论的一个关键。

从当代脑科学对语言的神经机制的研究来看，问题正在于将语言活动和非语言活动密切联系起来。否则，很难理解，为什么我们的古代先哲就发现了用辩驳和隐喻的方法来表达思想，而现代释义学者又把对文本的解释视为一种创造？

脑科学表明，大脑传递信息有两套互相依存的神经系统，从脑的进化和婴幼儿的脑发育来看，多种感觉神经和运动神经系统，先于语言中枢的发展。人的所为、所见、所欲、所感，所有这些非语言活动，处于语言活动的前导和外围，形成语言中枢神经控制的基础。正常人脑的语言控制和非语言控制这两套神经系统工作匹配得天衣无缝，这使一些人误以为，语言活动似乎只是自我相关的封闭系统，以至于完全忽视或否认非语言行为对语言行为的决定作用。

认识的目的在于获取更多、更新的信息，而语言作为交流思想的工具，本身并不能增加新的信息。尽管，现代人终于发现，作为理智生物，我们更依赖于信息生存。然而，人类的信息传递并不总是依靠语言。专家们指出，人类90％的情感交流要通过面部表情来实现，语言在大多数情况下都是多余

* 原载于《分析哲学与语言哲学学术会议》（太原）论文摘要，1996 年 7 月。

的。值得注意的是，在情感交流中，即使使用语言，也往往是"言不尽意"的。这说明，获取新的信息，多在语言之外。

大脑的记忆分为情感记忆和语言记忆两种。情感记忆并不总是表现为语言行为。它是一种较原始的本能反应，其神经机制属于亚皮层的功能。情感记忆比语言记忆要深刻、牢固得多。从这个意义上说，非语言的感性活动恰恰是语言的记忆、解释和创造功能的深层基础。对语义的解释决定于语境，而对文本的解释则是一种创造，之所以能增加新的信息，恰恰在于，解释活动立足于现成的语言之外。

从语言活动依赖于非语言活动的角度看，分析哲学和解释学的合流，继语言学转向之后出现的释义学转向实属必然。这种转向说明语言不只是交流思想的工具，更值得重视的是它储存信息的功能。语言文字像一个巨大的文化蓄水库。语言行为更像是一条汇集、浓缩、储存、运载信息的河流。它川流不息，汇入人类全部文明创造的智慧海洋，而不像是一座静止不动的古城镇。据研究，10 万年前，人类总数约 100 万人口时，有 1 万多种语言，即平均几十个人就拥有一种语言。而今天，60 多亿人口，尚存 7000 多种语言，这种语种减少的趋势还在继续。语言的种类减少了，而它包含的信息量却无比地增加了，这是一个矛盾。这增加的信息量是从哪里来的呢？当然只能从语言之外。

如上所述，笔者主张走出语言王国，到语言之外寻找语言解释的源头，把握语言活动的未来走向。

"世界3"的理论提出了什么问题？*

有人认为，卡尔·波普尔关于"世界3"的理论①是对现代哲学和科学发展，特别是分子生物学和脑科学发展成果的深刻预见和理论概括。在笔者看来，虽然这种意见肯定是言过其实的，但笔者仍然倾向于为它作一点辩解。

（1）波普尔把人类精神的产物。例如，像艺术作品、科学作品，特别是科学理论的出现，看作是比一般的意识状态的出现更高一层次的新事物。他认为，人类精神产物的出现，是一个自然的历史过程。在笔者看来，这在科学上是无可反驳的。② 尽管我们在对人类精神产物的哲学解释上，同波普尔存在着原则的分歧。但是，笔者觉得更为重要的是，谁也不能否认，人类精神的产物，既不同于自然存在的物质世界，也不同于单纯的精神现象，因而它本身可以构成一个特殊的新的认识领域。波普尔把这个问题用"世界3"的概念明确地提了出来，对于促进人们注意研究人类创造性思维（不同于一般的经验意识）的特殊发展规律，进而加深对思维本质的理解，肯定是一个贡献。事实上，西方一些科学哲学家，不论是波普尔、拉卡托斯还是库恩，都对科学理论发展的规律，进行了一些创造性的探讨。这说明，"世界3"的概念，来自科学实践本身，是不能轻易加以否定的。问题是怎样对它进行历史唯物主义的正确解释。

---

* 原载于《复旦学报》，1981年2期。
① 参看《自然科学哲学问题丛刊》1980年第1期波普尔的两篇文章。
② 莫诺：《偶然性和必然性》上海人民出版社，1973年版，第95-101页。

（2）"世界3"的概念可能对脑科学的研究是一个重大的促进。脑科学研究的进展取决于生物物理、生物化学、神经生理学、遗传学、胚胎学、心理学等多学科的共同探索，但是，也离不开哲学的思考。"世界3"的概念着重强调了精神的能动性，批评在心物关系上的机械决定论观点。波普尔尖锐地反对赫胥黎关于躯体对精神的作用只是单向的、没有相互作用的看法。这种批评，笔者认为是很有道理的。这里涉及对精神、自我或思维主体的根本看法问题。著名的分子生物学家克里克预言："如果在脑的研究中出现突破，这或许有可能发生在系统的总体控制的水平。"① 据笔者的理解，如果我们不仅是从神经生理学及其他专门自然科学的角度，就是说，不仅从各个侧面、从部分上去研究脑的功能和机制，而且从综合的角度，从整体上去研究脑的机能和精神的作用，那么，"世界3"的理论所提供的"自我"和脑的相互作用的观点，也许会是一个很有用的辅助工具。

（3）争论的焦点可能是如何看待作为哲学范畴的"自我"问题。在笔者看来，波普尔论证"世界3"的"实在性"时，援引柏拉图的"理念"、笛卡儿的"自我"，事实上肯定了离开物质实体的精神实体的独立性，这当然是不能同意的。但是，笔者想着重指出的是，马克思主义的哲学唯物主义，并不一般地否定作为哲学范畴的"自我"；我们更不能以马克思主义的名义反对自然科学家们（如精神病理学家、神经生理学家以至于物理学家等）去研究作为精神现象的"自我"。多年以来，在马克思主义哲学的研究中，很忌讳谈"自我"，谁也怕因此会被戴上"唯心主义"的帽子。其实，笔者认为，谈哲学问题而避开"自我"，这是一种很幼稚的想法。古希腊人把哲学叫作"爱智"，这是众所周知的。马克思说过，哲学是时代精神的精华，他还特别论述过无产阶级要从自在的阶级变为自为的阶级。无论"爱智"也好，无论"时代精神"也好，还是无产阶级从"自在"发展到"自为"也好，都离不开谈思维的主体，即"自我"。问题是："自我"（笔者理解为某种精神状态的总和，包括感情、意志、理论的思维等）是脱离物质的实在？还是有其物质的根源？马克思主义所要求的只是给"自我"以彻底唯物主义的解释。在这个前提之下，笔者认为波普尔"世界3"的理论中，关于"自我"的思想

---

① 《关于脑的思考》，《科学》1980年第1期。

也是有某些可以借鉴之处的。例如，他说："成为一个完全的人取决于成熟过程，其中语言的掌握起很大的作用。人们不仅学会知觉，解释人们的知觉，而且学会成为一个人，成为自我。"如果把这种自然哲学的观点，引用到社会历史哲学的研究上来，不也是很有启发性的吗？比如说，研究一个阶级的成长，看它伴随着自己在物质上（经济上）的发展壮大，如何在精神上也逐渐成熟起来，清楚地意识到自己的目标和责任，意识到自己同周围环境（包括自然条件和社会历史的文化传统）的正确关系，这和一个人的精神成长过程是有相似之处的。哲学正应该着力研究精神的这种自我成长的过程、特点及其规律，而绝不可能回避"自我"。事实上，我们通常所说的总结历史经验，不就包含着这种自我意识的内容？所以，笔者认为"世界3"的理论错误，不在于谈论"自我"，而在于宣扬了心身二元论的观点。

总之，波普尔关于"世界3"的理论，尽管从思想体系和总的倾向上看，与马克思主义哲学有原则上的区别，但他关于"世界3"的概念的提出本身，却对现代科学和哲学的发展，是起积极作用的。恩格斯早在100多年前就说过："终有一天我们可以用实验的方法把思维'归结'为脑子中的分子和化学的运动，但是难道这样一来就把思维的本质包括无遗了吗？"[①] 笔者认为，波普尔关于三个世界的理论的提出，正是朝着探索思维的本质这个方向，迈进了一步。由此，笔者还想到，列宁说过："聪明的唯心主义比起愚蠢的唯物主义来更接近于聪明的唯物主义。"[②] 这个论点，对于传统的教条主义观点来说，是很有挑战性的。

---

① 中共中央马克思恩格斯列宁斯大林著作编译局：《马克思恩格斯全集》（第20卷），人民出版社，1971年版，第591页。
② 中共中央马克思恩格斯列宁斯大林著作编译局：《列宁全集》（第38卷），人民出版社，1959年版，第280页。

"世界 3" 的本体论含义*

"世界 3"，即"第三世界"的理论，是波普尔"复兴"形而上学的伟大创造，堪称现代西方哲学中一座引人注目的高峰。

一、人是"世界 3"的产物

从宇宙演化的层次看，"世界 3"的出现是继大爆炸（世界 1，物理状态的世界）和人类产生（世界 2，精神状态的世界）之后，自然界最伟大的飞跃。在这里，"世界 3"，即客观知识作为人类精神的创造，可以约略等同于"文化"或"文明"的含义。"世界 3"理论的提出，使我们能够从一个新的视角去看待人的存在。仅从科学的观点，可以把人视为超巨型的基本粒子（夸克、胶子、电子等）系统，或具有极其复杂的中枢神经网络的有机体等，但这显然是不确切的、不得要领的。按照"世界 3"的理论，人之为人，不仅因为它属于"世界 2"，即人有人的精神世界，而且更因为它属于"世界 3"，即人是文化的产物，文明的存在。

具体说，从牙牙学语的婴儿开始（暂且不把现今所谓"胎教"包括在内），人的存在就与文化环境分不开。随着体格的不断发育，人总是要面对各种生存问题，如家庭关系、母爱、学校教育和社会活动等。正是在尝试用种种方法来解决生存难题的过程中，从少年、青年直到成年，才逐步形成每

---

* 原载于《卡·波普尔百周年学术讨论会》（北京）论文摘要，2002 年 9 月出版。

个人特有的人格。正如波普尔所说:"文化的进步用不同的方式即通过世界 3 的对象继续遗传的进化。"① "世界 3"是宇宙演化过程中迄今为止最高层次的客观实在,这就凸显了人作为人是一种文化产物的特征。虽然,人的精神创造了"世界 3"。然而,从现实性说,正是"世界 3"造就了人的存在。不论属于同一种文化的独特的个人,还是属于不同文化的特定人群,都是一定的人类文明的载体。就是说,人是"世界 3"的存在。

二、客观知识是人类发展的重要源泉

从人类文明发展的阶段看,"世界 3"的理论宣示,文化观念,特别是科学文化对当代社会生活具有决定性的影响。波普尔指出,"当代哲学的一个严重错误是看不到这些事物——我们的成果(指"世界 3"即客观知识——引注)——尽管它们是我们精神的产物,尽管它们与我们的主观经验有关,却也有客观的方面"②。这就是说,必须把知识同仅仅是主观的经验区别开来,客观知识具有无可否认的本体论地位,这正是波普尔的伟大创见。

波普尔在发表"世界 3"理论之初(1967 年),提出了一个意味深长的隐喻。他认为,假如我们所有的机器和工具,连同我们所有的主观知识都被毁坏了;只要"图书馆和我们从中学习的能力依然存在。显然,在遭受重大损失之后,我们的世界会再次运转"。然而,如果"所有的图书馆也都被毁坏了",那么,"我们的文明在千年之内不会重新出现"③。可见,客观知识对社会的发展,文明的进步具有存毁攸关的重要性。尤其是在当今时代,科学文化更是人类存在和发展的基本要素。

无疑,上述隐喻是对二次世界大战浩劫之后重建文明的历史经验的绝妙概括。但依笔者看,更重要的是,它表达了波普尔对当代科学和社会发展的深刻预见。首先,他极其敏锐地揭示了现代科学革命的根本特点。这就是:

---

① 《自我及其大脑》,转引自《重读波普尔》四川人民出版社,1998 年版,第 367 页,"我们仅仅是在同世界 3 的相互作用中成长并且变成我们自己"。(《思想自传》,福建人民出版社,1987 年版,第 208 页)。

② 波普尔:《思想自传》,福建人民出版社,1987 年版,第 206-207 页。

③ 波普尔:《客观知识》,上海译文出版社,1987 年版,第 116 页。

第二次世界大战结束后蓬勃兴起的横断学科关注的重点是信息，而不再是实体。另外，它相当准确地预见到当代社会向信息时代和知识经济的急剧转变。这就是：在即将到来的社会发展中，信息的开发和利用，就像能源、水和空气一样，是人类生存和发展须臾不可缺少的实在要素。隐喻中的图书馆就是"世界3"的形象比喻或标志性替代物。

应当说明，客观知识与信息资源在某种程度上是可以相互通用的概念。知识就是信息。客观知识凝聚着人类已经获得的信息财富，在这个意义上，"世界3"或"第三世界"也就近似于已发现的信息世界。

可以想象，如果离开人类已经积累起来的客观知识，我们将经常陷入某种"盲人骑瞎马，夜半临深池"的困境，寸步难行。没有"世界3"，我们既难以弄清以信息科学为代表的当代新兴学科群的走势，也无从把握以 IT 产业为龙头的未来社会发展的趋向。正如著名物理学家惠勒所说，存在的现实性可能不是量子而是比特（bit），甚至可以说：存在就是信息。[①]

确认"世界3"具有本体的地位，这就表示，客观知识既是人类文明进一步发展的基础，又是推动当代文明继续前进的重要源泉。

三、关注可能世界

波普尔用"世界3"的"自主性"表达了他对可能世界的深切关注。他强调："自主性观念是我的第三世界理论的核心。"而客观知识的自主性就意味着，我们每前进一步都将出现"新的预想不到的事实，新的预想不到的问题"[②]。这就是说，我们总是生活在某种可能状态的境况中，而关注可能世界也就是给偶然性、不确定性以应有的地位。

今天，当一些哲学家为虚拟世界和现实世界的关系绞尽脑汁、争论不休的时候，不应忘记，波普尔在 40 多年前就率先探讨了虚拟世界的科学和哲学根据。他指出，客观知识世界是具有"生命"的世界，知识的进化像树一样有着极为多向的分支。"世界3"的"自主性"表明，客观知识在其发展中

---

① 参看《科学》（1992 年，第 11 期）第 64 页及（1991 年第 10 期）第 73 页。
② 波普尔：《客观知识》，上海译文出版社，1987 年版，第 126、127 页。

存在着无限多样的可能性。"知识之树"启示我们，不应固守陈规和现存事物，而应关注种种预想不到的事实和问题，预测将要出现的各种可能事态。

例如，自然数理论。它一经被我们发明，就有几乎无穷多的问题和发展的可能性，奇数、偶数、素数，哥德巴赫猜想，以及中国人在古代就已发现的余数定理等。对可能世界的关注是当代哲学思考的重大进步。过去，哲学家们总是在现实和理念之间徘徊又苦于找不到由此及彼的通路。他们中多数人的眼光往往局限于现存事物，并对必然性表现出根深蒂固的偏爱。现在，"世界3"的自主性特征引导人们找到了一座从现实过渡到理念的桥梁。我们只能在正视种种不确定性和偶然性中，通过选择某种可能性，从现存世界一步一步地走向理想世界。尽管我们不可能每一步都成功，但我们经过可能性之桥，总是在前进。

对于可能世界的关注，要求我们将眼光转向未来。在可以想象的宇宙演化的时间尺度内，不存在世界末日，只有无穷多的进化分支，即可能性。"世界3"的自主性预示了人类文化的多样性发展的乐观前景——人类拥有光明的未来。

重要的是，我们不只生活在现实的世界，而且生活在可能世界之中。对意想不到的可能性的忽视，往往导致巨大的灾难。因此，人类要掌握自己的命运，就必须对可能世界进行充分的研究。这是提高人类自主能力、预测能力、生存能力的必要条件，是从现存世界通向理想世界的必由之路。

波普尔"世界3"的理论创造表明，哲学不只是黄昏才起飞的猫头鹰，它更应是晨曦报晓的雄鸡。

非理性主义和现代科学革命[*]

非理性主义哲学不仅在现代西方哲学中影响很大，而且直接影响现代理论自然科学革命的发展，这种情况，很值得研究。

一、非理性问题从哲学思辨变成科学的课题

非理性问题，从人的精神生活不容否认的特征到世界的本性，在现代社会发展中，首先是一个重大、广泛的科学研究课题。非理性主义只不过是依附于这种科学问题的一种哲学思潮。过去，论者往往仅从伦理、政治思潮的层面，如禁欲主义和纵欲主义、法西斯主义或无政府主义等来看待西方现代非理性主义，是有失根本、甚至是本末倒置的。

西方哲学，更一般地说西方文化，经历几千年的发展，只有到了 19 世纪和 20 世纪之交，才提供了必要的条件，使非理性问题从神学桎梏和哲学思辨中挣脱出来，变成科学的课题。弗洛伊德是站在这个科学史和哲学史交汇点上的先驱者。应当强调，精神病理学是一门实验科学，而精神分析学说首先是现代理论自然科学的一部分，它不再属于传统的哲学思辨。

在非理性问题从形而上学向科学的转变中，尼采和叔本华的哲学起了重大的推动作用。

　＊　原载于《外国哲学传统和当代哲学发展》学术讨论会（沈阳）论文摘要，1994 年 8 月。

二、非理性主义是现代科学革命的助产士

非理性问题远远超出人性论的范围。

（1）现代物理学革命："上帝"一定不掷骰子吗？相对论的产生，得力于休谟的非理性主义批判；基于量子力学的哲学直接受益于克尔凯郭尔的哲学。机遇（概率）是微观世界的普遍规律。

（2）分子生物学革命：偶然性在进化中的地位。柏格森的生命哲学和存在主义对分子生物学的发展及其理论解释，发挥了决定性的影响。莫诺说："尊重本能的冲动胜于尊重自我，以及创造的自发性，这些都是我们时代的标志。"[1]

（3）横断学科的兴起：柏格森时间是控制论、系统论的理论前提；时间不可逆性更是耗散结构等理论研究的中心所在。混沌、无序、偶然性、自发性等这些非理性特征属于世界的本性。

柏格森的非理性主义失败了吗？普利高津说："形而上学没有在他建立的直觉基础上得以实现，就此而论，他失败了。在另一方面，他没有失败，他和黑格尔不同，他有幸去对科学（即经典科学）作出评价，从而鉴别出那些对我们来说依然是问题的问题。"[2]

总之，非理性主义作为传统理性主义的批判者，作为现代科学思想的预言家，对现代科学文明的催生和助产作用，是不容忽视的。

三、未来哲学的前沿和高地

科学的前沿就是哲学的前沿。当代的脑科学是适当的例证。自我和大脑的"相互作用论"是脑科学的理论纲领，而自我和大脑的相互关系本身就是哲学的永恒之谜。

我们正处在西方哲学史上只注意理智和经验的研究传统转向理性和非理性研究的激动人心的时代。在这个过程中，非理性主义起了开路先锋的作用。

---

① 《偶然性和必然性》，上海人民出版社，1978年版，第19页。
② 《从混沌到有序》，上海译文出版社，1987年版，第134页。

西方哲学的传统是重视逻辑理性，忽视和贬低非理性活动的作用。而从当代来看，这恰恰是一块哲学的处女地。谁占领非理性问题研究的高地，谁就拥有未来。中西文化的交流对比研究，对民族传统文化的批判继承、发扬，不能离开这个科学和哲学的世界范围的时代背景。

科学、潜意识与文化多样性[*]

非理性问题与当代科学与文化发展有着广泛而密切的关系，值得深入探讨。所谓非理性问题，有广义和狭义之分。广义地说，从人类思想和行为的非理性表现到存在的偶然性特征，都可归属于非理性问题。狭义地说，非理性问题特指人类心理和行为的非理性层面。本文着重探讨的是狭义范围的非理性问题。

一、潜意识的科学发现及其历史贡献

弗洛伊德关于潜意识（unconscious，即无意识、下意识）心理过程的发现揭开了现代科学对人的非理性活动研究的序幕。这一科学发现空前地拓展了现代科学认识的疆域，深刻地改变着科学对人自身和宇宙的根本观念。就此而论，弗洛伊德潜意识的发现完全可以与爱因斯坦的相对论相提并论，它们共同为现代科学发展竖立起了两座标志性的界碑。

在人类心理活动的深层，存在着一种不为人的自觉意识所知的潜（无）意识心理过程。它构成意识活动、精神生活的普遍基础，包括各种原始冲动、愿望、本能等各种为习俗、道德所不容的内容。正是这种非理性的潜意识心理活动对人的行为往往具有决定性的作用。这就是潜意识科学发现的基本含义。可见，弗洛伊德潜意识的发现属于现代心理学的基础理论创见，与

　　* 原载于《太原大学学报（社会科学版）》。2009 年 3 期。

任何玄学的猜想不能混为一谈。

问题在于，潜意识理论从创立到现在已经整整过去一个世纪有余了，一些作者仍颇多疑问，认为它缺乏实证科学根据，甚至说它只有三个半病例的支持。① 从根本上否认潜意识理论的科学性。这是需要认真加以澄清的误解。

首先，弗洛伊德的潜意识理论，从最初的实验观察发现到最后系统的理论论证，历经了 20 多年的时间。仅此一点就足以说明，潜意识的科学发现及其理论创造，绝不是"个人沉思默想的产物"，而"是长期细致耐心、客观公正的工作的结果"②。

早在 1889 年，弗洛伊德到法国南锡观看伯恩海姆深度催眠术的惊人试验时，他就开始猜想到："也许在人们的意识后面，还可能存在着一些强有力的精神过程。"③ 整整 11 年后，1900 年在《释梦》一书的结尾，弗洛伊德着重指出："梦的解释是通向理解心灵的潜意识活动的皇家大道。"④ 并且强调："潜意识是真正的精神现实。"⑤ "必须设想潜意识是精神生活的普遍基础。"⑥ 又过了 15 年，弗洛伊德在 1915 年才公开出版了系统、全面论述潜意识的专著，指出：Ucs（潜意识的缩写——引注）"这一系统的核心就是'欲望——冲动'"。⑦ 直至晚年，弗洛伊德在回顾他一生的科学贡献时，仍然强调："'精神分析学'原先只是指一种独特的治疗方法，如今，（1927 年——引注）它已成为一门学科——潜意识精神过程学的名称了。"⑧ 足见，弗洛伊德本人对潜意识科学发现的高度重视和评价了。

其次，应该强调，潜意识现象首先是精神病理学试验观察的科学发现。根据无可争辩的医学临床观察和试验，包括歇斯底里（癔症）在内的精神疾病，特别是后来发现的被称为精神分裂症的病例，大多起源于患者正常的感情欲望受到压抑，而这种被压抑的感情又大多与性本能的欲望相关，并为理

---

① 赵敦华：《现代西方哲学新编》，北京大学出版社，2006 年版，第 169 页。
② 弗洛伊德：《弗洛伊德自传》，上海人民出版社，1987 年版，第 69 页。
③ 弗洛伊德：《弗洛伊德自传》，上海人民出版社，1987 年版，第 19、20 页。
④ 弗洛伊德：《释梦》，北京：商务印书馆，1996 年版，第 610 页。
⑤ 弗洛伊德：《释梦》，北京：商务印书馆，1996 年版，第 614 页。
⑥ 弗洛伊德：《释梦》，北京：商务印书馆，1996 年版，第 613 页。
⑦ 弗洛伊德：《性爱与文明》，合肥：安徽文艺出版社，1987 年版，第 308 页。
⑧ 《弗洛伊德自传》，上海：上海人民出版社，1987 年版，第 103 页。

性的即自觉的意识所否认和掩盖。这种被掩盖的本能欲望，只有在被深度催眠的情况下才能显露出来，因而成为一种潜在的意识（心理）状态。

从近代哲学史看，性本能问题早在叔本华、尼采的意志哲学中就已被思辨地探讨过，并非弗洛伊德的独创。然而，弗洛伊德的开创性贡献恰恰在于，他从临床的医学观察和实证经验出发，发现了在人的心理活动中，除了为自我所自觉意识到的活动外，还存在着极其深厚和丰富的、不为自我所知觉的潜意识的、无意识的或下意识的心理活动。"Ucs 中所包含的内容就像一个心理王国中的原始臣民"。它是"在人的内心存在着遗传而来的心理构成——与动物本能相似的东西——它们便是 Ucs 系统的核心"①。潜意识理论的创立为现代心理学的发展奠定了坚实的理论基础，开辟了广阔的新的前景。为了强调潜意识理论属于自然科学的理论创见，弗洛伊德一再表明，他的理论与叔本华、尼采的哲学见解虽有相通之处，但绝不能混为一谈。他之所以有意"避免与哲学本身发生任何牵连"，是为了不分散对实证研究的注意力，"让自己的思想免受干扰"②。作为职业的精神病医生，不论创立潜意识理论之前，还是成为独树一帜的名医之后，弗洛伊德始终没有离开过临床的试验研究。应该指出，在最初论述潜意识的经典之作《释梦》中，弗洛伊德引述了大量梦例，远远超过所谓"三个半病例"之上。可见，责难潜意识理论实验基础不牢靠，根本得不到事实的支持。

判别一种理论仅仅是思辨的猜想，还是科学的理论，除了它是否来自经验的事实而外，更重要的是，它是否得到事后的经验支持，是否经得住事实的检验。爱因斯坦指出："将理论推导出的逻辑结论与经验事实相比较，是科学理论得以确立的关键。"③

从这个观点看，潜意识理论得到现代心理学，特别是精神病理学的大量后续经验事实的支持，成了无可辩驳的科学理论。而且从脑科学（神经生理学）、人类学、文化学等相关学科得到了强有力的支持和佐证。神经解剖学确证，主管情感、意志活动的边缘脑，比主管意识思想和语言的新皮质的脑

①　弗洛伊德：《性爱与文明》，合肥：安徽文艺出版社，1987年版，第316页。
②　弗洛伊德：《弗洛伊德自传》，上海：上海人民出版社，1987年版，第86页。
③　爱因斯坦：《爱因斯坦文集》（第1卷），北京：商务印书馆，1976年版，第541，542页。

神经机能区，进化要早得多、古老得多。裂脑人的研究更证明，右脑是潜意识活动的中枢。人类学表明，旧石器的出现作为人猿的分界线，标志着朦胧意识的产生，远比作为自觉意识标志的新石器时代要悠久得多。考古证据表明，旧石器出现距今至少数百万年，新石器仅约 10 万年。而文化学表明，作为文明时代出现的文字，迄今不过几千年，至多上万年的历史。所有这些学科的证据，都间接地佐证了弗洛伊德潜意识理论的科学性。它们证明，在自觉意识、理性思维出现很久以前，潜意识就存在了。

人的感性欲望，非理性的生命本能，潜意识的性冲动，构成全部理性的心理活动，即自觉意识产生的悠久、牢固而深厚的基础。回避谈论人的本能欲望，有意识地压抑、贬低人的感性需要，只不过是迄今为止文明社会的一种文化偏见。崇尚禁欲主义，压抑和扭曲人的性需要仅仅是前现代文化的特征。弗洛伊德潜意识的科学理论，之所以长久地受到一些人的怀疑、曲解和拒斥，根本原因即在于此。正如弗洛伊德本人不无愤慨地指出的那样："我始终觉得，人们拒绝将精神分析学与其他学科一视同仁，是极不公道的。……当我在尽力使长期被人否定的性功能的作用得到承认时，有人把精神分析理论诬蔑为'泛性论'，……由此可见，人们的抵制已经到了不惜任何代价，极尽攻击之能事的地步了。"①

非理性成为科学研究的课题而不再只是个玄学争论的问题，这一进展是科学史、思想史上划时代的大事。潜意识的发现对精神病理学、心理学乃至整个人文学科，包括民族学、文化学、语言学等学科的广泛而深远的影响，可与近代天文学脱离占星术的历史影响，以及进化论对"上帝造人"的神学教条的毁灭性冲击相类比。

在漫长的前现代文明时代，人们从不把精神疾病和睡梦现象当作一个科学问题看待。许多人以为，精神病是鬼神附体的表现，而睡梦则具有某种预兆未来的含义。潜意识的发现，潜意识理论的创立，为精神病起因的探讨奠定了科学的基础，使精神病理学摆脱了神秘主义的干扰，成为一门科学的病理学。而从潜意识层面对睡梦现象所作的解释和分析，更为理解所有健康人的精神生活的动因和奥秘打开了科学的大门。不论对精神病患者的病因还是

---

① 弗洛伊德：《弗洛伊德自传》，上海：上海人民出版社，1987 年版，第 83、84 页。

对正常人睡梦的解释，潜意识理论都已将人的非理性活动从一个神学问题或形而上学问题变成了一个无可置疑的科学问题，从而，为心理学乃至整个人文学科提供了全新的视角。如果说，从前的心理学是以人的自觉的意识活动为中心旋转，那么，现代心理学则因为潜意识的发现，把人的非理性的"本我"活动当成了关注的重心。因为潜意识理论的创立，人们突然发现，在人的全部理性思维的心理活动底层，还蕴藏着非理性、潜（无）意识心理活动的汪洋大海。正唯为此，应该说潜意识理论对包括心理学在内的全部人文学科的影响，正如相对论、量子力学对物理学乃至全部现代自然科学的影响是相似的。

今天，没有一门人文学科、社会科学可以回避人类活动的非理性基础，可以不顾及非理性需要对人类思想和行为的深刻影响。从现代科学观点看，我们固然应该追求理性、尊重理性，同时，也应该在理性和非理性之间寻求某种平衡，正视人的非理性需要，爱护人的本能欲望。宽容非理性是现代文明的特征，而禁欲主义则是前现代文化的遗毒。只有在倡导理性的同时，也尊重人的非理性需要，才能促进人的全面发展。

应该看到，科学概念、科学理论不是神学教条。随着社会的进步和文明的发展，在新的观察资料积累的基础上，它的核心内容会越来越丰满，基本概念必定会更加精确，而附着在它上面的某些枝节，则会枯萎、退废。哥白尼的日心说如此，弗洛伊德的潜意识理论亦然。开普勒用椭圆形轨道修正了哥白尼地球公转圆形轨道的论断，使日心说更完整、丰富了，丝毫没有损害其核心内容。荣格、弗洛姆、马斯洛等一代又一代的现代心理学家发展了弗洛伊德的潜意识性本能观点，将社会的、安全的需要提到了人的本能需要的首位，同样使弗洛伊德关于潜意识是全部心理活动深层基础的核心主张更加发扬光大了。

应该强调，弗洛伊德潜意识的科学发现对现代科学和哲学的震撼和冲击，其影响是极为深远的。由于这个发现，人们才开始明白，几千年来，文明社会崇尚和追求的理性活动，原来是以非理性的欲望和本能为深层基础的。深入发掘这个基础，科学地研究和解释这个基础，关系到人类生存和发展的根本，也正是现代科学和哲学已经开始并将继续面对的重大历史课题。以哥白尼的发现为开端的近代科学已经有 500 多年的历史。弗洛伊德开始的对人类非理性活动的科学研究才不过 100 年的历史。今天，面对新发现的非理性疆域，地球村的居民，就像长期生活在极地的企鹅一样，随着冰川的崩裂和漂移，人们的思虑必须重新定位，才能在浩瀚的星际海洋中，找到自己栖居的精神家园。正如弗洛伊德指出的，人类的自尊心曾经受到日心说和进化论两次科学发现的重大的打击。然而由于潜意识的发现，"人们的自尊心受到了现代心理学研究的第三次最难受的打击；因为这种研究向我们每人的'自我'证明就连在自己的屋里也不能自为主宰。而且只要能得到少许关于内心的潜意识历程的信息，就不得不引以自满了"①。原来，当人们注视内心时就会发现，人类既非天使，也非禽兽，而是有着理智和七情六欲的凡人。

恩格斯说过："社会方面一旦发生了技术上的需要，则这种需要就会比十数个大学更加把科学推向前进。"② 借用这个论点，笔者认为，一旦科学发展本身有了某种需要，将要比十数个大大小小的哲学流派对这个问题的研究所起的推动作用更要大得多。科学推动哲学，科学检验哲学已是近现代科学史和哲学史不可争辩的事实。一切自外于现代科学的哲学，一切违背科学发展历史趋势和潮流的哲学，必定没落的命运是不可抗拒的。科学作为近现代哲学的深层基础，就像社会生产的需要必定极大地推动科学发展一样，科学发展的需要，从根本上决定着哲学的命运和未来。

弗洛伊德的深层心理学理论与现代人本哲学发展的关系就是一个极好的例证。谁都清楚，弗洛伊德的潜意识发现和人性理论给现代人本哲学的发展注入了前所未有的活力。对科学哲学也产生了巨大的影响。在笔者看来，现代西方哲学关注主体性的研究，转向语言的研究，进而转向释义学的研究，以及科学哲学中出现的某种非传统理性主义的倾向等。所有这些，从根本上讲，都是由现代科学对非理性问题研究的历史趋势推动的。关注科学、转向科学是时代的召唤，唯有顺应这种历史潮流，才能振兴哲学。任何将哲学凌驾于科学之上的幻想，都是注定要破灭的。

---

① 弗洛伊德：《精神分析引论》北京：商务印书馆，1986 年版，第 225 页。
② 中共中央马克思恩格斯列宁斯大林著作编译局：《马克思恩格斯选集》（第 4 卷），北京：人民出版社，1972 年版，第 505 页。

二、现代科学理性的新视野

现代科学对非理性问题的开创性研究极大地促进了科学理性与人文理性的相互渗透,有力地推动着传统的科学理性,即通常所谓的"工具理性"向现代科学理性的转型。广义地说,非理性问题是贯穿于现代物理学、生物学、新兴横断学科,尤其是信息科学的深层理论问题。笔者把它称为存在的偶然性问题。这就是说,非理性问题远不只是涉及人学和社会科学领域,不只是关系人本身的存在,而是同样关系到人类生存和面对的全部外在世界。这里,着重要讨论的是科学理性的现代特征问题。

现代物理学将机遇和不确定性问题纳入了基础理论的哲学视野。相对论抛弃了近代物理的绝对时空观。量子力学发现和确证的量子不确定性,更突出地将某种非传统决定论的观念引入了物理学的理论思考。20世纪40年代,玻恩撰写《因果和机遇的自然哲学》,明确地将非理性的因素纳入了物理学家的视野;90年代,盖尔曼在《夸克和美洲豹》一书中,进一步指出,现代物理学讨论的决定论,是以偶然性为基础的。他写道:必然性、规律性,不过是"被冻结的偶然事件(frozen accidents)"。"被冻结的偶然事件的累积,在严格的时空区域内就变成了规律性。"[①] 可以看出,现代物理理论经过近一个世纪的发展,已经相当程度地吸纳了非理性问题研究的成果和因素。

值得一提的是,爱因斯坦从某种传统决定论的观点,长期与量子力学的主流观点相对立,激烈地批判玻恩《因果和机遇的自然哲学》的论点。大半个世纪过去了,微观世界的某种非理性特征,已经为人们所熟知。这恐怕是爱因斯坦始料未及的。

分子生物学揭示,偶然性是生物遗传的普遍特征。现代生物学确认,一方面,基因突变是生物进化的内在原因。而基因突变从生物群体看虽有统计规律可循,若从单个基因来看,则是偶然的、不可预测的。20世纪70年代,莫诺的《偶然性和必然性——现代生物学的自然哲学》一书,对此进行了充分的探讨。在他看来,生命是一种所谓一次性的和不可重复的偶然现象。另

---

① 盖尔曼:《夸克与美洲豹》,长沙:湖南科学技术出版社,1998年版,第222-225页。

外，从生物进化的历史看，影响物种进化的外在环境变化，同样充满了偶然性。六七千万年前，恐龙的灭绝，就是一例。这些论述和实例说明，生物世界比起物理世界来，表现出了更明显的非理性特征。

信息世界的发现，把偶然性提升到了宇宙观的层次。比起物质和能量的世界来，信息世界更需要从偶然性的观点加以解释。

首先，信息交换的前提依赖于局部的极其偶然的减熵地区（或阶段）的存在。在一个总熵趋于增加的世界中，一些局部的和暂时的减熵地区是存在着的。由于这些地区的存在，两个相互开放的系统（如人和周围的环境）之间，才可能存在信息的交换和传输。所以，在这个与我们直接有关的世界里，存在着这样一些阶段，它们虽然在永恒中只占据一个微不足道的地位，但对我们来讲却有巨大的意义，因为在这些阶段中，熵不增加，而信息却在增进中。

简而言之，信息世界的出现，是以茫茫宇宙中极其罕有的局部反熵地区的存在为前提的。当我们考虑信息交换时，就必须"把生命存在这一暂时的偶然事件以及人类存在这一更加暂时的偶然事件看作具有头等重要的价值"[1]。

其次，两个互相通信的系统之间，必须是时间同向的。信息世界遵循的是柏格森时间，而不是牛顿时间，任何信息传输的可能都是时间不可逆的。

就信息世界而论，两个系统之间的信息交换和传输，"时间序列无法归结为一个在时间进程中具有决定论发展线索的系统"[2]。"一般说，没有任何一组可以设想的观测，它能够提供我们关于系统的过去的足够的信息，而这些信息能提供我们关于系统的未来的完全信息。"[3] 在不可逆的时间演进中，"总是发生着新奇的事物"[4]。就是说，信息传输不完全是由过去时间的序列决定的，而是随系统的相互关系扩大或缩小。信息量在时间演进中是不守恒的，而是随机决定的，受偶然性的影响很大。同一个信息，在不同的接受系统那里，信息量可以是不同的，而其性质则不仅可以不同，甚至可以相反。

---

① R. 维纳：《人有人的用处》北京：商务印书馆，1978 年版，第 25 页。
②③ R. 维纳：《控制论》，北京：科学出版社，1985 年版，第 95 页。
④ R. 维纳：《控制论》北京：科学出版社，1985 年版，第 38 页。

所谓在不可逆的时间演进中，"总是发生着新奇的事物"，就是指现在和未来并不总是受过去支配，而是受诸多不可预测的偶然性的制约。

简而言之，现代科学家，从概率论者、量子力学家到信息论和控制论创始人之间，"在承认偶然性是宇宙本身结构的基本要素这一点上"，在"承认世界中有着一个非完全决定论的几乎是非理性的要素"这一方面，他们与"弗洛伊德之承认人类行为和思想中有着一个根深蒂固的非理性的成分，是并行不悖的"①。他们否认机械决定论的思想倾向是相互一致、彼此呼应的。他们属于同一种时代思潮，即所谓非传统的理性主义思潮。

维纳敏锐地看出，从现代概率论、量子力学到信息论和控制论，与弗洛伊德潜意识理论之间，存在着共同的或相似的思想倾向，这一点十分重要。不论从人本身还是从外在的对象世界说，机遇、偶然性，或者说非传统理性都是自然界（宇宙）结构的内在的基本要素。现代科学理性这种新的视野，大大地超越了传统科学理性，即工具理性、逻辑中心主义的局限，从而，将近代的科学理性主义推进到了全新的发展阶段。

现代科学的理性主义吸取了现代科学对非理性问题研究的新成果，可以称为直觉的（或有机整体论的）理性主义而与近代的逻辑中心（或工具理性的）主义相区别。科学理性对非理性研究的新成果的吸纳，主要是指：一方面，它从潜意识的发现中，看到了人的非理性的、本能的巨大潜力，认识到了主体的潜在的能动性；另一方面，它从外在世界的不确定性，从存在的偶然性中，看到了理性（逻辑）认识的局限性，意识到了科学认识的客观真理的相对性。认真说来，单纯的必然性只存在于逻辑思维的推理中。在现实中，必然性不过是对事物相互关系的一种简化、一种理想化。现实生活中，面对着人自身的巨大潜力和外在世界的难以掌握的不确定性，人们何以自处？如何抉择？既要遵循科学理性的引导，也必然受到传统习惯的制约。客观真理总是相对的、有条件的。人们只能不断地、明智地加以选择。而不可能一劳永逸地达到所谓的绝对真理或所谓"铁的必然性"。正唯如此，现代科学的理性主义具有有机整体论的，即直觉的、批判的、历史主义的特征，它与工具论的、机械论的、绝对主义的经典科学的理性主义形成了鲜明的

---

① R. 维纳：《人有人的用处》，北京：商务印书馆，1978 年版，第 4、5 页。

对照。

科学理性不仅是一种方法、一种（认识的）工具，更重要、更根本的是一种精神素质。正是这种精神素质，构成了近现代文明不同于前现代文明的牢固基础。这种科学理性的精神素质，特别是怀疑的、批判的科学思维和实证的、求实的科学态度，是现代文明的共性，因而是现代文化的普遍性表征。一句话，科学理性是现代文化的共同性和一般性。否认科学理性的普遍性，就丧失了文化的现代性的根本特征。

科学理性和人文理性是不可分割的，科学理性本身就是一种人文理念。长久以来，科学理性被指责为工具理性或逻辑中心主义，而人本主义或人文哲学则被一些人归结为所谓非理性主义。这种对科学理性的批评和对人本哲学的归类，有很大的片面性。

首先，科学理性本身就是一种人文理念。它的核心思想，如不盲从权威的批判精神，特别是现代科学理性崇尚的对理性自身的自我批判精神等，正是现代人文主义最基本的信念和追求。从近代科学脱离中世纪神学独立以来，这种根植于科学的理性主义的批判精神，这种追求思想自由、崇尚独立思考的人文理念，随着科学的发展而扩展。它的主张和影响远远超出自然科学研究的范围，逐渐形成为全社会的普世价值。如果说，将科学理性等同于工具理性对近代科学，尚有一定程度的历史合理性，那么，面对现代科学理性所吸纳的、包含有鲜明的非理性要素的主体能动性，就完全是削足适履，再也不适用了。

其次，将人本主义笼统地归结为非理性主义也不准确。人们要追问的是，这里所谓的"非"理性主义是"非"什么样的理性主义？是工具主义的、机械论的近代的理性主义，还是直觉色彩的、有机整体论的现当代理性主义？若是后者，则是站不住脚的。现代人本主义从根本上抛弃了理性主义了吗？显然不是。事实是，在现代人本主义中，虽然有某种非理性主义的主张，但就其主流而论，仍然是属于理性主义的范畴，如伽达默尔的释义学，乃至海德格尔的存在主义等。它们虽不能套进机械论的理性主义框架，但却鲜明地崇尚人文的理性主义。

最后，将科学主义等同于理性主义也颇有疑问。例如，科学哲学的历史学派就带有明显的非理性主义倾向，弗耶阿本德的"怎么都行"，就是如此。

重要的是，自从非理性问题进入科学理性的视野以来，非理性问题已从思辨的对象划归到了科学探讨的疆域。科学理性的这一划时代进展，不但给实证科学研究开辟了广阔的新天地，而且，迫使哲学也不得不改变它原有的面貌。现当代的科学哲学和人本哲学都受到非理性问题研究的冲击和影响，这已经是不争的事实。以近20年来涌进内地的后现代主义而论，一定程度上，不过是非理性问题研究带动的非传统理性主义思潮在西方哲学界的一种反映、一个涡漩、一股支流而已。

总之，经典科学将世界简化为一部自动机、追求直线性方程的描述，将偶然性排除在科学的视野之外，而现代科学的有机整体论世界（宇宙）观，则将偶然性纳入科学研究的范围，发现非理性是自然界的一个基本要素，从而空前地扩展了科学理性的视野。无论从哪个方向看去，从星云到基本粒子，世界都不能归结为一个简单的线性方程。恰恰相反，自然界只能用复杂的非线性方程来描绘。其中，机遇、突变、偶然性、非理性占有不容忽视的重要地位。

三、从潜意识看文化多样性

文化多样性从根本上讲可以视为社会群体潜意识的差异。举凡语言、风俗习惯、民族性格等，早在有文字记载的历史之前就开始形成了。这种社会群体的潜意识心理特征，浓缩着漫长的历史时代，人类种系进化的记忆（痕迹），是一种可以世代遗传的集体潜意识。这种潜意识构成现今以语言和宗教信仰为标记的文化多样性的深层基础。不论从器物层面，还是从体制层面乃至于从观念层面来看，不同的文化形态无不折射出不同的社会群体的心理状态。因此，不同文化的相互区别，归根到底是一种群体潜意识的差别。

在笔者看来，保护文化多样性，不只是要尊重不同的语言、文字、宗教信仰，更根本的是要尊重支撑它们的潜意识的民族心理。只有民族心理的沟通、民族情感的交流才是文化交往最核心、最基础的内容。"心有灵犀一点通"，个人如此，社会群体、民族集群也是如此。所谓"人同此心，心同此理"，通称为人性的东西，即人类的共同性、普遍性，不只是指理性，更是指人类非理性、潜意识的心理共同（通）性。文化的交往不能停留在有形的语言、文字、宗教信仰的交流，更应注重属于潜意识过程的民族心理、民族感情的交流。这种民族心理的沟通，民族感情的交流，是不同文化的视域（界）融合的基础，价值认同的前提。没有这种深层的心理沟通，谈不到真正的文化交流，更谈不到不同文化的融合。只有在非理性的心理层面的交流和融合，才会产生新的文化形态。形象地说，这有点像细胞核的融合才能产生出新的生物个体。仅仅是细胞质的融合，是不可能繁衍出新的生命个体的。

值得注意的是，集体心理有一种天然的反理性倾向。多年来，笔者对大批的人们，成千上万成群成群的公众卷入非理性乃至于反理性活动感到疑惑不解。某个领袖人物丧失理智是不难理解的。但是，大批大批的凡人跟着发疯，原因何在？这是需要科学解释的。从社会心理学的视角，对这种反常的社会现象，可以提供某种有说服力的说明。这就是，集体心理往往有一种非理性乃至反理性的倾向。

弗洛伊德指出，集体心理"几乎完全是受潜意识控制的"。"一个集体既不知道什么是怀疑，也不知道什么是靠不住。"[1] "一个人在孤身独处时，他或许是一个有教养的人，但在一群人中，他却成了一个野蛮人，一个按其本能行事的人。"正如席勒所说："每个人当他独处时，还有点机灵和敏锐，当他们组成集体时，他们简直都成了傻瓜。"[2]

为什么会这样？因为生活在一个集体中，人们普遍存在着一种从众心理，这种心理是以放弃理性的批判思维、放弃独立思考为特征的。在刚刚过去的世纪中，法西斯主义等之所以能煽动成千上万的公众危害于一时，原因盖在于此。在当代，各种提倡教主崇拜的邪教，也都具有这种反理性主义的特征。他们利用信众的盲目从众心理，煽动反社会、反人类的恐怖主义，蒙骗一些不明真相的群众，为某些政治势力火中取栗。因此，当我们倡导某种集体主义时，务必十分小心谨慎，千万不可陷入反理性的极端主义的陷阱。例如，处在当代世界，人们不可能没有民族主义的正当诉求，但切不可放松对民粹主义或沙文主义的警惕。不能不看到，一些敌视现代文明的社会势

---

① 弗洛伊德：《弗洛伊德后期著作选》，林尘等译，上海译文出版社，1987 年版，第 82 页。
② 弗洛伊德：《弗洛伊德后期著作选》，林尘等译，上海译文出版社，1987 年版，第 81 页。

力，往往借口保护文化多样性，达到他们自私的目的。

总之，应当把非理性问题的科学研究和概念含混的所谓非理性主义哲学思潮明确地区分开来。一方面，尊重非理性是保护文化多样性的题中应有之义。也就是说，应当尊重人的非理性的心理和生理需求，超越传统的道德价值观念，不可将所谓"人欲"仍视为洪水猛兽。只有尊重非理性，才能促进人的全面发展。另一方面，应该用理智引导非理性，不断地提升人类精神生活的境界和水平。只有用科学的态度对待人类非理性的自然需求，用科学的方法来研究潜意识的心理过程，才能充分发掘人性的内在潜力。

非理性问题冲破几千年来文明社会的偏见，终于确立为不容置疑的科学问题，这是现、当代科学不同于经典科学的伟大历史进步。但是，作为科学问题的非理性问题研究，毕竟才刚刚开始，还有很长的路要走，才能使它成为更加完整、系统的科学理论。今天，非理性问题已成为影响科学和文化发展全局的重大问题，成为哲学研究的一片高地。谁占领这片高地，谁将拥有未来。

第五篇

科学与信仰转型

康德对传统神学理念的批判[*]

康德对传统神学的批判是近代启蒙思想的一项标志性的成果，解读这一批判的内容，审视这一批判的影响，将给我们以诸多的启示。

在西方统治人们头脑 1000 多年的超自然的上帝或神的观念，是如何起源的？这个关于神的理念的根本错误在哪里？人们在理智上又是如何陷入这种错误而不能自拔的？等等，这些关于"神在"或"有神"、"信神"的种种迷误，就是康德在《纯粹理性批判》"纯粹理性的理想"一章中，试图解答的问题。这种对传统神学的批判，据笔者的理解，可以从如下多方面加以解读。

一、神的理念何以形成？"上帝"理念的发生学论述

在近代对神学持批判态度的哲学家中，只有斯宾诺莎的《神学政治论》对《圣经》文本作过批判性的考察。然而，即使如此，斯宾诺莎并没有专门追溯过神的观念的历史起源。

康德在"先验的理想"一节的附注中写道："最实在的东西（ens realis-simun）这个理想固然只是一个表象，但它首先得到实现，即变成一个对象，然后才实体化，最后，由于理性向着统一完成的自然进程（……），就变为

---

* 原载于《黄海学术论坛》，2004 年 4 期。

人格化了。"① 按照这一表述，上帝理念的形成过程是：纯粹理想的感性表象—理智（知性）概念中的对象化—（逻辑）推理中的实体化—纯思辨运作中的理想的完成，即神的人格化。

这一过程大致符合人的认识的自然进程，即由感性直观进至概念，而终于理性。从历史上看，由多神教进至一神教，正与此认识进程相一致。

康德指出，我们在一切民族那里都看到，哪怕他们最盲目的多神教里，都还有几丝一神教的微光透射出来，导致这一点的不是反思和深刻的思辨，而只是普通知性的逐步变得明白起来的自然进程。这是指早期人类据因果以想象多神的原始宗教崇拜。

用思辨的办法证明"有神"的自然顺序，就是：①自然神学的证明，由感性世界的特殊性开始，依据因果律，上推至世界以外的最高原因；②宇宙论的证明，由普遍所谓"存在"的经验开始，进至最高原因；③本体论的证明。由纯思辨的"存在"概念论证神的存在。② 由自然神论、宇宙论到本体论的神学证明，恰好印证了人类的理性塑造"神"的逐步上升的历史阶梯。应当指出，文明人类从最初关于神的表象，进至最后达到思辨的神的理想，经过了从远古到中世纪后期（圣·托马斯·阿奎那）的漫长历史过程。而从思维的逻辑进程看，关键是将概念的对象实体化和人格化这一步。只有将纯主观的表象经由观念对象化而实体化，神的理念才在信仰它的人们心目中，树立某种牢固的、绝对的、不容置疑的权威。这一思辨的加工过程，积聚了历代神学家们的苦心。康德关于神的理念的发生学论述，深刻揭示了神的理念的自然而然的起源。这无疑是给上帝制备了一份简明扼要的精神履历表。这一份履历表是把神想象为牛头马面的古人所不能理解的，因为牛马没有精神，也是斯宾诺莎所不及的，因为斯宾诺莎只揭示了《圣经》的身世，而不是直接针对上帝的。康德把斯宾诺莎批判神学的火炬举得更高更亮，揭穿了上帝理念产生的秘密，从而有力地动摇了对神的盲目迷信。这一揭示，与斯宾诺莎对《圣经》文本的论述，都对传统神学产生了巨大的冲击。

---

① 康德：《纯粹理性批判》，蓝公武译，商务印书馆，1960 年版，第 421 页；韦卓民译，华中师范大学出版社，2000 年版，第 525 页。

② 康德：《纯粹理性批判》，蓝公武译，商务印书馆，1960 年版，第 425-426 页；韦卓民译，华中师范大学出版社，2000 年版，第 530 页。

二、"理性颠倒的错误"

　　人们关于神的表象，如何由纯主观的观念的对象，摇身一变而成为实体化的"存在"，成为人格化的"最高有目的的存在者"，成为创造了万物的上帝呢？就是说，表象究竟如何被实体化、人格化的呢？这是在所有关于神的存在的证明中，最迷惑人的地方。康德指出，传统神学论证在这里明显是一种逻辑上的诡辩和误导，这种诡辩对理性认识的颠倒使用，混淆了逻辑的宾词和实在的宾词，造成了理性的混乱。在本体论的证明中，将概念的对象偷换成实在的对象，表现得最为典型。而这种偷换之所以不容易被识破，关键在于："直接从概念的逻辑可能性论证事物的实在可能性。"[①] 形象地说，就是将概念中可能的 100 元的货币与实在的装在口袋里的 100 元货币混为一谈了。殊不知"实在的 100 元对我的经济状况的影响与 100 元的纯然概念的影响（即 100 元的可能性的概念的影响）却不相同"[②]。据康德解释，概念的逻辑可能性的条件是，只要某一概念不包含逻辑的自相矛盾，这一概念即可成立。而客观事物的实在的可能性则不同，它必须"依据的是可能经验的原理"，方能得以验证。[③] 简而言之，概念的逻辑可能性是纯然属于主观的想象或判断，而事物实在的可能性则属于客观的可检验的经验对象。

　　所以，关于"神"是否存在的判断丝毫不能由神的概念本身加以证明。一个人只用虚拟的概念并不能增加他关于神的任何知识，其结果，"和一个商人在他的现金账上加上几个零来改善他的地位，毫无二致"[④]。应该强调指出，将概念的逻辑的可能性当成事物的实在的可能性，不仅是传统神学论证中最大的诡辩，而且是现实生活中，人们往往陷入主观主义、唯意志论行为

---

　　① 康德：《纯粹理性批判》，蓝公武译，商务印书馆，1960 年版，第 429 页；韦卓民译，华中师范大学出版社，2000 年版，第 533 页。
　　② 康德：《纯粹理性批判》，蓝公武译，商务印书馆，1960 年版，第 432 页；韦卓民译，华中师范大学出版社，2000 年版，第 535 页。
　　③ 康德：《纯粹理性批判》，蓝公武译，商务印书馆，1960 年版，第 429 页；韦卓民译，华中师范大学出版社，2000 年版，第 535 页。
　　④ 康德：《纯粹理性批判》，蓝公武译，商务印书馆，1960 年版，第 433 页；韦卓民译，华中师范大学出版社，2000 年版，第 533 页。

的共同根源。过去的"大跃进"，现今的长官意志、"形象工程"，均在此列。从这点看，康德对神学证明的谬误的揭示，对今人亦不无教益。康德指出，任何事物若为我们所欲，皆能用为逻辑的宾词。这就是说，概念的逻辑可能性，可以是主观欲望任意驰骋的天地。而事物的实在可能性则要受到种种客观条件的严格限制，是不可以任意胡来的。这方面的惨痛教训难道还少吗？

为什么说将"神"的主观表象实体化、人格化是对"理性颠倒"的使用呢？本来，运用理性能力认识自然的顺序是从个别到一般，从经验到知性再到理性。康德指出，理性的（合理的、恰当的）运用，在于指导我们按照自然的普遍规律寻找事物联系中的系统的统一，"用经验的方式证实这种统一性"①。自然的研究是一直照着各种自然原因的普遍规律而保持自然原因的连锁，以追求"自然中的统一性"②。然而，若将上帝的表象实体化和人格化，从一个"最高有目的的存在者"出发，这就是"强迫地、专横地把种种目的硬加在自然上面，而不是通过物理钻研的途径"来追踪事物的因果关系。③这样一来，根本颠倒了整个理性认识的自然过程，即从最高目的演绎（建构、倒推）出万物的因果链，从一般推论出个别。所以，在康德看来，上帝观念实体化，"只能使理性混乱"。使理性认识的自然进程头脚倒立，这不正是理性颠倒的谬误吗？

总之，"直接从概念的逻辑可能性以论证事物的实在的可能性"，是一切神学教条的要害，这种将主观的概念等同于客观事物的理性的颠倒，也是一切唯心论的共同特征。康德对这种神学论证的谬误的揭示，具有深刻的认识论含义。进一步的问题是，神学家是如何引导人们陷入这种似是而非的逻辑圈套的呢？或者说，人们为什么长时间未揭开这种将观念实体化的秘密呢？

---

① 康德：《纯粹理性批判》，蓝公武译，商务印书馆，1960 年版，第 485、486 页；韦卓民译，华中师范大学出版社，2000 年版，第 595 页

② 康德：《纯粹理性批判》，蓝公武译，商务印书馆，1960 年版，第 486 页；韦卓民译，华中师范大学出版社，2000 年版，第 597 页。

③ 康德：《纯粹理性批判》，蓝公武译，商务印书馆，1960 年版，第 486 页；韦卓民译，华中师范大学出版社，2000 年版，第 596 页。

三、"上帝"：理性的终极追求

康德指出，上帝理念的神学证明中虽然包含着确实的诡辩和逻辑错误，但不能简单地将其归结为神学家们的欺骗行为。在某种程度上，上帝的观念是人们在理性思辨中自然发生，甚至是难以避免的趋向。既然逻辑并不能证明神的存在，那么，有什么理由还要假定一个神呢？

在康德看来，"神"的观念，在一定情况下是一个必要的假设。其一，由于假定"神"，我们对于与偶然的事物有关的一切问题，皆能予以满意的解答；其二，可以给理性追求最高统一或终极完成的自然意向以最圆满的满足。①

可见，对神的假设，既与客观上我们的无知有关，更与主观上理性的追求相关。从根本上说，它深植于理性追求知识统一的自然趋向之中。每一时代，任何一位哲人都不可能最终完成对世界的认识。尽管如此，理性总要设定这样一个目标和理想。这个最圆满的智慧，绝对的有知，已达到最后完成的知识统一的理想，就是神。它既能满足理性的终极追求，又能说明一切偶然的未知的事物。一句话，神的理念或假设可以说是根植于人的本性中的一件极其自然的事情。

康德指出，当人们在将上帝理念实体化时，其思维进程，"和谈到空间时所说的是一样的。空间只是感性的一种基础，但是由于它是一切形状的主要根源与条件，而形状不过是空间本身的限制，人们就把空间当作自行存在的绝对必然的东西"。"谈到最高存在者这个理想也是一样。既然自然的有系统的统一性，除了我们预先假定一个最实在的东西的理念作为最高的原因"之外，没有别的办法，"所以就很自然把这个最实在的东西这个理念表现为一种现实的对象"，这就是必然的了。② 按照康德的看法，人们在认识事物的过程中，必定要利用一些先验的感性形式（如空间）。一不小心，这种感性

---

① 康德：《纯粹理性批判》，蓝公武译，商务印书馆，1960 年版，第 476 页；韦卓民译，华中师范大学出版社，2000 年版，第 585 页。

② 康德：《纯粹理性批判》，蓝公武译，商务印书馆，1960 年版，第 442、443 页；韦卓民译，华中师范大学出版社，2000 年版，第 548、549 页。

形式似乎变成了独立自存的东西。类似的，理性在利用知性概念（如因果性范畴）来整理我们的经验时，必定会达到这一步，即把终极原因或绝对智慧变成了独立自在的实体，也就是将主观的观念客观化，外在化为实在的存在者，这就是上帝。由此可见，神的理念或假设一个"上帝"是理性在把握（认识）事物中，自然出现的思维产物。上帝的理念并非仅是愚人的无知的想象，而且实在说来恰恰是文明人类在理性思维过程中，往往难以避免的某种后果。

然而，应该看到，对神的假定，不过是康德认识论中一个方便的作业假说而已。比较一下，詹姆士说：我为什么信上帝？因为它对我有用，起码可以给我一个礼拜天的休息日。不难看出，康德对神的假设，虽显得有点学究气，但就其实质，与詹姆士是类似的。因为不这样假定，我们就既不能给偶然事物以满意的说明，更不能满足理性追求一种终极理想的愿望。须知，任何时候，即使科学再发展，文明再进步，偶然事物总是会存在的。依据现代生物学，偶然性甚至是进化的基础。另外，只要人类还存在，理性的追求就永无终期。可见，神是为人的理性需要而设定的，并非事实上真有什么超自然、超人类的最高主宰（神）！这就是我们从康德关于神的假设中应该得出的结论。

四、超验"镜像"的隐喻

超验"镜像"这个词，好像是康德专门为人们的上帝理念（想）创造出来的。它不仅意味着不合逻辑，不合理性，而且总是引发人们的幻觉，但又难以纠正，难以避免。在康德看来，理性认识不能超越于可能的经验之外，否则，它必陷于谬误或幻想。与心理学的理念及宇宙论的理念不同，神的理念并非实有其客观对象，唯有神的理念以纯思辨的"存在"概念为对象。换言之，神的理念以"超自然的存在"为对象。而这种莫须有的"超自然的存在"，只不过是一种超验的幻象。

康德指出"心理学的理念和宇宙学的理念是从经验出发，经过一个个的根据的上升，被诱使去追寻（如果可能的话）这些根据的系列的绝对完整性，而在神学的理念里则不然，理性同经验完全断绝，从似乎是可以用来做成一个一般事物的绝对完整性的那些仅仅是概念的东西，然后借助于一个最完满的原始存在体这样的理念，下降到规定其他一切事物的可能性，再从可能性下降到规定它的实在性"。因此，神的理念"仅仅是"一个"出于假想的存在体"①。按康德解释，神的理念好比一个"想象的焦点"，由此发生的"幻象"，"正如在一面镜中所反射的对象，看起来是在镜子后面一样"。当理性超越于一切可能的经验范围之外使用知性范畴（概念），如因果性等时，产生这种幻象，甚至是"不可抗拒"的。"正如在镜中所见的情况下，如果除了横在我们眼前的对象之外，我们还想要见到远在我们背后的那些对象，那么其中包含的幻象，就是势所必然的了。"② 康德这里讲的幻象，虽不是专指神的理念而言，但对神的理念尤为恰当。因为，他一再强调在任何自然研究中绝不导致神学。宇宙论虽也产生二律背反的幻象，但与神的理念所产生的幻象是有区别的。二律背反由理性的自然追求或不适当的应用所产生，而神的理念的超验幻象则是"超自然的存在体"这一假想本身引起的。因此，镜像错觉的比喻可以说是专为"神"而设定的。

从"超自然的存在体"镜像错觉的比喻来看，康德关于"超验幻象"这一论述，形象而深刻地揭示了神的理想，其实正是人的理性的化身，是人本身在自然之镜中所反射出来的影像。我们说，把镜面中自己的影像当作实像，犹如水中捞月，当然是一种错觉。然而，这种错觉之所以产生，恰与人的主观追求相关，因而难以避免。简而言之，是人自己造成了神的幻象。

康德说："这种假象的产生，是由于我们把我们思维的主观情况，当成事物本身的客观情况了，把为了满足我们的理性之用的必要的假设，当成一个信条了。"③

到此为止，康德已经相当明白地表达了是人制造了神，而不是相反。应当强调，康德反复论证，不论从什么途径，我们都不可能得到关于神的知

---

① 康德：《任何一种能够作为科学出现的未来形而上学导论》，庞景仁译，商务印书馆，1978年版，第 135 页。

② 康德：《纯粹理性批判》，蓝公武译，商务印书馆，1960 年版，第 458 页；韦卓民译，华中师范大学出版社，2000 年版，第 565、566 页。

③ 康德：《任何一种能够作为科学出现的未来形而上学导论》，庞景仁译，商务印书馆，1978年版，第 135 页。

识。因而，他对神学理念的批判的结论是，理性可以"深入到自然的秘密的最深处，但是绝不飞翔到自然的限度以外，对我们来说. 在此之外无非是空洞的空间"①。不难看出，康德用他的全部批判，把神逐出了自然界之外。既然神不可能成为知识的对象，那么就让我们把它仅仅当作一个假想的东西加以信仰吧。何况，这个假设在道德实践中还是相当必要的呢！

第一个拉丁神父德尔都良（Tertullian，145—220）的论点是：正因为荒谬，我才信仰。或唯其不可能，我才相信。康德的论点是：正因为错幻，我只能信仰。或唯其不可知，我才相信。这大概就是康德"为信仰留下位置"的真意吧。从形式上看，历史走过了1500多年的时间，从原始的信仰到近代的信仰，似乎又回到了原来的起点。然而，从内容上看，上帝再也不是最高的统治者，而降格为仅仅是一个道德监护者了。

应该说，康德对传统神学的批判的最大功绩就是，将"神"严格囚禁在道德生活领域。所谓超验"镜像"的隐喻就是：第一，在镜子之外，上帝实有其原型，即人的理性，这包含着费尔巴哈"上帝是人的异化"的胚芽。第二，上帝作为镜像，只是想象的焦点，虚幻的"存在"，对数学和自然科学，毫无用处。正如拉普拉斯所说，"不需要这个假说"。笔者曾经指出："康德对科学和信仰的这种划分，有力地促进了近代科学的发展，使得从事实验研究和理论探讨的科学家们，不再在上帝存在和灵魂不死的信仰问题上浪费时间；同时，也使得论证信仰重要性的神学家们，无权再干预科学研究的事务。今天看来，康德的哲学批判，对现代中国的科学的发展仍然没有失去教益"②。

五、对"上帝存在"命题本身的批判

历来对神学的批判，多半是针对其论据（如拟人观）而非命题本身，因而这种批判远不足以从根本上动摇神的权威。有鉴于此，康德与他的前人和同时代的人都不相同，对神学命题本身，即"上帝存在"这一大前提，从神

---

① 康德：《纯粹理性批判》，蓝公武译，商务印书馆，1960年版，第491页；韦卓民译，华中师范大学出版社，2000年版，第602页。
② 钟科文、杜镇远：《走出无知的迷宫：现代迷信分析》，社会科学文献出版社，2000年版，第194页。

学思想体系内部，进行了系统的、总结性的批判。他对支配人们头脑达千年之久的自然神论的证明、宇宙论的证明和本体论的证明，一一进行了剖析，并且始终抓住这些证明的大前提不放，进行了有理有据的驳斥。康德写道："'是'（sein，又译"存在"、"有"等）显然不是什么实在的谓词；即不是有关可以加在一物的概念之上的某种东西的一个概念。它只不过是对一物或某物规定性本身的肯定。用在逻辑上，它只是一个判断的联系词"。"总括起来说：'上帝存在'，或者'有一个上帝'，那么我对于上帝的概念并没有设定什么新的谓词"，"并没有把更多的东西添加到这个仅仅表达可能性的概念上去"①。所谓存在，在逻辑上只是判断的联系词，不能表示主词的实在样态。因此，从逻辑上说，断言"上帝存在"和"上帝不存在"，都能够成立。仅凭纯概念的逻辑推论，并不能证明"上帝"实际上就存在。从语用（义）上分析，将"存在"当名词用和当动词用，含义大不相同，应当把 Being 的两重含义，即名词 existence 和动词即仅作联系词用的 is 区分开。

关于 Being 的翻译问题。斯密本 504 页："'Being' is obviously not a real predicate;"这里的"Being"用引号括起来，显然是作专门名词用，而不能仅仅译为"是"。紧接着在解释"是"作动（系）词用时，505 页："The small word 'is' adds no new predicate;"专门指明是小写的"是"，以与作为名词的 Being 相区别。②

因此，在康德看来，所谓"上帝存在"，不论如何解释或论证，要么是毫无内容的同语反复（分析判断），要么是不能成立的综合判断。因为，如果作为综合判断，系词"是"并没有在主词（God）之上给它增加一丝一毫新的东西，显然是说不通的，得不到逻辑的支持。

康德认为，本体论证明中一个"挖空心思"、"几乎不可纠正的"、无聊的诡辩就是"混淆逻辑的谓词和实在的谓词（即一物的规定性）"③。逻辑的

① 康德：《纯粹理性批判》，蓝公武译，商务印书馆，1960 年，第 486 页；韦卓民译，华中师范大学出版社，2000 年版，第 597 页。康德：《康德三大批判精粹》，杨祖陶、邓晓芒编译，人民出版社，2001 年版，第 242-243 页。

② 康德：《纯粹理性批判》，N. k. Smith，英译本，1929 年版。

③ 康德：《纯粹理性批判》，蓝公武译，商务印书馆，1960 年，第 430 页；韦卓民译，华中师范大学出版社，2000 年版，第 535 页；康德：《康德三大批判精粹》，杨祖陶、邓晓芒编译，人民出版社，2001 年版，第 242 页。

谓词，可以是人们所欲望的任何东西，从最近视的功利性对象到最荒唐的梦想，均可用小写的"是"把它表示出来，如活的救世主等。而实在的谓词，则必须实有所指，从最简单的几何图形到最深奥的科学前沿问题。例如，科学家现在尚未在实验中探测到的"反物质"等。前者只表示一种概念的可能性，后者则必须是一切可能的经验对象。本体论证明中所谓的"存在"，故意混淆了仅为逻辑可能的谓词和实在的事物；把幻想当作现实，显然是最具欺骗性的混淆。神学家靠这种逻辑混淆给"上帝"披上了一件"理性"的外衣，教人们顶礼膜拜。康德撕破了这件外衣，使人们看明白了：上帝原来不过是他们心目中的一个虚拟的偶像，即所谓的"超验幻象"！康德对"上帝存在"这一命题的批判，有两个鲜明的特点。

第一，应用了批判归谬法。历来正统神学对这一命题的论证属于康德指谓的分析判断，即从主词中推断出宾词。历来的反驳（批评）者也多围绕其论据（如完满性似乎包含实在性等）打转。而康德则对"上帝存在"这一命题本身，设置了一个二难推理："这个命题例如说是一个分析命题还是一个综合命题？如果它是分析命题，那么……这无非是一种可怜的同义反复。""相反，如果你承认……任何一个实存性命题都是综合的，那么你如何还会主张实存的谓词不可以无矛盾地被取消呢？"①

"一个概念的不可能性，它的逻辑标志就在这一点上，即假如我们以它为前提，则互相矛盾的两个命题都是错误的；从而，既然在二者之间想不出一个第三者来，那么通过那个概念，是什么也想不出来的。"② 上帝作为"最高实存的存在者（ The concept of the ens realissimum）"就是这样的一个概念。通过这个概念，人们什么也弄不明白。

第二，康德的批判指向命题的一切证明，而不是孤立地批判"上帝存在"的某一论证。就是说，将证明的所有形式捆到一起进行总体性的批判。不论宇宙论"绝对必然客体"的证明，还是自然神学终极因、第一推动者的证明，都不过是改头换面的本体论证明，即由上帝的理念（概念）推论上帝

---

① 康德：《纯粹理性批判》，蓝公武译，商务印书馆，1960年，第432页。
② 康德：《任何一种能够作为科学出现的未来形而上学导论》，庞景仁译，商务印书馆，1978年，第125页。

的存在，实际是从前提到结论的一种循环论证。"所谓宇宙论证明可能具有的任何说服力，其实都是得自从纯然概念而做出的本体论证明。"① 而自然神学的证明自经验出发，企图证明有一至高的绝对总体，但当其面临着困难的时候，"就退回到宇宙论的证明去；而且既然宇宙论的证明只是一种改头换面的本体论证明，实际上只是通过纯粹理性而达到它的意图"②。很清楚，"关于一个原始的或最高的存在者的存在的证明，是依据宇宙论的证明的，而宇宙论的证明又是依据本体论的证明的。既然除了这三种证明以外，再没有其他途径，那么，从理性的纯粹概念而推演的本体论的证明，就是唯一可能的证明了"③。

"启蒙"从认知即理性批判上讲，就是将大众从神学大前提的蒙蔽中开导出来。以"上帝存在"这一最高神学命题为中心支柱所撑起的一块巨大的黑色帐篷，把人的理智笼罩、囚禁在里面，使人看不到任何自然理性之光。只有揭开这一层幕罩，人的理智才能得到解放。过去如此，现今亦然。当大批的人们，陷入某种错误的大前提，如崇拜某种活着的教主的迷雾之中时，就需要用理智的批判，使他们突破活人迷信的笼罩，砸碎迷信的大前提。只有从内部揭穿这类所谓不可怀疑的"绝对真理"，指明其大前提的错误，才能使人们的思想真正得到解放。

总之，康德对"上帝存在"命题本身的批判，是自安瑟尔漠（Anselm of Canterbury，1033—1109）提出本体论的证明以来，对传统神学的一次总结性的批判，其论证之严谨，批判锋芒之尖锐，显然是前所未有的。这种对传统神学的大前提的批判，应该说对神权思想体系的冲击是毁灭性的。其所以如此，正在于他从神学体系内部抓住要害引起了爆破，实现了对一种长期占统治地位的思想体系（而不仅是个别论据、观点等）的真正超越。这是一次极其成功的"扬弃"，一种思想领域内的翻天覆地的革命。只有内在的批

---

① 康德：《纯粹理性批判》，蓝公武译，商务印书馆，1960年，第435页；韦卓民译，华中师范大学出版社，2000年版，第540页。

② 康德：《纯粹理性批判》，蓝公武译，商务印书馆，1960年，第448-449页；韦卓民译，华中师范大学出版社，2000年版，第555页。

③ 康德：《纯粹理性批判》，蓝公武译，商务印书馆，1960年，第449页；韦卓民译，华中师范大学出版社，2000年版，第556页。

判，才是不可逆转的克服。只有对体系本身的摧毁，对大前提本身的批判，才算得上是思想上真正意义上的革命性进展。应该强调，对于一种长久影响支配人们精神生活的社会思想，不能靠简单地撇在一旁的办法解决问题，消除其影响，也不会只靠外部的批判就能战胜（摧毁）。唯有康德这种对神学的内在的批判才是唯一的出路。就此而言，难道不可以说，康德对传统神学的批判，为人们正确地对待本民族的传统文化，树立了某种范例，提供了顿开茅塞的启示吗？试想，国人对"天尊地卑"、"君君臣臣"的那一套，何曾有过康德式的批判呢？以至于，社会急剧转型的今天，这些旧时代的思想垃圾，还在深深地束缚我们的民族精神和文化发展，这就不足为奇了。

上述解读如能成立，那么，可以进一步讨论的是：康德对神学的批判，在近代启蒙思想进程中，特别是在近代无神论思潮的发展中，处于何种地位？发挥了什么影响？对此笔者将另文加以撰述。

康德对广义无神论思潮发展的贡献[*]

康德对传统神学的批判是近代启蒙思想的一项标志性成果,这一批判是从攻破传统神学关于神的理念的逻辑大前提开始的,从而表明"神"的理念在理性范畴内的某种必然性,以及在现实生活中的虚幻性。笔者曾经对康德这项成果进行过深入的解读[①],认为,康德对传统神学的批判是一次极其成功的"扬弃",一种思想领域内的翻天覆地的革命,这种内在的批判,这种对体系本身的摧毁,对大前提本身的批判,才算得上是思想上真正意义上的革命性进展,并且唯有康德这种对神学的内在的批判才是唯一的出路。基于这种认识,可以进一步讨论的问题是:康德对神学的批判,在近代启蒙思想进程中,特别是在近代无神论思潮(也可称为"广义无神论思潮")的发展中,处于何种地位?发挥了什么影响?

"广义无神论思潮"这一表述是与"狭义无神论"相对的提法,它指在内容上或本质上主张无神论的一切形式的思想体系或理论观点,而"狭义无神论"主要是指公开的无神论,如通常人们所指的 18 世纪法国无神论者或"百科全书派"。思潮具有时代性。正所谓"时代潮流,浩浩荡荡,顺之者昌,逆之者亡"。只有实质内容相同,表现形式各异的思想理论联结在一起,才能形成一股冲决罗网,不可抗拒的强大力量。澄清这一表述,有助于我们将康德对神学的批判与他的前人和同时代的人加以比较,从历时性和共时性

---

* 原载于《北京电子科技学院学报(社会科学版)》,2004 年 3 期。

① 杜镇远:《解读康德对传统神学理念的批判》,黄海学术论坛(第 4 辑),上海:三联书店,2004 年。

相结合的角度，对其在近代启蒙思想发展中的影响（和地位）加以评估和探讨。这一评估包含下述几点：

（1）以人的理性为中心（尺度标准），对"超自然存在体"的全面、深入的批判。"超验幻象"中，既有培根的影子，也有斯宾诺莎的脉络（"限制即否定"）。与霍布斯、斯宾诺莎对比，开辟了神学批判的新方向，实现了神学批判的"哥白尼式的革命"，将对神的批判提高到了新的水平（层次）；

（2）出于休谟而胜于休谟：从怀疑论到批判神学；

（3）与法国无神论者并肩而行：与卢梭和霍尔巴赫相比较，同中有异，各有长短，相互补充；

（4）卢梭和狄德罗、霍尔巴赫：一段令人深省的历史教训；

（5）对独断论思维方式的决定性批判。

一、神学批判的"哥白尼式革命"

近代早期，西方哲学家们对"神"的批判，多着眼于客体，即从客观自然界方面，揭露和批判"神"的虚妄。康德则与前人不同，从一个相反的视角，即从人的主体认识能力方面，来分析和论证上帝观念之不可能，从而实现了历来神学批判上的一次"哥白尼式革命"。以康德的批判和 17 世纪的霍布斯与斯宾诺莎对比，可以清楚地看出，这一批判视角的转变，将早期的神学批判推进到一个全新的高度，并且开辟了一种新的视野和境界，指明了从近代启蒙思想通向现代无神论的道路。

霍布斯指出，实体的唯一属性是广延性，所谓精神实体并不具有广延性，因而，作为精神实体的神是一个自相矛盾的概念。"'无形的实体'就是胡说。"[①] 斯宾诺莎强调，实体是物自因。"我把实体理解为在自身内并通过自身而被认识的东西。"[②] 因而，没有超自然的神。

不难看出，霍布斯和斯宾诺莎都是从客体角度或从物质的自然界本身，

---

① 罗素：《西方哲学史》，北京：商务印书馆，1976 年版，第 70 页。
② 北京大学哲学系外国哲学史教研室：《西方哲学原著选读》（上卷），北京：商务印书馆，1981 年版，第 415 页。

来否认有神的观念；而康德在指认神为"超验幻象"的论述中，却着重继承了培根批判"偶像"的认识论传统，以及斯宾诺莎"一切限制即是否定"①的论证，强调从人的认知能力，即理性的能力方面，神存在的理念是不能成立的。

他指出："我们对于一切存在的意识……都是完全属于经验的统一性的。任何在这个范围以外而当作确定着的存在，虽然我们不能够断言为绝对不可能，但也是属于假定性质的，而我们永远不能通过任何东西来证明这种假定是正当的。"②

更值得注意的是，康德在开头专论"超验的理想"，即神的理念那一节的附注中写道："天文学家的观察和计算，已经教导了我们许多可惊奇的东西；但是他们给我们的最重要教训就是揭示我们无知的深渊，没有他们的教训，我们绝不会想到我们这么极端的无知。反省如此揭示出来的无知，在我们对我们的理性所应使用的目的估计中必定会产生很大的变化。"③

这是什么意思呢？康德以天文学为例，教我们反躬自身，从评估我们理性所应趋向的目的的角度，即从理性认知趋向的视角，重新审视关于神的理念。并且预言，果若如此，我们历来对"上帝存在"的看法，定会发生极大的变化。事实上，在往下的论述中，他正是沿着这样的思路，从方方面面，揭示了神的理想之虚妄。

应当指出的是，康德从主体能力的考察，对一切神学理念的批判，这一方向在费尔巴哈、在尼采、弗洛伊德，特别是海德格尔和萨特的无神论思想的论述中得到了十分鲜明的体现和丰富多彩的巨大发展。不论是从人的本质异化，从"潜意识"来追踪原始宗教的起源，还是从探讨人的所谓"本真状态"的存在对有神论的批判，都不难看到康德首倡的以人为基点或旋转轴心对神的理念的批判的明显影响。就此而言，康德在神学批判领域实现的"哥白尼式革命"、正如他在古典认识论的广阔领域实现的革命一样，确实开启了从近代通向现代神学批判的大门。详述这一论题，远超出了本文的范围，

---

① 北京大学哲学系外国哲学史教研室：《西方哲学原著选读》（上卷），北京：商务印书馆，1981 年版，第 416 页。
② 康德：《纯粹理性批判》，蓝公武译，北京：商务印书馆，1960 年版，第 537 页。
③ 康德：《纯粹理性批判》，蓝公武译，北京：商务印书馆，1960 年版，第 520 页。

只好就此打住，点到为止了。

二、出于休谟而胜于休谟

康德对神的理念即对神权的批判，可以说直接受益于休谟对因果性的批判。正如康德指出的，即使在原始的多神教的信仰中，也包含了因果性范畴的萌芽。自然，休谟对因果性的怀疑论的立场，不能不促使康德去进一步思考在一神教的理念中，究竟有什么站得住的理性（逻辑的）根据。"我坦率地承认，就是休谟的提示在许多年以前就打破了我教条主义的迷梦，并且在我对思辨哲学的研究上给我指出来一个完全不同的方向。"[1]

就对神的批判而言，康德充分肯定了休谟的贡献。休谟关于"至上存在体这个概念是人们做成的"，这一论点康德认为非常重要。它实际上在一切通常情况下都是驳不倒的。然而，康德毫不含糊地指出，休谟对神的理念的攻击"是软弱无力的"，它只驳斥了神学的证明的论据，如拟人观，而丝毫没有触及神学所主张的命题本身。[2]

康德对神的批判显然胜过休谟对神的怀疑。简而言之，有以下三点：

第一，在态度上更鲜明、坚决。休谟为避免教会方面的迫害，生前始终不敢出版他自己十分看重的《自然宗教对话录》。而康德，尽管也面临更加严重的宗教迫害的威胁，却敢于公开在自己的重要著作《纯粹理性批判》中，态度鲜明地否认"上帝存在"的命题本身。这种对最高教条的鲜明抨击丝毫没有休谟那种躲躲闪闪，"犹抱琵琶半遮面"的样子。

第二，理论上更全面、深刻。休谟的《对话》尽管对现行宗教利用迷信和狂热这两种手段造成的危害进行了机智的揭露，但从理论深度说，只限于抨击宗教教条的某些现象和论据，（如神迹和拟人观）并没有根本抓住宗教命题的要害。而康德的批判，则更带有理论上的严谨性和系统性，并且抓住了一切神学理念的根本。

---

① 康德：《任何一种能够作为科学出现的未来形而上学导论》，庞景仁译，北京：商务印书馆，1982年版，第9页。

② 康德：《任何一种能够作为科学出现的未来形而上学导论》，庞景仁译，北京：商务印书馆，1982年版，第146-147页。

第三，从追求的目标和效果上看，康德与休谟对宗教的批判，更大相径庭。休谟对宗教的怀疑，从特定角度看，是为了调和宗教和科学的冲突，追求的目标是两者相安无事；然而从结果上看，"它给科学却造成了一种特殊的混乱，使科学不能决定对理性究竟要依赖到什么地步，以及为什么只依赖到那个地步而不是更远一些"①。这是因为，休谟是立足于道德而不是科学来看待宗教，或者说，在他的整个思想体系中，道德学占有特殊优先的地位。他早在《人性论》中就说过："形而上学和道德学是最重要的科学部门，数学和物理学的重要性还不及它们的一半。"② 在康德心目中，只有科学的思维方法才是形而上学和道德的基础；因而，康德批判神的目标是坚决捍卫科学的疆域，顽强地给"神"划定一个不许逾越的界限。这一点常常被人误解，甚至是完全给颠倒了。

　　一般人常误以为康德为理性设定界限真是为了给上帝留出地盘，而给科学研究划定某个终点。其实刚好相反。康德在"关于纯粹理性的界线规定"中写得很清楚："在数学和自然科学里，人的理性固然承认有限度，然而绝不承认有界线；换言之，它承认在它以外固然有某种东西是它永远达不到的，但并不承认内在的（指'一切可能的经验领域'——引注）前进中将会终止于某一点上。数学上知识的扩大和不断新发明的可能性，它们的前途都是无止境的；同样，通过连续的经验和经验通过理性的统一，我们对自然界的新性质、新力量和法则将不断得到发现，这种前途也是无止境的。"③ 那么，康德要限制的东西究竟是什么呢？这就是作为自然现象"最高的说明之用的东西"，如"非物质性的存在体"之类的上帝即神的理念。他写道："自然科学在它的形而下学的说明上也不需要这样的东西，甚至假如我们从其他方面给它提供出来像这样的根据（例如非物质的存在体的影响），它也必须拒绝接受，决不把这样的根据加到它的说明中去。它的说明永远要完全以能

---

① 康德：《任何一种能够作为科学出现的未来形而上学导论》，庞景仁译，北京：商务印书馆，1982年版，第139页。

② 康德：《任何一种能够作为科学出现的未来形而上学导论》，庞景仁译，北京：商务印书馆，1982年版，第7页。

③ 康德：《任何一种能够作为科学出现的未来形而上学导论》，庞景仁译，北京：商务印书馆，1982年版，第141-142页。

够作为感官的对象而属于经验，并且按照经验的法则被连接到我们实际知觉上去的东西为根据。"① 一句话，坚决不许上帝涉足任何数学和自然科学的领域。康德对神的批判这样说了，也这样做了。神即上帝永远停留于、被限制于完全未知、永远也不可知的界域②。

三、康德、卢梭和法国无神论者

康德与卢梭在批判专制神权，揭露教权人士伪善的大方向上是一致的，与法国无神论者更有与大前提（否认神的超自然存在）相同的理论同盟的关系。他们的相异，只在批判的激烈程度、表现形式有所不同。从思想战线的广阔背景上看，尽管他们在理论上（对神的看法）有某种分歧，但在反对封建专制的神权主义上，立场是共同的。

这里，我们感兴趣的是康德的这样一个论点：逻辑不能证明上帝存在。这个论点，给无神论以广阔的存在空间。"如果我们说，'没有上帝'，那就既没有全能、也没有它的任何一个别的谓词被给予；因为它们已连同主词一起全都被取消了，而这就表明在这个观念中并没有丝毫的矛盾。"③ 因为，逻辑对有神论和无神论是一视同仁的。既然有神论不可证明，那么无神论充其量，至多也无非是不能证明而已。无神论的存在，同样应当是逻辑允许的。虽然他没有明白地说出这点，更没有发挥。而且在环顾四周后，他仍然在道德领域给神留下了一块立足之地。然而，在道德实践领域，康德亦如在理论领域，"扬弃知识、抬高信仰"，恰好成了"抬高人，贬低神"。

1. 康德与卢梭

卢梭是个非常感性的人。"我生来就有一个感情外露的灵魂。"④ 他的挚友休谟曾说过："他（指卢梭——引注）在整个一生中只是有所感觉……他

① 康德：《任何一种能够作为科学出现的未来形而上学导论》，庞景仁译，北京：商务印书馆，1982 年版，第 142 页。
② 康德：《任何一种能够作为科学出现的未来形而上学导论》，庞景仁译，北京：商务印书馆，1982 年版，第 144 页。
③ 康德：《康德三大批判精粹》杨祖陶、邓晓芒编译，北京：人民出版社，2001 年版，第 240 页。
④ 卢梭：《忏悔录》，范希衡译，北京：人民文学出版社，1990 年版，第 530 页。

好像这样一个人,这个人不仅被剥掉了衣服,而且被剥掉了皮肤,在这种情况下被赶出去和猛烈的狂风暴雨进行搏斗。"① 尽管理论上他持自然神论的观点,但他却对教会的伪善进行过淋漓尽致的抨击和揭露。其名著《爱弥尔》因为敢于公然否定启示和地狱(见该书第四卷《一个萨瓦牧师的信仰自由》),曾使当局深感震惊。他还以上帝即所谓"自然之声"的名义宣称,一个牧师引诱未婚女子只不过是一种完全"自然的"过错,公然主张教会方面绝不能容忍的人的感情本能。

正是这本向正统教会宣战的《爱弥尔》,曾经深深吸引了康德,使他一连几天都没有按时去散步。据说,这是康德一生中很少有的,甚至是唯一的一回②。无须证明,这说明康德和卢梭在对待宗教的问题上存在着某种深刻的共鸣。理论上,康德很有说服力地批判了自然神论;然而,在道德实践中,却为上帝保留了一块领地。卢梭虽几度改宗教派,却始终保持了对神的信仰,而且,仅仅是在道德生活的范围。康德和卢梭,用不同的写作风格,共同批判了神权,在大方向上是完全一致的。他们的差别只在于,卢梭显得感性,而康德则以深沉见著;一个文笔生动,一个逻辑严谨。

2. 康德与法国无神论者

康德能否与法国无神论者相提并论,这个问题本来是很清楚的。黑格尔早就指出③,康德对上帝的态度与拉普拉斯"我不需要这个假设"是有内在联系。然而,这个本来清楚明白的问题,却被黑格尔的某个四传门徒搅得混乱不堪。他在批判"不可知论"时断言:世界上没有不可认识之物,只有尚未认识之物。还说,康德所谓"自在之物"就是"唯心主义"等④。这是最典型的独断论,也是对理论自然科学最无知的表现。令人啼笑皆非的是,20世纪50年代末到60年代初,为了某种政治需要,国人开展了一场所谓"思维与存在有无同一性"的大讨论。其中有一派坚持认为,肯定有同一性

---

① 罗素:《西方哲学史》,北京:商务印书馆,1976年版,第232页。
② 罗素:《西方哲学史》,北京:商务印书馆,1976年版,第247页。
③ 黑格尔:《哲学史讲演录》(第4卷),贺麟、王太庆译,北京:商务印书馆,1978年版,第255-256页。
④ 联共(布)中央特设委员会:《联共(布)党史简明教程》,北京:人民出版社,1975年版,第125-126页。

者是唯心论。闹了半天，究竟怀疑论、不可知论（休谟、康德是"罪魁祸首"）是唯心论，还是黑格尔的独断论是唯心论？仍然一塌糊涂，谁也莫名其妙。不得不指出的是，从自然科学的角度看，人类如果不能迁移到地球之外，总有一天要灭亡，到那时候，是否就不再有未被认识的事物呢？肯定还有。人类赖以生存的星球，最多也只不过是已知宇宙中的极其微不足道的一个颗粒。怎么能断言，"世界上没有不可认识之物"？显然，指责休谟，特别是康德的"自在之物"是什么"唯心主义"，岂不是黑格尔"绝对精神"独断论的拙劣翻版？说它拙劣，是因为黑格尔对康德批判"上帝"是充分肯定的。而他的四传弟子，对此却一无所知。

有人也许会问，把康德与法国无神论者放在一起，是否生拉硬扯，不着边际？笔者的回答是，完全不是这样。康德与狄德罗、霍尔巴赫、拉美特里等，不但对封建专制和神权的统治进行批判的（政治思想斗争）大方向一致，而且在批判神学的理论立场上，大前提也是相同的。这就是，他们都坚决否认"超自然的存在"。康德一再明确地表示，"超自然的存在者"是"完全不可能的"，是"不可捉摸的（uberschwengicher）存在者"①。并且，更重要的是，他对这种"超自然存在"的不可能性进行了前所未有的、全面系统的论证。而法国无神论者，如霍尔巴赫的《自然的体系》，全部论述的大前提，也正是否认"超自然存在"。他指出，"人们所设想的那些超乎自然或与自然有分别的东西，往往是些虚幻的事物"②。又说，"'神'这个观念"，只是"因为对自然不认识，人们才把它放在自然之外"③。

必须强调，从古到今，一切无神论的共同前提或基本立场，出发点都是否认超自然的存在。这一基本出发点，从德谟克里特、伊壁鸠鲁，中经卢克莱修，直到霍布斯、斯宾诺莎和法国无神论者，都是如此。而康德对"神"的批判的理论前提，也恰恰是这一点。在笔者看来，在否认"神"的存在这一大前提下，他和法国无神论者的区别只在下列几点：

第一，法国无神论者公开把自己的无神论立场宣布出来，而康德则迫于

① 康德：《纯粹理性批判》，蓝公武译，北京：商务印书馆，1960年版，第516页。
② 霍尔巴赫：《自然的体系》（上卷），管士滨译．北京：商务印书馆，1964、1977年版，第10页。
③ 霍尔巴赫：《自然的体系》（下卷），管士滨译．北京：商务印书馆，1964、1977年版，第19页。

情势，不敢公开宣布这一点。他只是在理论批判中，在逻辑论证的内容中，毫不含糊地坚持这一立场。就其表现形式和批判的激烈程度上，只能说康德是一个隐蔽的无神论者。

第二，在道德领域，法国无神论者坚持没有神的必要，坚持无神论者也可以是一个道德高尚的人。而康德则与他们存在明显的差别，认为可以允许"神"的存在。然而，即使在道德范围内，也应该看出，康德与法国无神论者只是有程度、色彩的差别，而不是根本不可调和的对立。因为，他们都强调尊重人的尊严和理性，否认神的暴虐统治。"人是自在的目的本身"，"他永远不能被某个人（甚至不能被上帝）单纯用作手段"①。

康德声明，他主张的道德神学与神学家的主张是根本不同的。"此非神学的道德论，盖神学的道德论包含以世界最高统治者之存在为前提之道德律。反之，道德的神学则为⋯⋯一种确信，此一种确信乃以道德律为基础者。"② 关于道德神学的翻译问题，斯密本 526 页："Not theological ethics，⋯⋯Moral theology，on the other hand."③ "反之"较为准确。在康德看来，道德律是第一位的，而神只不过是个道德行为的监护者。"康德关于道德的唯理论⋯⋯是与路德的教义不协调的"，因此，引起威廉二世国王的不悦，遭到当局的禁止④。

关于康德的道德神学还要说几句。从神学道德过渡到人权法制道德是一个艰难的过程。康德所处的时代，是神权向人权蜕变的社会转型期。他的道德神学是这一过渡期的特殊道德形态，形式是有神的，内容却完全是弘扬人道和人权的。神学仅仅是人权道德的外衣。他倡导道德神学正是为了批判和摆脱已经腐朽和堕落的神权道德。他的道德神学，肯定上帝作为道德实践监察者的必要性，主张道德应有所监督，这对于处在道德失范状态的社会，是有普遍借鉴意义的。试想，在旧道德濒于崩溃而新道德规范尚未确立的情况

---

① 康德：《康德三大批判精粹》，杨祖陶、邓晓芒编译，北京：人民出版社，2001 年版，第 380 页。
② 康德：《纯粹理性批判》，韦卓民译，武汉：华中师范大学出版社，2000 年版，第 451 页附注。
③ 康德：《纯粹理性批判》，北京：中国社会科学出版社，1999 年 12 月影印本。
④ 波林：《实验心理学史》（上册），高觉敷译.北京：商务印书馆，1981 年版，第 279 页。

下，正如陀思妥耶夫斯基和萨特所言，没有上帝，什么都是可能的[①]。在笔者看来，康德为道德设定"上帝"所包含的某种神学残渣固不可取，但他认为道德必需有效监督的思想，却是十分可贵的。因为，空谈道德，回避甚至抵制法制和道德监督，这种所谓的道德说教岂不是要退回到康德批判的那种已经腐朽的神权道德？而从实际生活看，一个法制残缺不全的社会，如无有效的制度和道德舆论监督，那种不着边际的所谓道德，只能成为道德沦丧的遮羞布，放纵一切腐败和恶行。一名因贪污腐败被判死刑的高官面对记者的提问："你相信'善有善报、恶有恶报'吗？"他毫无羞耻地回答："我是个无神论者！"须知，在近现代世界史上，只有神权道德破产和法制道德成功的先例，断无坚持神权道德说教的出路。

除此（以上两点）之外，从纯理论批判的深度来比较，霍尔巴赫等有机械论（如否认偶然性，人是机器等）、朴素经验论的局限，对产生神的根源分析有简单化的倾向，仅仅把神归结为无知的产物，而没有像康德那样看到主体理性自然趋向这一面，等等。简而言之，康德对神的理念的批判明显优于法国无神论的感性论。因此，笔者想强调的是，康德与法国无神论的区别，只在理论表现形式（经验论、唯理论）和激烈程度（公开还是不公开），以及局部范围的分歧（道德领域要不要设定神？）等次要的方面，而根本立场和前提是完全一致的。一句话，康德与法国无神论者大同小异。夸大他们的分歧，甚至将他们人为地对立起来显然是"只见树木，不见森林"的偏见。

《纯粹理性批判》属精英文化，《自然的体系》属大众文化。后者好像从远处炮轰神庙，前者犹如在神庙内供奉神灵的殿桌上放置的一包定向炸药，引线一经点燃，神像就再也不能显灵了。两相比较，各有长处。也许，殿堂内供桌前的炸药包对神像的毁灭，更具有决定性和准确性。它除了炸毁神像，还不至于破坏庙堂内的其他文物和艺术品。而仅从外部对神庙的炮轰，就只能将庙堂夷为平地，再也无法看到保存在庙堂内的其他任何艺术品了。有趣的是，霍尔巴赫男爵写出了平民能读得懂的《自然的体系》，而出身卑

---

① 萨特：《存在主义是一种人道主义》，周煦良、汤永宽译，上海：上海译文出版社，1988 年版，第 12 页。

微的康德教授却写出了连专业教授也难以读懂的《纯粹理性批判》。这是否是上帝故意恶作剧的一种"证明"呢？读者完全可以用自己的头脑去判断了。

依据上述论证，我们完全有理由认为，如果说休谟是个"羞羞答答的"（恩格斯）无神论者，而法国唯物论是公开的无神论者，那么康德对神的批判应该称为"隐蔽的无神论者"。既然自然神论"不过是摆脱宗教的一种简便易行的方法罢了"①。那么，为什么不可以说康德的"道德神学"只不过是隐蔽自己批判上帝的一件外衣呢？同在 18 世纪的西欧，由于国情不同，特别是民族文化传统的差异，才造成了无神论思潮这种表现形式的多样性。因为他们彼此间的多样性而否认其同一性，只能是一种简单化的片面看法（观点）。

四、卢梭和狄德罗、霍尔巴赫：一段令人 深省的历史教训

为了说明这一点，很值得研究一下卢梭和狄德罗、霍尔巴赫之间一段耐人深思的交往和纠葛。卢梭和狄德罗，原本是生死与共的挚友。两人都出生穷苦，对封建专制和社会不公有共同经历和相似感受。当狄德罗被迫害，遭监禁的时候，卢梭拼命为他奔走呼号；狄德罗出狱时，卢梭跑前跑后，特意到监狱外面同他热烈拥抱，友情不谓不深厚。然而，就是这样一对有共同理想和很深交情的朋友，后来却因为理论上的分歧而不幸分手。原因是，卢梭不能忍受霍尔巴赫的傲慢、不能平等待人，特别是将自己的观点强加于人及小圈子的做法；也不喜欢狄德罗过于爱好争论（偏激?）的气质。有兴趣的读者可以阅读《忏悔录》第八、九章。下面引录几段，供大家评析。

"由于霍尔巴赫夫人和蔼可亲，……只要她丈夫的那种粗鲁的态度还能忍受得了，我就忍着。但是有一天，他竟毫无道理、毫无借口、粗鲁万分地攻击我。当时狄德罗……一声也没有吭……霍尔巴赫的这种失态等于下逐客

---

① 中共中央马克思恩格斯列宁斯大林著作编译局：《马克思恩格斯全集》（第 2 卷），北京：人民出版社，1957 年版，第 165 页。

令，我终于走出了他的家门，决心不再回去了。"①

"我和百科全书派的人们往来，远没有动摇我的信仰，反而使我的信仰由于我对论争和派系的天然憎恶而更加坚定了。"②

"总之，哲学使我追求宗教的精髓，也就使我摆脱了人们用以壅塞宗教的那一堆垃圾般的毫不足道的公式。"③

"至于狄德罗，我不知道为什么，我跟他每次商讨，总是使我变得倾向于讽刺和辛辣，超过我的天性所能使我达到的程度。正是这一点，阻止我去请教他，因为在这部作品（指《政治制度论》，《社会契约论》就是从中抽出来的——作者原注）里我……不想留下一点一时的激昂和偏私的痕迹。"（着重点为引者加）④

"他们硬是要我依照他们的方式，而不是依照我自己的方式，去谋求幸福。"⑤

"我热切地爱狄德罗，由衷地尊敬他，并且我以彻底的信任，指望他对我也有同样的感情。但是，他那股不倦的别扭劲，专在我的爱好上、志趣上、生活方式上、在只与我一个人有关的一切事情上，永远跟我唱反调，真叫我讨厌。看到一个比我年轻的人竟然用尽心机要拿我当小孩子管教，我是很反感的。"⑥

以上这些足以说明，在政治立场相同和理论观点基本一致的人们相互之间，信仰的不同，观点的相异，只能通过平等地、自由地讨论来求同存异，绝不可以真理代言人自居强加于人。如若不然，只能适得其反，只能是令亲者痛仇者快的事情。卢梭与百科全书派的这段交往的历史插曲，极具典型性，特别值得从思想理论上加以总结，观今鉴古，吸取其深刻的历史教训。卢梭与狄德罗、霍尔巴赫绝交，从后者方面看，是否有自以为是、盛气凌人的问题存在呢？至少从卢梭的指控看（《忏悔录》），是不能排除绝对论这一

① 卢梭：《忏悔录》（下卷），范希衡译，北京：人民文学出版社，1990 年版，第 481 页。
② 卢梭：《忏悔录》（下卷），范希衡译，北京：人民文学出版社，1990 年版，第 488 页。
③ 卢梭：《忏悔录》（下卷），范希衡译，北京：人民文学出版社，1990 年版，第 489 页。
④ 卢梭：《忏悔录》（下卷），范希衡译，北京：人民文学出版社，1990 年版，第 505 页。
⑤ 卢梭：《忏悔录》（下卷），范希衡译，北京：人民文学出版社，1990 年版，第 523 页。
⑥ 卢梭：《忏悔录》（下卷），范希衡译，北京：人民文学出版社，1990 年版，第 567 页。

点的。只要摆脱人为的门户偏见，难道康德对神学的批判，休谟的《对话》、卢梭的《忏悔录》等，不可以与法国无神论的著作一起，当作批判有神论和专制主义的启蒙教材吗？须知当今社会转型是包含反对封建迷信这一现实任务的。

五、对独断论思维方式的决定性批判

行文到此，我们可以将这一部分略微小结一下。批判绝对论，是康德《纯粹理性批判》，特别是他对"神"的批判给我们最大的启示。这里讲的"独断论"和"独断论思维方式"是按康德的原意用的，需要略加解释。笔者认为，"独断论"就是把某种观点绝对化，如后来黑格尔自称为"绝对唯心论"的绝对论。照康德解释，"绝对的这个词"是"指某物在一切关系上（无限制地）有效（例如说绝对的统治）"①。并且指出，"我将把绝对的这个词在这种扩展了的含义上来使用"。"我希望"，"这对于哲学家也不会是无所谓的事"。

至于"独断论的思维方式"，笔者指的是康德所批判的"本体论证明"那种从概念的可能性推论到实在的可能性的推理形式或思考问题的方式，即不问大前提对不对，只套用亚里士多德的三段论形式推出"上帝存在"这种不合逻辑的结论。应该说，这种由本体论证明而形成的特有的独断论的思维方式连同"上帝存在"这一典型的独断论的命题，是专制制度，也就是康德说的"绝对的独裁政治"的精神支柱和人间帝王的脊梁骨。康德对"上帝存在"的致命性批判，等于摧毁了专制政治的精神支柱；对本体论证明错误的揭露，等于折断人间帝王的脊梁骨。只要这个世界上还有专制制度和独裁政治存在，康德这一批判就不只是历史上的一座丰碑，而且在现实生活中将保有充分的价值。

这要从"纯粹理性理想"，即上帝理念在"先验辨证论"，特别是在辨证推理中所占的位置讲起。灵魂、世界和上帝三者，处在理性认识阶梯的不同

---

① 康德：《康德三大批判精粹》，杨祖陶、邓晓芒编译，北京：人民出版社，2001 年版，第 208 页。此处蓝公武译本 259 页和韦卓民译本 337 页均为"例如绝对的独裁政治"。

等级，并非简单并列的关系。康德在"先验理念的体系"一节中特别指出，按分析的顺序乃"自心灵论进至宇宙论，复由宇宙论进至神之知识"。按综合的顺序则为"神、自由、灵魂不灭"。"有关自身（心灵）之知识进至世界之知识，更由世界之知识进至存在本源，实极自然，有类理性自前提至结论之逻辑的进展。"① 上帝理念处于认识的终端或纯粹理性金字塔的顶点。心灵属人，世界属物，唯有上帝才是绝对真理的化身。它是柏拉图理念的原型，又是莱布尼茨必然真理的代称。康德明确指出，"人类理性不仅包含有理念，且亦包有理想"，"我所名为理想者似较之理念去客观的实在更远"②。因此，作为上帝的理念与通常对应于"我思"的心灵和对应于"世界"的物自体的含义是各不相同的。辨证推理在心理学和物理学范围内引起的问题或导致的结果也各不相同。在心理学范围内必陷入谬误推理（如灵魂不死）。康德特别指出，若干哲学家，如孟但森（Mendelssohn）自以为能"了解死后思维之可能性，"这是极荒谬的。设想"儿女之心灵，即以为双亲之心灵……之力学的分割以产生儿女之心灵，而此等双亲之心灵则由于与同一新的质料相融合，以补偿其所损失。我实不能容认此种妄想有任何用处及效力"③。"'心灵永存'仍未证明，且实为不可证明者。"④ "心非种种不同时间中之无数不同者，而乃同一之主体。"⑤ 心理学和物理学相对应，"为内感的自然科学"⑥。在物理学范围内只会陷入悖论或二律背反。唯有在神学范围内才必导致镜像那样的超验的幻象，出现根本不可能成立，或自相矛盾的判断（或命题）。与前两者的区别在于，它不是一种推理，而只是一个判断、一种信仰。

康德在全部"纯粹理性的理想"，即上帝理念整章中论述的是，"上帝存在"这一命题的不可能性或不可论证性。从知识论说，数学和自然科学是逻辑推论的大前提，从神学说则反是。全部知识论的总结论是：上帝不可能存

① 康德：《纯粹理性批判》，蓝公武译，北京：商务印书馆，1960 年版，第 345-346 页，康德：《纯粹理性批判》，韦卓民译，武汉：华中师范大学出版社，2000 年版，第 266 页。
② 康德：《纯粹理性批判》，蓝公武译，北京：商务印书馆，1960 年版，第 515 页。康德：《纯粹理性批判》，韦卓民译，武汉：华中师范大学出版社，2000 年版，第 412 页。
③ 康德：《纯粹理性批判》，韦卓民译，武汉：华中师范大学出版社，2000 年版，第 278 页。
④ 康德：《纯粹理性批判》，韦卓民译，武汉：华中师范大学出版社，2000 年版，第 272 页。
⑤ 康德：《纯粹理性批判》，韦卓民译，武汉：华中师范大学出版社，2000 年版，第 371 页。
⑥ 康德：《纯粹理性批判》，韦卓民译，武汉：华中师范大学出版社，2000 年版，第 304 页。

在。无论怎么论证，都不可能给人类带来任何知识。这一点，与心理学的谬误和物理学的悖论，是完全不同的。在后两种情况下，理性总还能得到某种知识，虽然是背误的知识，而在上帝理念的情况下，则仅仅是知识的不可能性。在自然科学（心理学和物理学）范围内，"我（思）"和"物自体"均有现象可循，唯独上帝仅为思辨所设定，不表现为任何可能的经验（现象）。很明显，否认上帝的可证明性，就是推翻1000多年统治人们头脑的绝对真理。也就是说，人们（理性）尽管可以设定绝对真理，但却根本不可能理解也永远不会达到它。笔者认为，对绝对论的思维方式的这种批判，其猛烈程度，其摧毁力莫过于此了。既然，作为绝对真理化身的"上帝"不是知识论的课题，不可能成为理论知识的对象，那么，任何宣称或自命为掌握了唯一的绝对真理的说教，就只能是妄谈了。正因如此，海涅高度赞扬说，康德在天国杀死了上帝。换句话说，就是知识论或认识论的绝对论或独断论的思维方式是根本错误的。笔者认为，康德全部《纯粹理性批判》，特别是最后这一部分针对上帝理念的集中批判，最具启发性，对后世影响深远的含义就在这里。上帝就是纯粹理性中这样一个"绝对的"存在理念。推翻这一绝对理念，正是批判思维方式的本质目标所在。

然而，不幸的是，康德批判的这种绝对论思维，在黑格尔的"绝对精神"体系中达到了顶峰。这种绝对论，自以为完成了绝对真理，宣布自己的体系就是可知的"上帝"，即最完满的智慧。这是黑格尔神秘主义的集中表现，是从康德批判"上帝"的明显倒退。至今，这种绝对论思维，还是深深禁锢许多人的头脑。正唯如此，笔者认为，认真解读康德批判"神"的深意，仍然是摆在人们面前一项不容回避的课题。诚如波恩（M. Born，德国物理学家、诺贝尔物理学奖获得者）所说："相信只有一种真理而且自己掌握着这个真理，这是世界上一切罪恶的最深刻的根源。"[①]

---

① M. 波恩：《我的一生和我的观点》，李宝恒译，北京：商务印书馆，1979年版，第97页。

文化的内在冲突 *

  若干年前，美国哈佛大学奥林战略研究所所长塞缪尔·亨廷顿发表了轰动一时的《文明冲突论》（1993 年）。后来，他又在《文明的冲突与重建世界秩序》① 一书中，重申了他的观点。他认为，文化的冲突在今后世界中将取代政治、经济冲突，成为国际事务的核心，而非西方文化，特别是儒教文化和伊斯兰文化与西方文化的对抗将"主导未来的全球政治"。他断言，"人类历史上最持久而且最暴戾的冲突，皆因文化歧异而生"②。

  亨廷顿的这种文明冲突论，夸大不同文化差异的影响，为了粉饰大国霸权主义而煽动狭隘的民族主义情绪，受到了国内外学者广泛的批评。人们的批评，主要集中在文化与政治、经济的关系方面，也涉及西方文化和包括中华文化在内的东方文化的相互关系。对于各种文明的内在冲突，即文化发展的共同性问题，却没有加以注意。这一论题，虽为亨廷顿所不愿涉及，但对于人类文明的未来发展，却至关重要，不可忽视。因为，不论东方文化还是西方文化，作为人类文明的共同财富，既有其不同的传统和差异，更有其与政治、经济密切相关的内在发展规律。在一个地球村变得越来越小的世界上，文化传统差异的影响远没有人类面临的未来挑战那么重要。这就是，文明与愚昧、科学与迷信的冲突远远超出语言文字、历史传统、生活习俗等造成的地域的、民族文化的差异。西方有西方的传统宗教和新兴的宗教，中国

---

 * 原载于《当代思潮》，1997 年 4 期。

 ① 美国《外交》杂志，1996 年 11-12 月号。

 ② 中国台湾《中国时报》1993 年 6 月 22-25 日。

有中国的伦理传统和迷信群体。在现代世界上，不同文化交往之间的摩擦和冲突远不及科学思想和神秘主义之间普遍对立和冲突的重要和深刻。在每一种文明的内部，都贯穿着理智和野蛮、理性主义和信仰主义的尖锐矛盾。

近些年来，以宣传各种神异信仰为内容的读物在我国颇为流行，甚至畅通无阻。这种情况，引起了人们的广泛关注和深切思考。从日本奥姆真理教、北美和西欧人民圣殿教的惨剧，到国内种种非法宗教迷信群体的作为，对社会精神生活造成的灾难性影响，不亚于毒品走私和犯罪。据不完全统计，1994 年 2 月，仅北京的一些书店和书摊上，充满迷信内容的读物就达225 种，其中，大学和科技出版社及省人民出版社正式出版的占 1/3 以上。有学者指出，这是"一种文化倒退的现象"①。

为什么新中国成立初期几近绝迹的迷信读物会如此泛滥成灾？为什么趋向宗教的浪头滚滚而来？从深层文化心理上看，我们缺少近现代科学文化的传统，是一个重要原因。一方面，在社会急剧变革过程中，一些人对巨大的社会变革缺乏科学的认识，感到难以掌握自己的命运，从而祈求某种神灵的保佑；另一方面，在我们的传统文化中，深藏着许多超自然的迷信思想，可以作为习惯的心理凭藉。可见，解决这种深层文化心理的信仰问题，最根本的出路是提高全民族的科学文化素质，使科学思想深深植根于民族文化意识之中，引导人们向前看。从这个意义上讲，这是一场文化心理的真正革命，是几千年传统文化定势的深刻转型和伟大创新。唯有在现代科学基础上实现这种文化转型，才可能带来中华文化的全面振兴。

在一个以农民为主体的国家，存在着种种迷信观念，本来不足为奇。问题在于，某些党政领导干部，一些知识分子也参与或支持各种迷信活动。问题更在于，有人将现代科学革命和传统文化的复旧混为一谈，甚至将古代文化中的神秘主义视为国宝，盲目地加以颂扬。因此，科学工作者、理论工作者和新闻媒体及广大的知识文化界，不能不在破除神秘主义、信仰主义的启蒙事业中，担当起义不容辞的社会责任。

一个民族想要走在现代文明的前列，一刻也不能没有科学思想的武装。确认我们生活于其中的现实世界是唯一真实的世界，是一切科学认识的出发

---

① 何祚庥：《伪科学曝光》，中国社会科学出版社，1996 年版，第 36、25 页。

点和源泉；确认自然界的规律是不以任何精神力量为转移的客观规律，是一切科学思维的前提和核心。在科学实验和逻辑推理中，贯穿着前提是否成立的问题，而不断追问前提的真假，正是科学思维方式的特征，也是科学和迷信的分界。这种科学思想、科学思维方式虽然离不开从古代文化中吸取其精华，但必须在同传统迷信观念的长期反复斗争中，才能逐渐得到锻炼和发展。

中国的现实是，科学思想在民族文化意识中十分薄弱，难以抵挡根深蒂固的神异迷信观念的侵扰。当今的反科学、新迷信浪潮充满了经济内容，挂起了各式各样的"文化"招牌。这种新迷信思潮公开、半公开地举起神秘主义、信仰主义的旗帜，严重冲击着人们本来就很淡漠的科学信念。一些根本不懂科学的人，也办起了什么"生命科学"、"人体科学"的"研究院（所）"；相当数量的粗俗巫师、算命先生，摆摊设点，招摇过市；许多荒唐的所谓宗教理论读物大量印行，为迷信思潮推波助澜，人们深受其害，如此等等。令人深思的是，这些人最得意的护身符竟是弘扬民族传统文化！

在文明社会的各种社会意识形式中，神异信仰和宗教远较科学出现得早。然而，人类社会在最近几百年内创造的财富，远较过去一切历史时代多得多。究其原因，全赖于近现代科学文化的发展。现代科学的飞速前进，使社会财富惊人地增长的同时，极大地促进了各民族传统文化的交流与融合，迅速改变着人类的精神面貌。在未来的世纪里，各种文化传统的特征和影响肯定不会消失；但是，随着现代科学技术的发展，我们生活的这个星球变得越来越小。可以预言的是，无论人们的宗教信仰、价值观念还是生活习俗，都将随着科学文化的普及和提高大为改观。总的趋势是科学对人类文明的发展将起着越来越重要的作用，而各种对超自然神迹的崇拜、传统宗教信仰的影响将越来越缩小。文明进展的这种历史进步趋势，终究不可逆转。

70多年前，罗素在《宗教与科学》（1935年）一书中，相当正确地揭示了宗教与科学冲突的原因[①]。他的弱点是，认为两者可以调和。然而，事实上，宗教对科学的斗争，从来也没有停止过。20世纪80年代初，罗马天主教会虽然宣布为伽利略平反，但是，教皇仍然坚称，科学不应过问宇宙存在

---

① 参见该书（商务印书馆版）第一章。

的本身，"因为那是创生的时刻，因而是上帝的事务"①。宗教总想限制科学的发展，而它所依靠的主要手段，就是竭力宣扬神秘主义。可见，直到今天为止，科学理性和神秘信仰的冲突，远未因为科学的胜利而得以结束。宗教和科学冲突，仍然是不可避免的。这就是文明发展的内在矛盾。

40 多年前，波普尔指出，在一场浩劫之后，只要图书馆没有被毁坏，重建文明是不困难的。这是因为，科学是人类的脊梁。借用这个论点，我们可以质问，在进入 21 世纪的世界上，一个有着悠久文明传统的民族，设若没有科学，传统将如何得以延续？一个没有科学的民族，就像一座没有现代藏书的图书馆，陈列室里尽管可以摆满了各种古董和圣像，却没有可以足供人们迎接未来挑战的精神财富。所以，唯有用现代科学思想重新铸造我们民族的灵魂，我们这个民族的文化才可能在未来世界上发挥较大的影响。然而，这是一个极其艰难的任务。建设高度发展的科学文化，比实现经济的繁荣，还要困难得多。因为，图书馆的建筑物破旧了可以拆迁重建，而要改变人们对传统神像的崇拜和信仰，改变文化心理的习惯倾向，就更费时日了。

《国际歌》说得好，"没有神仙和皇帝，全靠自己救自己"。人类怎样才能做到自己救自己？自己掌握自己的命运？既不能靠神灵的保佑，也不能靠祖宗阴德的庇护，唯有靠自己的努力去创造。把我们的理想、信念建立在现代科学的坚实基础之上，人类才会拥有光辉的明天。

---

① 霍金：《时间简史》，湖南科技出版社，1995 年版，第 110 页。

理性主义和信仰主义 *

理性主义是科学的旗帜，信仰主义是有神论的特征。理性主义鼓励质疑和批判，为科学所必需；信仰主义提倡盲从和轻信，是迷信思想的温床。我们需要正确的信仰，但不能陷入信仰主义；我们只能高举理性主义的旗帜，唯科学是尊。区分科学的理性主义和宗教的信仰主义的原则界线竟然成为一个需要澄清的理论问题，这种情况说明，理性主义远未在国人心里生根，科学规范和科学方法远未成为人们的共识。这本身说明，认识的进程尽管可以加速或延缓，但从根本上说，人类理性进步的历史阶段是不可能超越的。正如虽然我们建立了社会主义制度，却不可能超越市场经济这样一个历史阶段一样，科学发展的历史进程，亦如经济的发展，不可能超越它必经的历史阶段。中国人在走向世界科学前列的艰难征途中，任何时候都不可忘记、不应该忽视补上科学思想这一课，这就是大力提倡科学的理性主义精神，批判宗教信仰主义的迷信思想。一个民族要想站在科学的高峰，一刻也不能没有现代理性主义的思维。应该承认，科学的理性主义虽非西方人的专利，却首先是由他们在近代文明史上创造出来的。而这一点，恰恰是中国 5000 年的文化传统中所缺少的。科学的实证精神和分析方法，独立思考的理性批判能力，是近现代科学的伟大成果。这种理性主义思维的成果，只有在科学的长期发展中，只有在与宗教信仰主义的反复斗争中，才能培育出来。而消化这种思想成果，也绝不可能一蹴而就。试图用传统文化中的混沌思维来代替现

---

* 原载于《前进》，1997 年 9 月。

代科学的精密实证和逻辑分析，只能退回到古代的神秘主义。现在某些国人热衷的所谓弘扬传统，所谓"东方的科学革命"，究其实质，正是要用信仰主义来代替理性主义。

那么，科学家要不要有信仰？如果有信仰，这种信仰和宗教信仰有什么区别？费耶阿本德主张，科学和宗教没有原则的区别，本质上都是一种主观的心理倾向。这种论点，虽在西方科学哲学中，主要在新历史学派中有一定的影响，但在科学家中，并没有得到支持。科学家从他们的职业来说，不可能接受这种相对主义，即在科学和宗教之间采取半斤八两的哲学立场。为了避免将科学思想与宗教信仰加以混淆，笔者宁愿将科学家的实在论称为科学信念，而不称为信仰。因为，信念和信仰，在英语中，通常用一个词（belief）表达；而在汉语中，词义上是有差别的。"信念"含有能确知的意思，而"信仰"往往意味着可望而不可即的对象。控制论的创始人维纳说："科学不可能没有信仰。我讲这话并不意味着科学所依赖的信仰在本质上就是一种宗教信仰，或者说它也要接受一种宗教信仰中的任何教条，然而，如果没有自然界遵守规律这样一种信仰，那就不能有任何科学。""正因为如此，所以我必须说，爱因斯坦关于上帝坦白为怀的格言自身就是一个关于信仰的陈述。科学是一种生活方式，它只在人们具有信仰自由的时候才能繁荣起来。"这里，维纳把科学信念的实质及其与宗教信仰的区别讲得很清楚。科学的信念，就是对自然界遵守规律这样一种确信。它不接受任何宗教教条，而是一种强调信仰自由的生活方式。为了说明科学理性主义和宗教信仰主义的根本区别，我们可以从前提的真实性，即内容的实在性、方法的客观性，也就是可检验性、结论的合理性和可靠性等方面加以讨论。

首先，理性主义尊重独立思考的批判精神，信仰主义则只强调盲目笃信。而一种认识究竟是科学信念还是宗教或准宗教信仰，就必须追问这种认识的前提是否真实可靠。科学信念以自然界的客观实在性及其规律的可知性为前提，这个前提的真实性是由全部认识史特别是近现代科学史反复证明了的。不论我们今天对原子和宇宙的认识与德谟克里特和亚里斯塔克已相距多么遥远，也不论量子世界与日常经验世界的差别如何奇异，现代宇宙学与哥白尼的日心说多么不同，科学总是深信世界的实在性并且力求从自然本身去探求它的规律。科学越发展，人们对世界的客观实在性及其规律的认识越深，科学信念的前提的正确性，越显得无可怀疑。理智正常的人们因为某种原因可以产生"人生如梦"的感慨，却不可能认真地相信我们生活于其中的现实世界仅仅是自己的幻觉。唯有宗教信仰，不论是基督教还是佛教、伊斯兰教，都把神的存在、灵魂不死、彼岸世界作为不容置疑的前提，这种前提的"真实性"是由个人的主观信仰来保证的，因而只对信仰者是真实的，对非信仰者丝毫不能成立。基督徒可以"看到"圣母显灵，佛教徒相信"立地成佛"，伊斯兰教徒崇拜真主的万能等，各种神灵之间相互排斥，世界上存在的各大宗教之间，没有共同的、唯一的神灵。这同科学的前提正好相反。科学只承认现实的宇宙是唯一的宇宙，宇宙之外别无存在。正如爱因斯坦所说，"除了我们的宇宙之外，没有别的宇宙。宇宙不是我们表象的一部分"。哲学上和逻辑上的大多数错误是由于人类理智倾向于把符号当作某种实在的东西而发生的。

宗教信仰的虚妄性，首先是其信仰前提的虚妄。世间本没有神，而宗教却教人信仰神的存在。但不论在事实上还是逻辑上，神的存在都不可能得到证明。安瑟尔谟关于神的存在的本体论证明，就是最好的说明。按照他的论证，上帝是人心中最完满的观念，既然如此，它就不可能不包含存在的属性，因此，结论是：上帝是存在的。在这里，逻辑推论的程序是无关宏旨的，关键在于前提中已经包含了结论，而问题恰恰在于"上帝存在"这个前提是不真实的。黑格尔的"绝对精神"也是如此。因此，揭露这类信仰主义的虚妄，首先在于揭示其前提的虚假性。应当指出，科学坚持的关于自然界，即宇宙的唯一性和实在性的信念，作为逻辑认识的前提，即使对最虔诚的宗教信徒来说，其真实性也无可否认。基督信徒可以相信上帝的存在，却无法认为他的任何物质需求、衣食住行的对象是虚幻的。佛教信徒可以认为"身外之物"是不重要的，却无法认为离开身外之物他也能生存。可见，科学信念的前提是客观实在的，宗教信仰的前提是主观虚幻的。因而，科学具有全人类的共同性，而信仰则只在其特殊的群体中具有类似性，没有全人类的普遍一致性。

其次，从认识方法来说，科学思维根植于实验和严密的逻辑推理，而信仰主义则依赖于主观的体验。这种唯体验是信的方法与理性主义根本对立。近现代科学的发展，主要依靠精密的实验和逻辑推理。从伽利略、牛顿的力学体系到现代的物理学理论，其正确性都受到科学方法的检验。按照爱因斯坦的概括，科学理论的发展有外部的经验证实和内部的逻辑完备这样两个相辅相成的标志。第一个观点指的是，"理论不应当同经验事实相矛盾"。它涉及理论的"外部的证实"。而第二个观点指的是"同理论本身有关的'内在的完备'"，即"基本概念以及这些概念之间作为基础的关系"的"逻辑的简单性。"他指出，在现代科学条件下，"当基本概念和公理距离直接可观察的东西愈来愈远，以致用事实来检验理论的含义也就变得愈来愈困难和更费时日的时候，这种论证方法（指逻辑简单性原则——引者注）对于理论的选择就一定会起更大的作用"。无论理论的外部证实还是理论的内在完备即逻辑自洽，都要依靠科学家作为认识主体的怀疑的、批判的头脑，即理性思维能力的发展。现代科学理论所掌握的经验事实，离日常经验越来越远，发展这种理性的批判能力显得愈加重要。夸克、胶子、电子、多维时空等，都不能为人的感官直接知觉到，只有依靠复杂的仪器装备和抽象的数学推理工具才能把握。在这种情况下，科学概念和理论的创造，更要依靠理性批判能力的发展。没有理性批判能力，也就没有现代科学。现代科学对微观世界的揭示，对宇观世界的探讨，都促进了理性批判能力的发展。因此，理性选择能力既是现代科学创造的推动因素，又是检验科学理论的重要工具。这里所说的理性选择，当然也包括实验仪器的设计和选择在内。可以说，唯有理性是科学信念的指靠和特征。

然而，宗教信仰和科学信念不同，信仰主义的方法与理性主义的认识是根本对立的。用什么方法来检验对神仙鬼怪的信仰呢？不论是有文化教养的宗教信徒、超心理学者还是粗俗的巫师，都把主观体验和笃信提到首位，即所谓"信则灵"或"诚则灵"。各种有所谓特异功能的"大师"，都拒绝科学的检验。超心理学的研究也是如此。他们所声称的"事实"只可能是一个个孤立的奇迹，始终与科学的可重复性和可检验性的判据无缘。有时，他们也利用某研究单位的名义作"实验"，目的只是为了表演，获得舆论宣传的效果，而从不接受科学界严密实验检测的要求。这种态度，恰恰是由信仰主义的本质决定的。诚信则灵，对于不相信神异鬼怪者则不灵，这表明，所谓特异功能仅仅是一种个人的主观信仰。信仰的"可靠性"，只能由信仰者的主观体验来保证，根本不需要、也不可能由客观的科学实验和理智的批判能力来检验。善男信女可以用自己的宗教经验来维护他的信仰，如他感知到了各种神异现象，圣母显灵、与神灵"通话"等，但幻觉的存在，丝毫不能证明幻觉内容的真实性。

从科学的观点看来，信仰者关于神灵存在的种种经验，其实不过是种种不同的主观幻觉和情感的体验。这一点，现代脑科学和精神病理学已可作出确切的解释与说明。例如，潘菲尔德 1959 年作了这样一个实验：在觉醒状态下，刺激右脑，通常都会诱发出一些梦幻意识。在手术台上，患者一方面与医生进行正常谈话，另一方面，却描述了一些倒叙的记忆或视觉现象，声称他看到了家里客厅中的谈话场景或远处的河流等。这种幻觉的出现，在精神病患者和吸毒者当中，是相当普遍的。宗教信徒的某些主观经验，本质上与这类幻觉相同。而将这类主观幻觉，说成是客观真实的东西，说成是"神迹"存在的"证据"，正是各种宗教经验的反理性的共同本质。需要强调的是，把感情的体验、幻觉等纯主观感受的东西，把心理的体验当作物理的实在，是宗教信仰虚妄性的证明，是信仰主义不同于理性主义认识方法的分界。

简而言之，科学方法和科学准则具有客观可检验性，而宗教经验则纯粹是主观的、私人的，只能说是"人同此心，心同此理"。因而，是虚幻的，并无客观的事实根据。信仰主义引用"直接（启示）知识"来论证上帝存在的认识方法，其反理性的本质，历来受到自然科学家的坚决驳斥，也受到理性主义哲学家的尖锐批评。从霍布斯到费尔巴哈，从罗素到波普尔，不论经验论者还是唯理论者，都以理性主义为依据，揭露了神学方法的神秘主义本质。在诉诸人的理性的权威上，科学家和理性主义哲学家，总是站在一起，而与信仰主义的辩护者相对立。

最后，我们还要讲讲科学的理性主义信念和神学的信仰主义偏执在结论上的可靠性问题。科学结论的可靠性是以科学技术的巨大威力为基础和后盾的。如果说，从方法论角度看，理性方法也好，反理性方法也好，因其均未超出主观认识的范围，难以最后判明谁是谁非，那么，若从社会发展，特别是生产实践、经济生活和精神生活的广泛领域来看待科学信念与宗教信仰的区分时，人们当不难理解，依靠科学进步人类才创造出现代富裕的物质文明，而信仰宗教恰恰是蒙昧时代的残迹。"自然界是有规律的"这样一种科学信念，在现代技术的广泛运用中，其可靠性得到了最充分的证明。宗教信仰者可以不赞成科学的无神论，却无法否认原子能、电子技术、基因工程等给人类带来的巨大福利。如果没有"自然界是有规律的"这样一种坚定的科学信念，在人类面临的诸多困境面前，我们将陷于无能为力，而正是依靠这样的科学信念，我们将满怀信心地迎接未来。

然而，对神灵的信仰告诉我们什么呢？这就是当人类面临各种困难的选择时，无论传统的宗教还是新兴的宗教，都用"世界末日"的恐惧教人无所作为，使人们惊恐于天谴的惩罚和宿命的安排之中。信仰神灵的万能尽管可以安慰脆弱的心灵，但却使我们在面对困境时束手无策，无能为力。一切只能听凭命运的摆布，从而扼杀人类创造的生机。人们不能不问：神异信仰教人"万一归宗"，求得灵魂的超度，这个结论可靠吗？如果在有生中，人们尚且无所作为，无可享受，那么，在来世中，肯定能得到补偿和报应吗？科学教人面对现实，而宗教则教人追求虚幻的永生。究竟我们选择现实，还是皈依虚无？理智和情感健全的现代人类，不难作出抉择。

一句话，科学信念的可靠性已由它的技术成果得到无可辩驳的证明。科学的未来发展将继续证明，按照"自然界是有规律的"理智信念，人类将不断创造出可以检验的、现实的人间奇迹。而关于来世和神灵的信仰，则只能将人类引向虚幻的、永远不可能兑现的天国。一切宗教信仰只能麻痹人类的理智，求得无助的解脱和精神安慰。在这个对比上完全可以说，神异信仰是人类的一种心理痼疾。正如"借酒浇愁"和吸毒一样，宗教幻想只能使人处于暂时的沉醉和昏迷状态；当人们从这种精神麻醉中清醒过来面对现实的困境时，将一无所获。就此而言，宗教是麻痹人类的鸦片。基于清醒理智的科学信念与偏执的宗教信仰主义是两种泾渭分明的主观精神状态，科学的可靠性和宗教的虚妄性形成了鲜明的对照。

以神异信仰为基础的所谓"东方的科学革命"，是一种畸形的民粹主义。在一个有着悠久文明传统、近百年来又深受外来屈辱的民族里，人们迫切要求摆脱受人摆布的命运。这种心理，本不难理解，也无可非议。然而，在巨大的现实反差和急切的主观愿望之间，存在着极其尖锐的矛盾。一个曾经被深深伤害的民族，一个科学文化落后的农民国家，在社会心理和民族感情上，急于求成、急功近利的倾向，很容易使人误入歧途。略知情况的人都清楚，从整体上讲，我们在基础学科和尖端技术上，远不是发达国家的对手。怎么办？有人主张从传统文化的优势上找出路，挑冷门、走捷径，于是，特异功能成了"突破口"。这既轻而易举，又可一举数得。用不着建造高能加速器、发展基因工程、电子技术等的巨大投资，又可取得世界"领先"地位。可悲的是，结果不是在科学上引起了什么革命，而是在制造迷信和巫术上创造了前所未有的世界纪录。有多少"大师"在这股"革命"风潮中大显身手，在世人面前出尽丑相，尚无统计。最令人痛心的是，这种"东方的科学革命"对科学精神的败坏，对社会风气的败坏。中国人若不同这种鼓吹、纵容和支持神异信仰的反理性主义思潮划清界限，将永远背着沉重的精神包袱与科学技术先进的西方国家竞赛，其结果真是令人不寒而栗。盲目的民族自尊心，是近半个世纪内现代蒙昧主义在中国大地上反复肆虐的重要原因。醒悟吧，此其时矣！

理性主义和信仰主义属于两种对立的思想体系。"信念"和"信仰"虽仅一字之差，但却是两种不同的精神状态。科学信念基于理性的判断，同时也重视感情和意志的力量。科学每前进一步都要用理智的眼光加以审视和批判，从而阻止将基于有限实证知识的信念变成迷信和神秘主义信仰。信仰主义本质上是对精神力量的一种盲目崇拜，是对无知和迷信的颂扬。科学面对未知的领域，提倡勇敢的探索精神和理性的批判的头脑。但科学家的这种无畏探索，以已有的知识为基础，强调科学认识的普遍性和继承性；科学创造提倡大胆想象，而这种想象以否认天国、灵魂不死、神异奇迹为前提。正是科学否认的这种前提，构成宗教信仰主义的基础。从本质上讲，信仰主义是以无知，对自然规律特别是对社会生活和精神现象的无知为基础的。所以，一切宗教教义"总是能够躲进科学知识尚未插足的一些领域里去的"。宇宙学、生物学，特别是人类精神生活的领域，正是信仰主义热心插足的地方，判定一种主张究竟属于科学信念还是宗教信仰的范围，应从其根本前提、内容和必然达到的结论着手，而不能听信倡导者和支持者的口头誓言。以此为尺度，我们不难发现，关于特异功能的种种宣传，远不属于科学的范围，而只能归为宗教信仰主义那一类。所谓将特异功能和现代科学相结合，其实就是用信仰主义代替理性主义，强使科学为信仰服务；所谓将特异功能和马克思主义相结合，不过是将唯意志论硬塞进马克思主义，将马克思主义变成信仰主义。特异功能的鼓吹者和支持者往往以现代科学的"异端"自居，这正是他们反对现代科学的本质特征和顽强表现。

理性主义和信仰主义属于两种不同的思维方式。黑格尔在论及信仰主义的思维方式时，讲过一个很有教益的论点。他说，信仰主义的"真理的标准，不是内容的本性，而是意识的事实"，"凡被宣称为真理的，除了主观的知识或确信，除了在我的意识内发现的某种内容外，就没有别的基础了"。对于现今的特异功能信仰者，黑格尔的论点，对他们无疑是一种深刻的批判。以客观的、可检验的事实为准，还是以主观的确信为准，这就是科学的理性主义和宗教的信仰主义在认识论上的根本分界。

科学与文化心理转型[*]

在多种文明密切交往，不同信仰并存的世界上，以现代科学思想为基础重塑我们的价值信仰，是一个全球性的课题，更是中国和平崛起过程中必须面对的一个重大文化问题。

一、信仰危机的三重性

可以从社会转型、传统文化，特别是后现代思潮对传统科学理性的挑战来分析国人面临的价值迷惘乃至信仰失落。不论从哪个视角看，这种迷惘和失落都与科学思想的薄弱和科学精神的欠缺密切相关。

首先，从传统到现代的信仰转型是社会转型的一个重要侧面。改革开放以来，伴随着文化生活的活跃和丰富，各种迷信思潮也沉渣泛起。这种现象令人深省。调查显示，"公众的迷信程度仍然严重"。高达 26.6％的公众相信"相面"；22.3％的人相信"周公解梦"；20.4％的人相信"求签"。"根据追问分析，其中真正迷信者占 13.3％"。根据 2010 年的一项调查，我国具备科学素养的公民比例仅为 3.27％，相对科学知识，老百姓更容易接受传统文化。

一个科学和教育尚不普及，农村居民占大多数的国家存在着种种迷信现象，本来不足为奇。问题在于，一些领导干部和所谓文化精英，也参与或支

---

* 原载于《美中社会和文化》，2005 年 1 期。

持迷信活动。"弘扬传统文化"是前现代传统的自然延伸。就此而言,"文革"结束之后,各种披上"弘扬传统文化"外衣的迷信思潮纷纷粉墨登场,且持续亮相,就毫不奇怪了。因为,不论本土的、粗俗的巫术迷信,还是西装的、教条的极"左"思潮,都根植于前现代的文化土壤之中,本来就两极相通,同属农业文明的双胞胎。从 1979 年"特异功能"在内地风起云涌,到不久前批判所谓"对科学的神话"的宣言,从社会转型的层面,反映出人们价值信仰的失落。正如《灵山》描述的那样,炎黄子孙不辞千辛万苦寻找寄托自己祖先灵魂的居所,结果却一无所获。人们不知道自己民族的灵魂究竟应该寄托何方?崇尚科学还是颂扬迷信?仍然是摆在人们面前的严峻选择,没有从传统到现代的信仰转型,就不可能顺利实现从农业文明到现代文明的社会转型。

其次,传统文化的传承和发展是文明发展中不可逆转的过程。因为,人们的世界观,从而价值信仰,总是随着社会发展和科学进步而不断改变。依笔者看来,国人对传统文化的信仰危机,远非自今日始。早在明朝末年,这种文化信仰危机就已开始显露。李贽(1527—1602)因反对正统儒教而被迫自杀与布鲁诺(1548—1600)因反对地心说的教条被活活烧死,仅仅相距两年。这是在人类文明进步中,两件具有象征性的事件。它透露出一个相同(或类似)的信息,这就是神权统治的衰落,传统文化的危机。就历史悠久的中华文明而言,徐光启(1562—1633)对"西学"经典的翻译,更具有代表性。翻译欧几里得的《几何原本》有助于改进传统的天象测量,翻译亚里士多德的《灵魂论》,更直接地是为了补救儒教的信仰危机。这两种著作的引进表明,当时在思想开放的士大夫(知识阶层)心目中,传统的文化信仰再也不是不可置疑的了。因为,天象的测定向来是皇权"替天行道"的依据,而正统儒教则是掌管老百姓灵魂的法宝。这两样东西都已不那么灵验,因而需要引进"西学"来加以补救了。

400 多年前的"西学东渐",是发展程度(水平)大致相当的两种不同文明之间的相互交流。随后,在一些人津津乐道所谓的"康乾盛世",西方文明借助于近代科学和社会变革,大踏步地前进到了工业文明,而以"中央帝国"自居的中华文明仍滞留在农业文明阶段。当鸦片战争的大炮再次轰开帝国的大门时,与西方相比,东方文明已不堪一击了。这种鲜明的强弱对比,无疑大大加深了国人对传统文化的信仰危机。

直到"五四"运动高举科学和民主的旗帜，国人才开始形成真正的民族文化自觉，走上从传统到现代信仰转型的轨道。正因为炎黄子孙选择了科学和民主，信仰转型才找到了正确的方向，从而为传统文化的继承和发展，开辟了一条光明的出路。历史证明，以儒学为主体的传统文化的瓦解是无可挽回的自然历史进程，唯有赛先生和德先生才为中华文明的崛起，注入了无限的生机和活力。

在笔者看来，中华民族近现代的落伍，归根结底是科学文化的落后所致。缺少先进的科学文化的支撑，使得有悠久历史的传统文化脱离了近现代人类文明发展的主流，在多种文明并存的世界上被相当远地边缘化了。这是我们至今仍不得不面对的现实。

最后，当代中国的价值信仰危机，突出地表现为前现代与后现代反科学思潮的合流。20多年来，随着西方发达国家后现代思潮的涌入，内地出现了一种奇特的反科学声音。90多年前，柏格森直觉主义的传入，引发了一场"科学与玄学"的论战，现代的非理性主义曾经使玄学派的代表张君劢大为鼓舞。近些年，抗拒所谓"科学主义意识形态"的玄论则从后现代思潮中的反科学声浪那里，得到了某种推动。例如，美国克莱蒙特神学院的宗教哲学教授、圣巴巴拉的"后现代研究中心"主任大卫·格里芬（David Ray Griffin）倡导的"建设性或修正的后现代主义"，就借口反对"科学主义"，主张建立一种"宗教的直觉的新体系"。尽管，他这种新的宗教信仰主义并非后现代思潮的主流，但内地反对"科学神话"的论点却和它不谋而合。两者都认定，人的"内心世界"是科学不能过问，是唯有宗教才可问津的世袭领域。在这种看似很新潮很前卫的论点中，我们再次看到了张君劢玄学人生观的阴影在摇晃，看到了多数后现代主义者并不苟同的神秘主义幽灵在徘徊。发达国家后现代学者对传统（逻辑）理性主义的批判与内地国粹（固）派对科学的批判出自不同的文化背景，在反对"对科学的神话"这一根本点上却完全重叠在一起了。

本来，科学理性主义的重建是当今世界社会生活剧变，特别是现当代科学发展本身提出的时代性课题。而它的解答，取决于理论自然科学和人文学科发展的共同努力，根本不是回归固有的传统文化所能解决的。指望建立某种新的宗教信仰体系来代替，更是南辕北辙了。然而，国粹（固）派的后现代时装，无疑增加了它对公众的误导效应。在后现代主义的故乡，一点反科学的声音，无妨于广大公众对科学的信念。而在中国内地，这种"中西合璧"的反科学宣言，却可能迷惑不少还没有走出前现代阴影的公众。前现代与后现代反科学声浪的重叠，这一事实，从当代性这个视角映射出，目前国人面临的信仰迷失，不只是个别人偶然的失误，而是与当代人类文明主流中的某种漩涡回流直接相关。

上述多重性的现象分析表明，信仰危机的产生，有其深刻的社会文化根源。只有更深入的探讨，才能看清问题在哪里。

二、文化传统中的异科学心理

为什么科学理性、科学精神、科学思想难以在我们的文化传统中扎根生长？为什么赛先生和德先生总是受到一些国粹（固）派的怀疑、歧视和拒斥？这是一个令人难堪而又不能不面对的问题。依笔者之见，从文化传统上看，有若干社会心理障碍，使我们与近现代科学的理性精神若即若离，甚至格格不入。笔者把它称之为"异科学的社会——文化心理。"

首先，内向型的思维定势。中华文明向以伦理本位见著于世，被誉为"礼仪之邦"，专注于"求善之学"。自孔夫子以降，士大夫阶层关心的是内心生活，强调反躬自省，从而逐渐形成了思维的内在指向。《论语》开篇第一句就是："学而时习之，不亦乐乎？""学"和"习"都是为了求得内心的愉悦，追求人生境界的提升。"克己复礼为仁"的格言，把克制私欲视为道德修养的根本要求，从而使指向内心成为不可移易的思维定势。正所谓"反身而诚，乐莫大焉"（《孟子·尽心》）。后来朱熹的"格物致知"，承续的仍然是将知识从属于伦理的传统。这种内向型的思维定势，不断为历代封建统治所强化，成为伦理本位文化的根本心理特征。

内向型思维定势构成我们文化传统中最稳固的核心，最深层的基础，属于文化的基因结构。它决定着语言、文字的内在意向，赋予语言、文字以深层含义。例如，最高统治者（"天子"）讲的"皇权承运"、"替天行道"，平民百姓讲的"天理良心"。字面上、语言表述上，似乎是天道决定人道，良心遵循天理，而实际上，思想内容、心理意向上却是由人及天，将人的意志、欲望附会（强加）于天。"尽其心者，知其性也。知其性，则知天矣。"（《孟子·尽心》）这种由心性而知天道，由人及天的思维内容和心理意向，恰好是由"反身而诚"的内向型思维定势造成的，儒教提倡的忠孝、道教追求的神仙等，无不由"反身而诚"的内心体验来作判断，定取舍。

显然，这种心性论的内向型思维定势与科学的对象性思维，即由天及人的思维定势是大异其趣的。它决定了从中国文化传统本身，不可能自发的，自然而然地发展（产生）出近现代科学思维来。因为，科学探索是一种外向型的思维定势。亚里士多德的《灵魂论》就是一个标本。不论灵魂（soul 或 spirit）作为人的内蕴意识，如喜怒哀惧七情六欲的实体，还是作为思想或理性（mind 或 reason）的认知功能，与中国古人谈论的心性问题约略相当，至少论题类似或范围部分重合。然而，探讨的方法和思路却大相径庭。在这里，灵魂作为研究的对象，心理现象作为内在于"我"的活动，类似外在于"我"的日月星辰一样，都适用于客观的分析方法。例如，"愤怒是什么（何谓愤怒？）这样的论题，……逻辑学者（辨证论者）行将阐说这是一种企求报复的欲望，或其他类此的称述，若在自然学家，则他会当描摹愤怒是心脏周围血液的潮涨"。在西方古人看来，即使"灵魂"这样高度主观的精神实体，即内在的自我，绝不因为它不同于外在于"我"的自然（世界）而不能追问"它是什么？"也就是说，当"灵魂"或心理现象成为认知的对象时，思维主体遵循的同样是一种外向型的思维定势，把它当作一个外在于"我"的客体加以研究，而不可能是物我两忘、心物混为一体的纯主观体验。

总之，伦理本位的内向型思维定势，有异于、不同于自然科学的对象性思维，即外向型思维。这种文化 DNA 的差异，决定了中西文化心理的根本差异。它使我们难以自然而然地接受科学的客观性原则。相反，正因为局限、陶醉于"反身而诚，乐莫大焉"的追求，信奉"诚则灵"的主观体验，至今仍使相当多的民众容易陷入荒唐的巫术迷信而不能自拔。

其次，重术轻学的传统社会-文化心理，妨碍对科学精神的吸纳。自《易经》开始，传统文化有"学"和"术"两个相互混杂的源流。《易经》既有富含智慧的学理，更是算命测字、占筮巫术的源头。从秦始皇采纳李斯"天下无异意"（《史记·始皇本纪》）的计谋以后，历代封建统治者实行的思想禁锢，扼杀了先秦百家争鸣的学术传统。农业自然经济对学术文化的需求，始终局限在纯粹实用技术的范围，由此形成了重术轻学的实用理性传统。这种根深蒂固的文化心理，使绝大多数国人至今误以为技术就是科学，弄不清科学与技术的分际和界限何在。

问题在于，科学与技术的分界，不只是纯学理的探讨。它直接妨碍国人着力于科学理性、科学精神、科学思想在公众中的扎根工作，长期疏忽于从基础理论的研究上下工夫。没有对科学的明确认识，不设法扭转重术轻学的社会-文化心理，将可能使中华民族再次丧失机遇，难以跻身于世界上先进科学文化之林。爱因斯坦曾经指出，凡是科学思想受到阻碍的地方，文化生活就会变得空虚，不只技术的效用有限，而且会摧毁将来发展的可能性。

孙中山在"五四"前夕，就从改善民族文化心理素质的高度（层面），倡导注重学习科学。他认为，除非用科学的创新精神改造空谈心性、因循守旧、畏难退缩的习惯心理，否则不可能振奋民族精神，奋起直追。他指出，几千年来，国人沿袭的是"终身由之而不知其道"（《孟子·尽心》）的重术轻学传统。而要改变这种传统文化心理，舍科学而无他。"夫科学者，系统之学也，条理之学也。凡真知特识，必从科学而来也。"传统文化中，"其所知者大都类如天圆地方、天动地静、螟蛉为子之事耳"。而欧洲近代的进步，"皆科学而为之也"。"夫习练也、试验也、探索也、冒险也，之四事者，乃文明之动机也。""行其所不知者，于人类则促进文明，于国家则图致富强也。"（《建国方略之一·心理建设》：《孙文学说》）

近一个世纪过去了，在用科学精神改造传统文化心理这个问题上，远未达成全民族应有的共识。"两弹一星"成功爆炸和发射半个世纪之后，我们仍与诺贝尔科学奖无缘；在科学基础理论方面，与发达国家的差距甚至在继续加大。据瑞士洛桑国际管理开发研究院《国际竞争力年度报告》显示，中国的科技竞争力从1999年的47个国家中排名第25位，下降到2003年51个国家中排名第32位。科学与技术的发展这种不相匹配的情况，原因固然很多，但重术轻学的传统文化心理，不能不说是一个根本性的思想障碍。严复指出，"西学"的根本是"自由为体，民主为用"，而国人在向西方科学学习时，往往是本末倒置，只取其"船坚炮利"的物质技术方面，始终难以走出"中体西用"的怪圈。笔者认为，国人若无对重术轻学传统文化心理的痛切反思，要想成为科学（而不只是技术）强国，怕是"难于上青天"了。

最后，急于求成的心态，是妨碍我们扎扎实实吸取当代科学思想成果的另一道心理障碍。近期的调查表明，"有 62.8% 的公众同意'科学技术能使我国在近几年内赶超西方发达国家'的看法"。这种情况除了确证大多数公众将科学与技术混为一谈而外，更加表现出，国人急于求成的心态。而这种心态，极其不利于科学思想的生存和发展。有创见的科学思想的产生，特别是基础理论的突破性进展，受制于人类好奇心的驱使和科学家长时间坚忍不拔的探索，既无从预先规划，更不可能"立竿见影"。急于求成的心态只能阻塞和扼杀任何真正的科学思想萌芽。

急功近利的心态，远非只是由于市场大潮的驱动。它有着更深刻的社会文化心理根源。自然经济、专制制度下的传统社会心理，总在安于现状、极度忍受和急于求成、盲目冲动的两极之间摇摆。2000 多年的封建统治比西方中世纪整整多出了两倍有余。300 多次大大小小的农民起义在沉默、顺从和突然爆发之间来回往复。正是千百年周而复始的循环，造就了一种特殊的急于改变自己命运的社会心理。而近代被欺凌的民族苦难，被边缘化的文化处境，更加重了这种急于求成的心态。这种心态易于陷于盲目冲动而拒斥科学理性。它只能寄希望于经济发展、政治民主和学术自由逐渐加以校正和改变。因此，在全民族中牢固树立起科学理性主义的信念，是一个调整民族心态的艰难的历史过程。只有深刻认识到这种急于求成的社会心态是一种可能招致灾难性后果的传统心理缺陷，才可能将科学理性精神吸纳于民族文化的自觉意识之中，提高全民族的精神素质。

三、依靠科学走出巫文化的阴影

面对当代科学一日千里的发展和文化霸权主义咄咄逼人的态势，反思近代以来，特别是辛亥革命和"五四"之后，传统文化信仰动摇、瓦解的历程，纵观科学文化在我国艰难引进和曲折发展的道路，为了民族文化的振兴发展，除了以更开放的襟怀，更坚定的态度，百折不挠、义无反顾地用现代科学的理性精神，改善民族的文化心理素质，重铸民族的灵魂而外，国人别无选择。正视文化传统中异科学的心理倾向，决不会削弱民族的自信心。相反，"知耻近乎勇"（《中庸·十九章》），它将更加促进国人的文化自觉，充分发掘传统文化资源的潜力，为尽快融入当代人类文明的主流，提供强大的推动力。笔者深信，敢于正视自己弱点的民族是成熟、坚强、伟大的民族。只有深知自己短处的人，才能成为真正的强者。

诚然，科学文化系外来的异质文化。但是，不同文化之间的排异心理是可以化解的。关键在于清醒认识传统文化在当代世界文明发展中的处境，并且善于吸取历史上不同文化之间交流的经验和教训。

首先，面对科学文化，不可能重温元、清两朝入主中原的少数民族文化很大程度上反被汉文化同化的旧梦。因为，当时在政治上，占统治地位的游牧文化（元、清），面对的是先进的农业文化（明），只能人往高处走，不可能水往高处流。而今天，国人面对的是先进的信息科学文明。除了迎头赶上，很难避免继续被弱化、被边缘化的厄运。坚持鼓吹"西学中源"、"中体西用"的陈年老调，丝毫无助于改变传统文化的境遇，只能延缓追赶先进文化的速度，放慢迈向现代文明的步伐。

其次，科学不同于宗教，具有全人类的普适性。佛教东传并融入本土文化的历史证明，中华文明有极强的吸纳力和包容性。清代的文化封闭政策使中华文明丧失了多次吸纳西方科学文化的历史机遇。借维护传统而拒斥科学，把科学文化和中国固有的人文传统人为地对立起来，是荒谬的。真正的障碍不在于科学系外来文化，而在于我国固有人文学术中的巫文化传统。因而，要把科学思想融入民族文化的血液，使科学精神变成为民族精神的脊梁，根本的问题是，要正视本土文化中根深蒂固的巫文化传统。

亨廷顿的《文明冲突论》断言，不同文化，主要是不同宗教之间的冲突将决定未来世界的走向。西方的一些后现代学者也认为，科学理性主义已经过时了，需要建立某种新的宗教信仰体系来代替。两者都回避、忽视、掩盖了当代人类文明发展中的这样一个共同性问题：每一种文明内部都存在着理性主义与神秘主义的尖锐矛盾；只有依靠科学文化的发展，人类才能逐步走出巫文化的阴影。事实上，并不是不同宗教间的冲突决定文明的走向。恰恰相反，科学理性和神秘信仰之间的相互冲突，科学精神与盲从迷信之间此长彼消的发展趋势，才决定着人类文明未来的命运。

当代科学提供了足够的证据说明，技术理性即近代传统的逻辑理性主义，机械论的世界观正在被可以称为直觉理性主义的、有机整体论的世界观代替。从物理学到心理学，从宇宙论到脑科学，当代科学已为理性主义的重建打下了坚实的基础，为人类更深入地认识人和自然，把握自己的命运展示了一幅光明的前景。今天，不论我们仰望头顶的天穹，还是注视内心的道德，都既不需要假设上帝存在，也从未发现灵魂不死。唯有不断发展、丰富的科学理性，指引我们揭示出存在和演化的无穷奥秘，化解开宇宙和自我的不尽谜团。仅仅半个多世纪前，R. 维纳在《控制论》中，还把天文学和气象学，牛顿时间和柏格森时间看作两类截然不同的科学的分界。不到两代人之后，M. 盖尔曼就在《夸克和美洲豹》中，论证了必然性是"被冻结的"偶然性，所谓的心理学时间，即柏格森时间也起源于同样的宇宙初始条件。这就从理论上开始填平了确定性和不确定性、简单性和复杂性、物理学和生物学乃至心理学之间的历史鸿沟，从而开通了理性和非理性、逻辑和直觉之间彼此过渡的桥梁。笔者认为，之所以可以把当代有机整体论的科学世界观称为直觉理性主义，以别于传统的逻辑理性主义，即片面的技术理性，是因为，它充分吸取了当代科学包括心理学在内对非理性问题研究的成果，紧密追踪着生态科学、生命伦理学，以及人类学和文化学的发展，更关注人和自然的和谐相处，更关注包括非理性需要在内的人的全面发展。值得注意的是，M. 盖尔曼立足于当代科学，强调了保护文化多样性的重要性和迫切性。除非文化多样性有效地得到保护，不可避免的结局将是全部人类文明的毁灭。M. 盖尔曼的论点，强有力地证明了文化霸权主义的荒谬，驳斥了任何怀疑科学理性，倡导向神秘主义倒退的主张。

100 多年前，赫胥黎指出，进化论是伦理学的基础。半个多世纪前，怀特海全面论证了科学是近代人类文明的基础。笔者赞赏雅克·莫诺"知识就是价值"（《偶然性和必然性》）的论点，更崇尚客观知识（卡·波普：《客观知识》）的价值。中国古老的伦理传统，只有插上现代科学的翅膀，才可能焕发出新的青春活力。如果说，当今的西方文明需要从东方文明吸取人道智慧的养料，那么，依靠科学实现从传统到现代的信仰转型，更是振兴中华的迫切需要。科学文化是道德信仰不可动摇的基础，两者是有机统一不可分割的整体。绝不可以只在自然界放逐上帝和神灵，而在社会文化生活中，却容忍偶像崇拜、鬼神迷信等文化垃圾畅行无阻。不应忽视，任何邪教都信奉教主崇拜。因此，科学的无神论必须同一切盲从迷信划清界限。这是科学理性和神秘信仰的真正分界线。

　　信仰转型是一场深刻而持久的思想文化-社会心理的变革。巫文化的历史比科学文化的历史要悠久得多。今天，不论发达国家还是发展中国家，都共同面临着走出巫文化阴影的课题。唯有崇尚科学，才能找回国人久已开始失落的灵魂；只有充分吸纳科学的理性精神，才是振兴中华文化的希望！

附录

附录 A　斯宾诺莎的理论遗产[*]
——纪念斯宾诺莎逝世 300 周年

斯宾诺莎的《遗著文集》，在他死后由最亲近的朋友们出版，仅仅标明了简写的姓名《别·德·斯》（别涅狄克特·德·斯宾诺莎）。这样的拘谨不能仅仅被解释为亚内赫·耶勒斯和其他的出版者对作者态度的谨慎，因为在出版了作者的《神学政治论》后，曾经引起了反对斯宾诺莎的罕见的狂怒的辩论。这样的拘谨只能够被看作是由于，已经去世的哲学家一般地说，并不希望他的名字出现在他的著作上（关于这一点，是斯宾诺莎的第一位传记作者卢卡斯告诉我们的）。很可能，这样的愿望表现了斯宾诺莎坚信自己成功地掌握和陈述了绝对真理。但是，不能怀疑思想家的谦逊，他不愿意被看作是绝对真理的第一个发现者。像斯宾诺莎的学说那样，其多种多样的影响和围绕着它的复杂斗争的历史，通常只有进一步的历史发展，才揭示出远不总是其创造者们本人所清楚的实际的理论内容。因为，它超出了时代发展水平的界限，只有后来的世纪才能阐明其创造者本人所不能领悟到的这些方面。正是这样的学说，我们才称之为是划时代的。斯宾诺莎的学说就是这样的一种划时代的学说。

斯宾诺莎主义的历史和社会根源在很多方面能够说明它的思想的深刻和它的影响的广泛。17 世纪（早期资产阶级革命的世纪）是历史发展的转折时

---

* 原作者为 B. B. 索考罗夫，杜镇远译。译文原载于《山西大学学报（哲学社会科学版）》，1985 年 2 期。

期。封建的中世纪，最低限度在最发展的欧洲国家，已经成为历史上被翻过的一页。宗教的一神论的观念，在尼德兰和英国资产阶级革命进程中还占统治地位，此后它就被越来越强大的资产阶级启蒙思想、世俗观念所排挤。《神学政治论》就是它的一本奠基性著作。如果注意一下这个世纪的哲学的情况和特征，那么我们在这里就应该确认，同当时自然科学的（以及社会政治的）思想迅猛发展紧密相连成长起来的新的哲学学说，正在代替中世纪的古代传统。这种传统的被代替在斯宾诺莎的著作中可以最有力地感觉到，在那里我们发现有中世纪的和古代的哲学家的许多观点。但是，这些观点从属于成长着的社会新制度的思想和那个世纪的科学发展。作者在《伦理学》中的综合是历史—哲学进程（特别是它的前马克思主义时期）的一个相当大的"集合点"。

不考虑斯宾诺莎主义的社会内容就既不可能了解它的起源，也不可能了解它对后世的影响。众所周知，斯宾诺莎的祖国尼德兰在社会—经济和意识形态方面是那时欧洲最先进的国度。在这里，商品、工场手工业、城市生活已经繁荣。存在于尼德兰的精神—思想气氛的特点是宗教信仰自由，它往这里吸引着欧洲各国大量自由的和不自由的流亡者、学者、哲学家和教派信徒，他们誓死捍卫自己的信仰。在尼德兰，阶级冲突的激烈同时促成了国内思想和哲学生活的紧张。它首先是被聚集在议长扬·德·维特周围的资产阶级—共和党同以奥兰治家族为首的保皇党的斗争决定的。那个世纪的尼德兰还存在过阶级斗争的其他的派别。可以认为它是以小资产阶级，但在某种程度上也是以人民为基础的。这就是摒弃官方正式宗教的泛神论教派的运动。实质上，它敌视整个统治阶级。

不考虑统治于阿姆斯特丹的犹太教公会的阶级的和意识形态的情势，同样不可能阐明斯宾诺莎主义的社会根源，而斯宾诺莎就是在阿姆斯特丹出生和渡过他不长的一生的前半生的。商业寡头政治在这里占统治地位，但是，它的利益不是同德·维特的共和党相联系，而主要是同奥兰治家族的保皇党相联系。好斗的犹太教在自己的公会里培植和养育出了寡头政治的上层分子，这些上层分子的狂热同支持奥兰治党的加尔文派教会人士的狂热相比，毫无逊色（如果不是超过的话）。最积极和最勇敢的犹太教人，反抗自己公会的寡头政治—拉比上层分子的政策和思想体系。斯宾诺莎成了这些反抗分子中最著名的人物，受到莫大的诅咒（被革除犹太教籍）。他被逐出公会，不再归附于任何官方的宗教信仰（这在当时的条件下是绝无仅有的事情）。但是，他在泛神论的宗派集团里找到了庇护所，并且，当时大概同共和党的一些活动家也亲近地集聚在一起。

上述情况说明，斯宾诺莎的社会世界观的非单义性，在预定的许多方面，无论是在思想—哲学传统方面他所固有的、广泛的可选择性，还是他的独特的哲学学说的内容，都是非单义的。

在斯宾诺莎的时代，社会和科学—认识情势的改变，制约着历史—哲学传统的根本改变，也许，最有力地表现在对神的多种含义的概念方面。在对这个概念的重新认识上，斯宾诺莎依据强大的泛神论的传统，它的根源甚至在前哲学的，宗教—神话的意识里就可以看出来。在中世纪，无论是阿拉伯语的东方（它同犹太人的宗教—哲学思想是紧密交织在一起的），还是拉丁语的西方，泛神论观念的综合，无人主宰的神，使神同自然和人相接近的观念，扮演了一神论—造化说的教条的主要反对者的角色。没有这种一神论的教条，基督教、穆斯林教和犹太教的占统治地位的官方宗教学说，是不可思议的。在那个阶段，大多数神秘的泛神论主要不是在自然中，而是在人类灵魂的深处去寻找神。但是，在某些哲学结构中，具有泛神论的自然主义倾向，这种倾向表现在，神首先被认为存在于自然界之中，而人类的灵魂对它有一定的依赖性。这一类的结构在阿维森那、阿威罗依、达威德、杰拉茨基，拉丁语的阿威罗依主义者那里，事实上同唯物主义是结合在一起的。

当然，当我们谈到神秘的和自然主义的泛神论时，那么，它们与其说是一种倾向，不如说是相互排斥的学说。通常这一类的倾向在这个或那个思想家的世界观中相互交错在一起。但是在所有这些思想家那里，自然主义的泛神论明显地压倒神秘的倾向。他们的这些特点，在欧洲文艺复兴时期，使乔治丹诺·布鲁诺在那个时代，在这方面成为最有代表性的人物。但是，正是斯宾诺莎的创造，标志着泛神论的传统的最高峰，它既是向唯物主义，也是向无神论的转变。

理解了这类转变就必然确认，尼德兰的思想家有意识地倾向自然神论的传统，这种传统为了自己的势力，在以前的时代并不排除泛神论的传统，而在斯宾诺莎的世纪甚至优越于泛神论的传统。尽管在那时，自然神论最低限度地限制了神对世界的作用，它毕竟，还是以这样或那样的形式保持了神的超自然性，承认神的创造行动。然而，斯宾诺莎主义的一个决定性特点恰恰在于，它彻底地排除了任何关于创造自然的可能性的思想和超自然的神性身份的人。斯宾诺莎反造化说的本体论主要的、基本的公式——"神，即实体，即自然"表现了这个特点，同样著名的命题"实体是物自因"也反映了这个特点。

在苏联的哲学出版物中，斯宾诺莎把神和自然视为同一，通常被解释为他的唯物主义的主要表现，因为在那里，神丧失了任何独立的存在。的确，在斯宾诺莎著作的许多地方，神事实上等同于在经验中被认识的个别的事物。但是，这同大多数其他的断言互相矛盾，在那里，神被等同于实体，并且仅仅被思辨所理解，神同作为特殊的现实性的个别的事物是相对立的。这种现实性已经不可能同物质等量齐观，尽管它和被等同于实体的自然相一致。

这里，我们遇到了斯宾诺莎形而上学—本体论的一个决定性的特点。它是充分一元论的和彻底自然主义的，但它的自然主义根本不可能同唯物主义完全混为一谈。须知，斯宾诺莎的神—实体—自然三位一体的公式继承了其他的强大的哲学传统——绝对是最高的、原初的和最终的存在的传统，在欧罗巴—地中海的哲学源流中，这个传统开始是巴门尼德奠定的。在中世纪的正统哲学-基督教的、穆斯林的和犹太教的哲学中——绝对作为现实的无限性在一般情况下同自然之外的神等同，并且被赋予了这样或那样的个性的特征。彻底地贯彻泛神论的路线，在理解神时，允许斯宾诺莎完全抛弃它的个性的特征。但是，形而上学的（在这个场合是指反辩证法的）解释人类意识，它的特点是高度的理论功用，作为强大的抽象思辨—理性主义的传统，伟大的哲学家完全归附予这种传统，预先决定了可能把人类本质的这个决定性特点认为是属于实体—自然的。众所周知，作为绝对（现实的无限性）的神—实体—自然，被斯宾诺莎赋予无限多的属性。尽管，显现在自然和人类存在世界中的现实的属性，只有两个——广柔性（空间）和思维。作为机械论者，斯宾诺莎竭力用来说明物质和所有物质的东西，实质上，仅仅是第一个属性。但是，另外一个属性，认识—逻辑的属性，同第一个属性完全相等并且同它一起永恒存在。物质的和理想的等价性，正如绝对—实体和神的同一性一样，给斯宾诺莎主义的许多解释者以根据，他们在过去和现在都以此来否定斯宾诺莎主义的唯物主义性质。然而，这一类的否定通常都表现出对唯物主义仅仅作机械论的简单化的理解。在斯宾诺莎主义那里，有着强大的机械论的成分。但是，当我们说到这个哲学学说的唯物主义实质时，那么就应该看到它的彻底的反造化说，并且竭力仅仅从世界本身来说明世界。这些事实的总和为评价斯宾诺莎主义在整体上是唯物主义提供了根据，虽然在那个世纪的哲学语言中（不知道"唯物主义"这个术语），这一类的学说常常命名为自然主义或无神论。

尽量强调泛神论的传统，允许斯宾诺莎从根本上重新了解神的概念。在这个场合，我们心目中不仅把神的本质了解为至高无上的主宰，而且把它同实体一自然彻底地等同在一起。这里必须注意到神的概念的历来不可知的功用，由于很多现象和自然过程及人类世界尚未被认识，神就永远被认为是不可知的，原则上是人类的智慧所不能达到的。这种功用，实质上是以神秘主义为基础的，在一神论宗教里它被表象得如此浓厚，一方面，极力强调不可知的神的万能，另一方面，极力强调人类的软弱无力。但是，在泛神论的传统里（如司各脱·厄里乌根纳），却不止一次地试图缓和神同人的这种绝对的脱离，强调人类理智能力的巨大的可能性。

斯宾诺莎很好地意识到不可知的功用这个论据，他给了神以著名的定义，即神是无知的避难所。作为现实的和世界之外的无限的个性，传统一神论的绝对就正是这样的。利用经院哲学唯实论（特别是坎特伯雷的安瑟尔谟）传统中关于上帝存在的本体论证明，斯宾诺莎比笛卡儿在更大的程度上，强调了人的理智的力量能够达到神的本质。神一实体一自然在作者的《伦理学》中是主要的认识内容，并且因此它是发生在一切其他概念之前的概念。这样，在斯宾诺莎那里，神就从不可认识的象征和根基变成了自己的对立面——一切认识的基础。

斯宾诺莎比笛卡儿更加推进了理性主义的方法。他用分析的成分加强了直观，他提出了直观的明晰性依赖于这个或那个概念的定义的精确性。按照斯宾诺莎的意见，科学认识，是在演绎过程中，理性一知性的水平上实现的。继承笛卡儿已经开始的对直观进行理智的重新理解，斯宾诺莎更有力地强调了它的纯粹抽象思辨的自然本性。实质上，在他那里只有直观才是真正哲学认识的工具。特别是当直观被解释为理解世界整体的能力（著名的"对神的理智的爱"）的时候，就是如此。这样解释直观，是笛卡儿所没有的，斯宾诺莎在泛神论的传统里强调这一点，永远坚持人类灵魂同无限的和包罗万象的神的本质直接接触的可能性。

正是在这条道路上，使得从依赖于实体的一切对象和现象来理解世界成为可能，实体经过它的两个属性被理解并且被想象为第一原因。由于这样来理解另散的和个别的事物就变成了样式，即唯一的和无限的实体的具体表现。唯一的和无限的实体在这里被解释为"能动的自然"（natura naturans），同时，样式则被解释为"被动的自然"（natura naturata）。这个概念的起源，同样有赖于泛神论的传统。一方面，样式的概念，另一方面，个别的事物，在本体论上是同一的。按照自己认识论理解的水平不同，它们相互区别开来。个别的事物被较低级的（第一类的），感性—抽象类型的认识所认识。可是，作为样式，表现出那些事物对实体及其属性的依赖性，是被直观所理解的，而直观同演绎—理智类型的第二类认识有着不可分割的联系。

虽然斯宾诺莎把感性—抽象的认识评定为认识的较低级的一种类型，而借助于它所理解的世界，——与其说是普通的世界，毋宁说是哲学意识的世界。然而，斯宾诺莎主义同自己时代的自然科学思想的联系，在最大程度上是按照这类认识的路线来实现的。个别事物的世界是潜在的无限的世界。对它的理解只有按照广袤的属性这条路线才能实现。由此就造成了这种理解的特别的机械性。但是，斯宾诺莎时代的决定论，一般地说不可能是别的样子。恩格斯给斯宾诺莎的决定论以著名的高度评价，这种决定论竭力从世界本身去阐明世界，推进了它那个时代的自然科学，并且照亮了自然科学前进的道路。①

斯宾诺莎决定论的根本性质，完全排除任何形式的目的论。它把他的唯物主义具体化，从而破坏了几千年宗教迷信关于充满自然界和人类世界的无数奇迹的观念。斯宾诺莎坚持支配现实的严密规律性的绝对客观性。他和笛卡儿、霍布士及自己时代的其他先进哲学家一起，拒绝统治于古代的对规律性的社会幻想的解释，拒绝一神论的中世纪的拟人观。他把这种解释转移到

---

① 《马克思恩格斯全集》（俄文版 第 20 卷），第 350 页。

物理学的基础上来，从而另样解释了很多世纪以来神学命定论的传统，把命定论溶解于已经为他那个时代的自然科学所揭示的数学一力学性质的规律之中。

这里，在我们面前产生了斯宾诺莎形而上学一本体论的一个最大的困难，——被《伦理学》的作者发展的学说具有宿命论的特征吗？他本人坚决否认对他的这种估计，这种估计不仅是他的敌人，而且也是他的朋友所给予的。他否认的根据在于，宿命论的观念是同浸透着宗教情绪的那个世纪，信仰存在于自然之外的神的第一源泉不可分离地联系着的，似乎所有发生在地上和天上世界的无数线索都归属于第一源泉。由于驳斥了这一类的源泉，所以斯宾诺莎不能承认自己的学说是宿命论的。但是，坚持认为这一学说是宿命论的看法，一直继续到思想家死后（直至我们今天）还存在着。这种看法，是由他对人们叫作偶然性的那种主观态度的根本信念引起的。斯宾诺莎决定论被简单化了的性质，以及和这种决定论不可分割联着的，是把必然性仅仅同义地解释为机械一数学类型的必然性。它接近于抛弃偶然性，把偶然性同没有原因混为一谈。但是这一类的见解，看起来，终究不应认为是宿命论的。因为斯宾诺莎否定超自然的第一原因和由它引起的非自然的奇迹，他把有神论的神跟把对必然性等同于机械论解释的哲学学说对立起来了。从这个观点说来，这种学说，也许，最好的表征术语是"非主宰论"。

斯宾诺莎的理论遗产包含着深刻的辩证法思想，抛开这些辩证法思想，他的哲学学说是不可思议的。众所周知，恩格斯把他列入 17 世纪辩证法的光辉代表，虽然当时形而上学的思维方式还占统治地位。[①] 历史一哲学的自相矛盾性在于，斯宾诺莎所形成的辩证法思想同他本人叫作形而上学的许多世纪的传统是相衔接的，在这种形而上学那里，同反辩证法的观点并列的还有辩证法的观点。区分它们彼此之间的界限往往是极其困难的。

例如，应该承认斯宾诺莎主义的一个基本命题，即关于世界的统一性和整体性的命题，是辩证法的。它同那个世纪越来越加强的关于世界的这些或那些片断的分析一机械的观念相矛盾，同自然科学成就相联系，这些世界的片断被认为自己本来就是那样存在的。正是这样的观念，恩格斯称之为形而

---

① 《马克思恩格斯全集》（俄文版 第 20 卷），第 19 页。

上学的（亦即反辩证法的）。在泛神论的传统里，斯宾诺莎再次地强调了世界的整体性和统一性的观念，全力使无主宰的神的存在同自然和人类的世界相接近。在对世界整体性直观的基础上形成了他关于实体、属性和样式的学说。这种直观包含着深刻的辩证法观点，因为，它同在分析的自然科学一切巨大成就影响下，加强着的世界片断性的观点是相互对立的。斯宾诺莎同伦敦皇家学会秘书奥兰治布尔格的通信，可以特别地表征这个意思，而皇家学会当时已经成为几乎是分析科学的最积极的中心。

在斯宾诺莎主义的辩证法那里，实体作为现实的无限性，一定程度上集中了整体性的概念于自身，"限制就是否定"的命题占有很重要的地位。在他的反造化说的本体论中，它实质上是同神学的创造概念相对立的一个基本命题。如果实体体现着无限肯定的存在，那么，任何样式，既有赖于它作为根源，又有赖于它作为基础，就是某种（在空间上和时间上）对实体断言的否定。由此，任何个别事物的存在和不存在的统一，实质上就被看作是样式。在这里，斯宾诺莎还提出本体论和宇宙论的更广泛的辩证法问题：无限的世界如何能够作为整体的和统一的世界来思考呢？个别事物的世界，处在多样形式的相互决定之中，是潜在无限的世界。我们在或大或小的片断中知道它，在片断之内的事物，对我们来说，或多或少是偶然的或可能的。但是，分析地和机械地被谈论的世界，在斯宾诺莎主义那里被归结为有机一整体的世界，是被绝对统一所规定的现实无限实体。它仿佛终止着个别事物的潜在无限性，把它们从可能性转变为绝对的必然性。在这里，斯宾诺莎主义本体论的辩证性（世界的统一），同形而上学（实体的永恒性和样式的绝对必然性，样式是在时间之外从实体那里产生出来的）不可分割地联系在一起。

在斯宾诺莎主义的认识论方面，我们看到类似的相互关系。他的形而上学所固有的真理的绝对性，是在直观—演绎阶段达到的，当它显示为真理是"自己本身和谬误的尺度"时，并不要求同客观事物的任何对比。在斯宾诺莎的信念里，可以达到最大的绝对性，根据这种绝对性，他理解世界的超时间的逻辑。"从永恒的观点"，他充分地认识了这种绝对性，并且在自己的《伦理学》中用"几何学的方式"把它表达出来了。但是，在《知性改进论》中，揭露怀疑主义否认达到任何客观真理的可能性是没有根据的，它的作者简单地说出了深刻的辩证法命题。据此，真理是在认识过程中不断完善的，正如劳动工具在劳动过程中不断完善一样。虽然这个命题没有——并且也不能——在斯宾诺莎的知识论中得到发展，但是，我们在那里发现有相应于感性—抽象知识的关于真理和谬误的相对性的有系统的学说。在这种——同直观—演绎相比是低级的——知识水平上，认识的过程主要是作为导致更加深刻的结果来论述的。这里，简明地表述着辩证的思想，按照这种思想，部分只有在达到某种更广阔的整体的条件下才能被理解。在那个时代，绝大多数先进的哲学家（斯宾诺莎本人就是其中之一）所具有的机械—分析方法，常常被他们那样的辩证意识代替，即整体不可能没有剩余地在某种限度内分解为简单的成分。但是，趋向越来越广阔的整体性的认识过程，在被理性直观所理解的超时间的逻辑那里，有着自己的界限。这里，斯宾诺莎方法的形而上学成分已经成为首要的东西。

斯宾诺莎主义的理论内容，同人类学、心理学和伦理学提供给人类的问题是不可分割的。斯宾诺莎彻底的自然主义，在把人类意识的一切无限复杂的结构归属于人方面，起了巨大的作用。因为在中世纪对普通的和哲学的意识里，人类意识被认为是超自然的神的创造，在现实的范围，谁都不是被自然创造的。在自己前后一贯的自然主义当中，斯宾诺莎原则上探讨了一元论的解决心理物理学问题——那个时候首要的哲学—心理学问题。跟随在霍布士之后，他驳斥关于人类意志自由的永恒观念，并且用适合于自己坚决的理性主义和决定论的原则来彻底地解释它。研究了感情激动的复杂问题，从自己的认识论来把握它，《伦理学》的作者揭示了达到自由的心理学的条件。在这里，他同样表现出是辩证法的行家，证明在最高类型认识所理解的必然性认识的基础上，可以达到自由。事实是，斯宾诺莎式的解决自由问题，只是在个人—心理学的意义上实现的。它带有深刻的静观性的烙印，不知道实践活动是达到自由的首要条件，它没有猜想到自由在人类历史上的发展。但是，不能忽视它巨大的历史—哲学的意义，作为新时代的第一个自由的观念，自由已经被提高到了本体论和认识论学说的水平。

斯宾诺莎把研究伦理学学说看作自己哲学学说的最高目的，他既在自己主要著作的名称上，也在其结构上都强调了这一点。《伦理学》的作者把自己形而上学的本体论和认识论的命题，视为这个学说的命题的方法论导言。

实际上，采用自然主义、理性主义、决定论、唯名论和一些其他的一般哲学原则来理解人类个人的和社会的行为，允许斯宾诺莎在新时代率先研究完全被世俗化的、非宗教化的伦理学学说。当然，在斯宾诺莎之前及和他同时，曾出现过类似的尝试，有时也作出了显著的成果（如在某些人文主义者那里，或霍布士那里）。但是，只有在斯宾诺莎那里，它们才具有系统的和最后完成的伦理学学说的形式。在那里，产生于古代和在新时代复兴的两个最强大的伦理学传统——斯多噶学派和伊壁鸠鲁学派的伦理学传统——被独特地结合在一起。细看斯宾诺莎主义伦理学的理想——"自由的人类"的理想和最符合这种理想的社会，我们最明显地观察到，阐明斯宾诺莎主义根源的社会决定的成分驳杂性，关于这一点在本文开头已经讲到过了。同样，斯宾诺莎主义的社会理想虽有其一切唯心主义（所有的社会关系都从属于伦理关系，过分夸大了国家的道德教育的职能等），但是历史上是很有意义的尝试。它试图达到将当时已经急骤发展了的资产阶级社会成员个人的和特别利己主义的利益，同联合在国家内作为全体人民整体性表现的国家利益结合（甚至是从属）起来。然而，由于斯宾诺莎主义的社会——哲学学说的唯心主义（以及，当然，完全缺乏客观的条件），这个理想只能陷入空想。

如果伦理—社会学学说可以看作是斯宾诺莎主义的哲学学说的总结，那么就必须承认无神论是它的主要历史成果。按其实质，他的一般哲学观念的泛神论和反造化论就已经起了无神论的功用。但是，《神学政治论》的作者对《圣经》、旧约遗训的批评，在其更广泛的社会内容中，特别促进了无神论的发展。直到那时为止，圣经、旧约遗训在犹太教和基督教的宗教里都是完全不可侵犯的文献。这里，不消说这种批评的主要结果，我们强调，把它当作普通历史文献的斯宾诺莎态度，对于数千年犹太教—基督教传统引起了巨大的震荡。在这种传统里，《圣经》永远表现出一种超自然的光圈。《神学政治论》作者简述的最重要的哲学结论，就在于剥夺了《圣经》的任何理论功用，证明了无论谁在过去（如迈蒙尼德），还是在斯宾诺莎时代（如某些笛卡儿主义者）试图给它硬加上这一类功用，都是毫无根据的。这部著作的另外一个特点是它的彻底的反教权主义。它意识到在竭力维持对社会的最优秀的智慧实行精神钳制方面，保皇派分子和国家政权的代表者（特别是君权主义者）之间存在着内在的联盟。

否认《圣经》的任何认识作用，斯宾诺莎毕竟还没有成熟到剥夺它的道德—教育作用。研究世俗的道德原则之后，他并且向他们，实质上，向很有限范围的"自由的人们"，或者"聪明人"提出，虽然绝大多数的人民都不能集中于智力的活动，但是应当到《圣经》的箴言中去获取自己的道德，因为这个源泉是最有权威的。在这一点上，斯宾诺莎把宗教和迷信对立起来，坚决否认指责他自己是无神论的说法。这样的立场绝不仅仅是斯宾诺莎的小心谨慎所主使的，而是有机地表现了他深信，道德不能同"正当的"宗教相矛盾（在这方面，斯宾诺莎是费尔巴哈的先驱）。

　　斯宾诺莎主义，产生于自己的时代，在它的创造者死后，成了历史—哲学进程的很显著的一页。在17世纪和18世纪，斯宾诺莎基本上被认为是无神论者，特别是天主教和新教的神学教授，常常把斯宾诺莎主义看作是无神论的标准。实际上，《神学政治论》的思想在反教权主义和无神论思想（特别是梅叶、伏尔泰、霍尔巴哈）的发展中，显示了最有力的影响。另外，泛神论的自然主义和《伦理学》作者的唯物主义，成了主要的理论源泉，促进了18世纪德国斯多士、劳和艾捷尔曼的唯物主义观点的形成。托兰德和狄德罗从感觉论的立场批判克服斯宾诺莎唯物主义的思辨性，把它变成了物质和运动紧密联系的更彻底的唯物主义的首要因素。另外，在18世纪的德国，袭用和解释斯宾诺莎主义的唯心主义路线得到了发展。它开始于著名的"泛神论的争论"，斯宾诺莎主义处在这一争论的焦点，列森格、雅可比、歌德和格尔捷尔都参加到了这个争论中来。这场争论的一个后果是斯宾诺莎的思想影响了谢林和黑格尔（正如叔本华称呼的那样，他们是些新斯宾诺莎分子）。同狄德罗相反，黑格尔全力强调斯宾诺莎实体的抽象性，把它变成了特别思辨的概念。按照马克思的著名评述，斯宾诺莎的实体（同费希特的"自我"一起）成了黑格尔体系所由出发的概念。费尔巴哈发展了对斯宾诺莎主义的完全另外的解释。承认斯宾诺莎是思辨哲学的奠基者，谢林和黑格尔的前驱，德国唯物主义者同时指出了对斯宾诺莎主义给予唯物主义和无神论解释的历史合理性，并且深化了斯宾诺莎主义。同时，他揭示了斯宾诺莎泛神论唯物主义（"神学的唯物主义"）的局限性，并且提出"或者是神，或者是自然"的公式同它相对立。后来，车尔尼雪夫斯基给了作为费尔巴哈人本主义先驱的斯宾诺莎学说以很高的评价。

对斯宾诺莎哲学的资产阶级—唯心主义的解释，随着 19 世纪末到 20 世纪大部分时间浩瀚增跃的斯宾诺莎研究的出版物洪流的增长而增多起来。同时，对斯宾诺莎主义的唯心主义解释五花八门，常常相互排斥——在它们那里，正像一面镜子，反映了资产阶级唯心主义的不同倾向和矛盾。正如卓越的德国斯宾诺莎主义的研究者杜林—波尔科夫斯基在伟大思想家诞辰 300 周年时确认的那样，还在 19 世纪末，在对斯宾诺莎主义的许多解释中就笼罩着"不可想象的混乱"①。用英国研究者列·罗特的话来说，过了 20 年之后，在最新的哲学出版物中对斯宾诺莎主义的研究上，我们加深的不仅是，甚至与其说是加深了对斯宾诺莎主义的研究，不如说是认识了解释者本人的思想状况。②

在最近一些年里，出现有一类斯宾诺莎研究的读本和文选，说明这种解释何等矛盾。在那里，从它们的编著者的文章和篇幅更大的著作的个别章节的观点来看，最有趣和最深刻的东西被表达出来了。在这些文选中间，我们发现，其中有罗伯特·阿尔特维克尔出版的《关于斯宾诺莎主义历史的文选》（其中包括杜林—波尔科夫斯基、克西列尔、列文—斯特劳斯、德波林和阿克申勒罗德的文章）③，马杰洛里·格林编著的《斯宾诺莎·批评短论文集》④，（没有马克思主义的研究文章），用编著者的话来说，文集的每一篇文章和章节"彼此发生冲突，尽管每一篇文章都适当地论述了这篇或那篇原文的不同观点"⑤。鲍尔·卡什普出版了另外一种专辑（全部 18 篇短评，从1921 年出版的沙缪尔·阿列克塞德尔的《斯宾诺莎和时间》一文开始）。⑥这本文选，用编著者的话说（写在《斯宾诺莎的思想和影响》一文中），是企图"不仅理解斯宾诺莎，而且同时要用现代哲学辞典的术语来解释他的思想"⑥。在这里，作者从许多现代资产阶级斯宾诺莎研究者有代表性的过分夸大斯宾诺莎思想意义的评价出发，认为斯宾诺莎的思想"超过他自己的时代

① S. Von 杜林—波尔科夫斯基：《斯宾诺莎诞生三百周年》，1912 年版，第 140、158 页。
② 列·罗特：《斯宾诺莎》，1954 年版，219 页。
③ 罗·阿尔特维克尔编著：《关于斯宾诺莎主义历史的文选》，达姆斯塔德，1971 年版。
④ 马杰洛望·格林编：《斯宾诺莎批评短论文集》，1973 年版。
⑤ 马杰洛望·格林编：《斯宾诺莎批评短论文集》，1973 年版，第 7 页。
⑥ 鲍尔·卡仟普编：《斯宾诺莎研究，批评和解释短评》，伯克利，参看 1974 年版，8 页。

并且继续越过我们……。今天，斯宾诺莎的思想有着巨大的哲学学意义，或许，超过除亚里士多德以外的的任何其他历史上的哲学家"①。

在最近 100 年对斯宾诺莎主义资产阶级解释的潮流中，把它当作宗教学说来解释占据优势。虽然如此，还在 18 世纪末，德国启蒙学者利希特别尔格就开始提出了这样的解释，认为，斯宾诺莎主义是未来的普遍宗教。仿佛是为这个预测辩护，著名的法国宗教史和哲学家恩列斯特·芮南早在 100 多年前，在海牙纪念斯宾诺莎逝世 200 周年发表的演说中，就确认了传统的"有益的"宗教信仰的危机。法国唯心主义者把斯宾诺莎主义同他们的破旧的说教对立起来，似乎斯宾诺莎主义完成了"宗教革命"，并且拟定了这样的宗教学说，"它不需要任何超自然的东西，任何教义，任何祷告"②。

对斯宾诺莎主义的宗教的曲解，反映了（并且现在还反映着）资产阶级知识界的求神派的情绪。在最近 10 年斯宾诺莎研究的历史上，常常把《伦理学》的作者同世界宗教的创始者，如同佛教，还有更加经常地同基督教的创始者相比拟。法国研究者亚历山大·马特罗在其《耶稣基督和斯宾诺莎那里的神秘的拯救》③ 一书中，根本不正确地企图揭示出，可以说是，斯宾诺莎主义的基督教观点。但是，更经常的是把斯宾诺莎主义当作"世俗的"哲学的宗教，它使任何"有益的"宗教信仰摆脱了民族的局限性。在这里，甚至没有可能列举出走上这条道路的一切作者。它使我们回想起德国资产阶级研究者卡尔列·格巴赫尔德，他在 20 世纪 20 年代和 30 年代写作，是"斯宾诺莎协会"的创始人，他是迄今为止出版斯宾诺莎著作最好的编辑者。格巴赫尔德在自己关于斯宾诺莎的著作④中强调，斯宾诺莎生平经历的特点已经把他的学说变成了全欧洲的学说，马隆（因受迫害而改信天主教的犹太人）的后代，同犹太教断绝了关系，并且不归附任何宗教信仰，创造了"真正的全世界基督教统一的哲学"。在格巴赫尔德看来，这种哲学的最大价值在于，它似乎调和了宗教和科学，创造了"哲学的宗教"，能够克服"最鲜

---

① 鲍尔·卡仟普编：《斯宾诺莎研究，批评和解释短评》，伯克利，参看 1974 年版，8 页。

② 斯年诺莎编年史（卷五），海牙会议，第 18、10、14、27 页。

③ A. 马特罗：《耶稣基督和斯宾诺莎那里的神秘的拯救》，1971 年。

④ C. 格巴赫尔德：《斯宾诺莎》，四次讲演，海德堡，11-12 页，1927 年版，汉森编：《斯宾诺莎纪念文集》，海德堡，1933 年版，38-43 页。

明的表现在马克思主义那里的唯物主义的宗教"。

　　格巴赫尔德的立场反映了最新资产阶级哲学和思想的本质特点，它在反对唯物主义和共产主义的斗争中，否认非宗教道德的可能性，认为无神论者是属于无道德论，如此等等。在此，力求依据于斯宾诺莎，他们事实上勾销他的学说的一个非常重要的结果，这个学说论证了非宗教道德的可能性。同时，认为斯宾诺莎主义中间有着"世俗的宗教"，这是很模糊的，不确定的。最近一些年，在著名的法国哲学史家盖鲁分别于1968年和1974年出版的对《伦理学》第一、二部分的两大卷研究—评论那里，我们发现能够给上述观点提供一种范例①。在第一卷的导言中，作者认为斯宾诺莎的永久的意义在于，他大力表现着"西方人类的两个基本特点——渴求理解和爱好自由"，更加满足了"智慧和心灵的两重需要"。人类趋向绝对认识的渴望使他同神平等，按盖鲁的看法，这就构成"绝对的宗教"。他认为斯宾诺莎主义的"自相矛盾性"在于，它所固有的彻底的理性主义，破坏了自然信仰所习惯的环境，并在这个范围内加强了自然主义的完整性，然而"这里充满了宗教性"，它完全不同于实证宗教的"愚昧的学说"，这种实证宗教充满了"没有神秘的神秘主义"。

　　盖鲁的议论表征了那样的态度，即斯宾诺莎主义在现代资产阶级哲学家中间受人欢迎，在许多方面是可能把它看作宗教和科学的结合，并在此基础上宣告它是宗教发展的最高阶段。这样来解释斯宾诺莎主义，不仅鼓舞着许多资产阶级哲学家，而且鼓舞着像爱因斯坦这样伟大的学者。作为斯宾诺莎《纪念会文集》献词的一个参加者（在它的另一些参加者中间，有弗列德、罗曼·罗兰、阿诺尔德·茨维格、宾·古龙），爱因斯坦还在自己《我的世界观》② 一书中，把斯宾诺莎解释为"宇宙宗教"的一位英雄和创造者。由于摒弃拟人观的神（没有神就不可能有最低程度的宗教生活），宗教的这一最高变态不承认任何教义，任何教会。它的主要标志在于深信世界的合理性，热烈地渴望在科学的忠诚中认识它，如此等等。十分明显，在伟大学者

---

　　① M. 盖鲁：《斯宾诺莎》（第1卷），论神《伦理学》I巴黎，1968年；第2卷，论心灵（《伦理学》，1）巴黎，1974年。

　　② A. 爱因斯坦：《我的世界观》，阿姆斯特丹，1934年版，第40-42页。

那里出现"宗教"一词（它伴随着"神"一词）是由于许多世纪把道德和宗教混为一谈的传统。

对斯宾诺莎主义的犹太教的解释，同它的历史作用自相矛盾，是对斯宾诺莎主义宗教解释特别没有根据的处理方法。还在很久以前，它就表现在竭力证明斯宾诺莎主义的理论—哲学的源泉多半是犹太教性质的。在我们提到的许多这种著作中间，美国语言学家和哲学史家加林·沃尔弗逊的《斯宾诺莎的哲学。关于它的推论的隐蔽的过程》是基本的专题学术著作，它的第二版在 1958 年出版。[1] 在分析斯宾诺莎主义的历史—哲学的谱系时，它的作者企图证明一种实质上毫无根据的命题，似乎可以确定，一般地说犹太教，部分地说欧洲中世纪哲学可以作为斯宾诺莎的"母源"。对斯宾诺莎主义的犹太教解释的更加粗鲁和完全没有根据的表现是它的解释者的这样一些著作，他们不仅把犹太教看作是这一学说的根源，而且无条件地把它的内容归结为犹太教。例如，约瑟夫·克劳兹列尔在被提到的《纪念刊物》的一篇文章中，同格巴赫尔德及其他在"世俗的宗教"精神下对斯宾诺莎主义进行解释的解释者们的信念相反，他断言，这个学说"不是属于全人类的，而首先是属于犹太人的"[2]。另外一位现代犹太主义作者，达戈别尔特·卢列斯，走得还要远些，他把斯宾诺莎解释为"所有思想家中最犹太化的思想家"[3]。好像是为了抹杀自己遥远的先驱者们的"罪过"，那些 17 世纪好斗的犹太教徒，他们诅咒并从自己中间驱逐了思想家—反抗分子，他们的现代继承者们给他"恢复名誉"，并且把它当作"兄弟"重新接纳为"犹太的教徒群众"[4]。著名的犹太复国主义首领和以色列国家的奠基者之一——宾·古龙，甚至宣称斯宾诺莎是"最近三百年的第一位犹太复国主义者"[5]。这样的评价，民族主义地歪曲了斯宾诺莎主义，事实上是勾销它的真正历史的和哲学的本质。

对斯宾诺莎主义的原则的解释，在马克思主义的，特别是在苏联哲学的历史中，占有显著的地位。在这里，普列汉诺夫的著作起了首创的作用。他

---

① N. A. 沃尔弗逊：《斯宾诺莎的哲学。关于它的推论的隐蔽的过程》纽约，1958 年版。

② 《三百周年纪念，斯宾诺莎纪念文集》（第 2 版），海牙，1962 年版，第 124 页。

③ D. 卢列斯：《走向内在自由的道路》，纽约，1957 年版，第 10 页。

④ 参看：《斯宾诺莎纪念文集》145 页；又参看《斯宾诺莎字典》，纽约，1956 年，第 11 页。

⑤ 《斯宾诺莎纪念文集》，第 7 页。

的相当重要的功绩在于，在资产阶级哲学对斯宾诺莎主义的唯心主义解释占据绝对优势的条件下，作者捍卫了斯宾诺莎主义的唯物主义解释。最卓越的俄国哲学家—马克思主义者大力强调了斯宾诺莎在发展唯物主义传统上的意义，这个传统在辩证唯物主义那里达到了自己的顶点。遗憾的是，普列汉诺夫未能充分地揭示出唯物主义的发展并且完全没有明了，辩证唯物主义是这一发展的质的新阶段。由此，普列汉诺夫给斯宾诺莎的唯物主义以相当过高的评价，并且提出他的臭名远扬的公式。按照这个公式，马克思主义哲学乃是斯宾诺莎主义的变态。附属于它的，还有他的另一个公式，其内容是，神的概念在斯宾诺莎主义那里，只不过是神学的"画蛇添足"，按其实质，是同它的创造者思想的哲学本质背道而驰的。① 普列汉诺夫的这些意见妨碍了对斯宾诺莎唯物主义的合乎实际的历史评价。

普列汉诺夫的错误在德波林和集聚在他周围的那些苏联哲学家的著作中被加深了。例如，他们把斯宾诺莎的实体时而同物质混为一谈，时而同经验上被知觉的自然混为一谈。另外一些苏联哲学家解释斯宾诺莎主义比较深刻和合理一些（我们在这里可以举出阿斯穆斯、贝霍夫斯基、布鲁什林斯基）。但是，在我们对斯宾诺莎主义的解释中，甚至容许一定的简单化，强调斯宾诺莎主义的唯物主义的、无神论的和不少的辩证法内容的因素，比起我们在大多数资产阶级哲学著作中遇见的夸大它唯心主义方面和颂扬它虚构的宗教性来说，对于现时代，历史地看来，是更加正确和迫切的。在伟大思想家逝世 300 周年之际，进步人类敬重他是为真理而斗争的深邃真诚的、勇敢的、忠诚的战士，他的思想现今同哲学的进步是紧密联系在一起的。

（译自〔苏〕《哲学问题》1977 年第 4 期）

---

① 参看（第 2 卷），莫斯科，1956 年版，第 338、351、354 页；第 359-360 页；第 366-387 页；《T. B. 普列汉诺夫哲学著作选集》第 3 卷，莫斯科，1957 年版，第 75-76 页，第 469-470 页，第 683、672 等页。

附录 B　论爱因斯坦与恩格斯和列宁的观点 [*]

同唯心主义哲学家和机械唯物主义者的许多断言相反，爱因斯坦的物理学学说按其内容来说，完全符合辩证唯物主义的原理。这一点可以在恩格斯和列宁的著作中找到说明。

一、恩格斯和爱因斯坦

在爱因斯坦诞生前一年，恩格斯已经完成了他的《反杜林论》，并且又重新返回来撰写《自然辩证法》。虽然这是在爱因斯坦的相对论（狭义相对论）问世之前 1/4 世纪多的时候的事，但是，恩格斯当时表述的一些原理仍然可以看成是为爱因斯坦未来理论拟定的一般哲学基础。"世界的真正的统一性是在于它的物质性……"——恩格斯写道："……一切存在的基本形式是空间和时间。""运动是物质的存在方式。……没有运动的物质和没有物质的运动是同样不可想象的。因此，运动和物质本身一样，是既不能创造也不能消灭的。……"①

按照物理学的概念机构，质量（m）是物质的物理属性，而能量（E）则是运动的物理量度。因此，恩格斯在上面表述的哲学原理同爱因斯坦发现

---

　　* 原文作者为玻·门·凯德洛夫，杜镇远译，丁由校。译文原载于《自然科学哲学问题丛刊》，1980 年 2 期。

　　① 中共中央马克思恩格斯列宁斯大林著作编译局：《马克思恩格斯全集》（第 20 卷），人民出版社，1971 年版，第 48、56、65 页。

的基本定律（$E=mc^2$，这里 c 是光速）的物理学内容是相符合的。实际上，按唯物主义解释，从这个定律中应得出：没有能量的质量和没有质量的能量都是不存在的，因此，能量和质量一样，是不能被创造也不能被消灭的。

由于物质构成作为它存在形式的运动的内在内容，而空间和时间又是一切存在（运动着的物质）的基本形式，所以在它们之间就应当存在着内在的联系相依性：空间和时间作为存在的基本形式就应当依赖于充实它们的那个内容，即依赖于运动着的物质，并且它们的相依性应当在一定的条件下表现出来。另外，空间和时间这两种基本的存在形式，作为具有世界统一性的运动着的物质这同一个内容的不同形式，不能不是彼此有机地联系着，正如同一客体的不同方面（形式）是彼此联系着的一样。它们的这种联系，在一定条件下，自己应当显露出来。

爱因斯坦的相对论完全符合辩证唯物主义的这些一般哲学原理：它十分精确地表明了，在哪些物理条件下，上述相依性应当在实际上自己表现出来。

在《自然辩证法》中，有一段从黑格尔的《自然哲学》里摘录出来的札记，它表明了恩格斯打算在哪个方面进一步发展上述的原理："它（运动）的本质是空间和时间的直接的统一……空间和时间都属于运动；……""空间和时间充满着物质……正如没有无物质的运动一样，也没有无运动的物质。"①

笔者认为，爱因斯坦在见到《自然辩证法》的部分手稿时是没有见到这几处的。事情在于，恩格斯逝世后，《自然辩证法》手稿在德国社会民主党的档案库里差不多搁置了 30 年。当我国（指苏联——译者注）有可能发表这些手稿时，那个把恩格斯的伟大著作在档案库里搁置了 30 年的著名的修正主义者和辩证法的敌人爱德华·伯恩斯坦，企图利用阿尔伯特·爱因斯坦的权威作掩护，来宣称《自然辩证法》手稿是没有科学价值的，它已经完全过时了。事实上，当时是 1924 年，而恩格斯终止关于自然科学的辩证法的写作是在 1883 年（那就是说已经过去了 40 多年）。况且，伯恩斯坦显然是

① 中共中央马克思恩格斯列宁斯大林著作编译局：《马克思恩格斯全集》（第 20 卷），人民出版社，1971 年版，第 588 页。

要竭力挑选恩格斯手稿中那些在当时可能是最过时了的材料送给爱因斯坦去评论。但是，要准确确定到底是什么材料送给了爱因斯坦去评论，现在是不可能了。伯恩斯坦本人宣称，为了弄清恩格斯手稿的价值问题，用他的话说，他拿给"一个伟大的人同样也是伟大的思想家"阿尔伯特·爱因斯坦，向他叙述了所有的情况，请求他对《自然辩证法》手稿作出自己的评论。

可以设想，这里谈的是恩格斯冠以《自然辩证法》标题的手稿的第三束的某篇文章。爱因斯坦在自己的评论中表明了送给他看的手稿是关于物理学的。但在恩格斯的第三束手稿中，专门用来研究物理学的只有《电》这篇论文，这是 1882 年写成的，也就是早在发现电子（1897 年）以前，甚至在阿累尼乌斯创立电解理论（1885～1887 年）之前。

然而，伯恩斯坦的打算落空了。果然不出所料，爱因斯坦承认送给他看的论文的内容是过时的：它基本上是恩格斯作为对维德曼在 1872～1874 年出版的关于电流和电磁的教科书的一种批判分析而写成的。虽然如此，爱因斯坦还是主张出版恩格斯的手稿。下面就是他注明了写于 1924 年 6 月 30 日的评语："爱德华·伯恩斯坦先生把恩格斯的一部自然科学史内容的手稿交给我，要我发表意见，这部手稿是否应该出版。我的意见如下：如果这部手稿出自一位并非作为历史名人而引起兴趣的作者，那末我就不会建议将它付印，因为不论从当代物理学的观点来看，还是从物理学史方面来说，这部手稿的内容都不是特别有趣的。可是我想，既然这部手稿提供了可用于阐明恩格斯的精神意义的有趣材料，所以把它发表出去是适宜的。"[1]

可以设想，如果送给爱因斯坦的不是《电》这篇论文，而是《自然辩证法》的其他材料，特别是包含着那些可以作为相对论的哲学基础的言论材料，例如上面引述过的及类似的材料，那么爱因斯坦的评论会是另一个样了。但是无论如何下面哪个事实是特别重要的：恩格斯的即使内容过时的论文，爱因斯坦仍认为必须发表，因为它的作者正好是恩格斯。

过了一年，在 1925 年，恩格斯的全部手稿冠以《自然辩证法》的书名，在苏联用两种文字出版了：德文原文和俄文译文。

---

① 爱因斯坦：《爱因斯坦文集》（第 1 卷），1976 年版，第 202 页。

二、列宁和爱因斯坦

用列宁的话说，在恩格斯逝世的那一年（1895 年），开始了"自然科学的最新革命"，这个革命的一个最鲜明的表现就是爱因斯坦在 1905 年创立的相对论（狭义相对论）。这个革命引起了激烈的哲学上的反应，"物理学的"唯心主义者（马赫主义者、唯能论者等）企图从物理学的革命中作出有利于唯心主义和不可知论的哲学结论。混乱的主观唯心主义的马赫主义变种得到了特别有力的传播。马赫主义者企图以自己基本的主观唯心主义观念来解释一切科学概念，其中包括空间和时间这样的概念。而且，他们利用了这样一个事实：如同所有的科学概念一样，空间和时间的概念在历史上都经历过改变并且现在还在改变着，因而表现出自己的相对性。既然关于空间和时间的观念是在变化着的、相对的，所以马赫主义者断言，这就意味着，它们具有纯粹随意的性质，并且不反映任何客观的实在性。

列宁在《唯物主义和经验批判主义》（1908 年）一书中，坚决地驳斥了这一类观点，指明了它们的绝对荒谬性。列宁写道："正如物或物体不是简单的现象，不是感觉的复合，而是作用于我们感官的客观实在一样，空间和时间也不是现象的简单形式，而是存在的客观实在形式。世界上除了运动着的物质，什么也没有，而运动着的物质只有在空间和时间之内才能运动。人类的时空观念是相对的，但绝对真理是由这些相对的观念构成的；这些相对的观念在发展中走向绝对真理，接近绝对真理。正如关于物质的构造和运动形式的科学知识的可变性并没有推翻外部世界的客观实在性一样，人类的时空观念的可变性也没有推翻空间和时间的客观实在性。"①

当列宁写这些话的时候，他还不知道爱因斯坦的相对论，因为列宁感兴趣的只是 19 世纪末 20 世纪初作出的那些物理学的发现，当时围绕着那些发现，已经在哲学上的两大派——唯物主义和唯心主义之间展开了斗争。电子的发现和它的质量可变，因而原子的可分性、放射性和镭的发现，化学元素

---

① 列宁：《列宁全集》（第 14 卷），中共中央马克思恩格斯列宁斯大林著作编译局编译，人民出版社，1961 年版，第 179 页。

的蜕变就是这样的发现。那时，爱因斯坦的相对论还没有成为哲学斗争的对象，这个斗争是在后来，在 20 世纪 20 年代初才开始的。

最为杰出的是，列宁揭示了在物质、运动、空间和时间之间显示新的联系和相互关系时所依据的那些物理条件。列宁写道："世界是运动着的物质，……力学反映这一物质的缓慢运动的规律，电磁理论反映这一物质的迅速运动的规律……电子……以每秒达到 270000 公里的速度运动着；它的质量随着它的速度而改变；它每秒转动 500 亿兆次，——这一切比旧力学复杂得多，可是这一切都是物质在空间和时间中的运动。"[1]

从前，缓慢运动和巨大质量的旧力学运用的那些直观的、感性形象的观念已经不足以反映这些运动了。这里，数学及其抽象法就来帮助物理学了。列宁着重指出"自然科学的辉煌成就"就在于它向"那些运动规律可以用数学来处理的同类的单纯的物质要素"的接近。[2]

但是，这没有给唯心主义者以任何权利和根据来把科学的进步解释成有有利于他们的哲学。然而，正像列宁指出过的那样，哲学上的反动派在那个时候完全不是利用科学上已经陈旧的东西，已经成为过去、丧失了自己原先的意义的东西来进行投机，而是刚好相反，它是在利用物理学的最新发现，利用自然科学的进步，利用在那里发生的最新的革命。由于物理学的这些最新成就中的许多东西在最初还不为人们所理解，还没有得到解释，所以看起来是稀奇古怪的。所以就出现了唯心主义的"解释"，导致了对唯物主义的虚构的驳斥和对唯心主义及不可知论的"确证"。"反动的意向是科学的进步本身所产生的"[3]，例如，处理微观客体运动的研究结果时，运用数学的可能性，正如列宁进一步指出的那样，就产生了数学家忘记物质那样的事。"物质消失了"，剩下的只是些方程式。在这个公式中，列宁表述了"物理学"唯心主义的一个原因，从而也表述了他那个时代的物理学危机的一个原因。

---

① 列宁：《列宁全集》（第 14 卷），中共中央马克思恩格斯列宁斯大林著作编译局编译，人民出版社，1961 年版，第 297 页。

② 列宁：《列宁全集》（第 14 卷），中共中央马克思恩格斯列宁斯大林著作编译局编译，人民出版社，1961 年版，第 325 页。

③ 列宁：《列宁全集》（第 14 卷），中共中央马克思恩格斯列宁斯大林著作编译局编译，人民出版社，1961 年版，第 299 页。

显然，这里的原因不在于数学本身，运用数学于物理学乃是自然科学的巨大成就。原因在于用数学方程式来作物质微观粒子运动的描述时忘记了物质本身的唯心主义解释。

在这样的唯心主义精神下，"物理学"唯心主义者在 20 世纪初叶曾经企图解释镭和放射性的发现，把这描述为能是从虚无中产生的或者"物质转化为能量"。电子的属性，它的质量的可变性，原子的可分性——所有这些及在那些年内的其他物理学发现都被唯心主义者在"物质消灭了"（因为直到那时为止原子被认为是物质的最终粒子）或"物质的归结为电"（因为电子被宣称为电的粒子，而电又被解释为某种不同于物质的东西）的精神下加以解释，如此等等。所有这些从"常识"的观点初看起来可能显得"奇怪"和荒诞的东西，唯心主义者们都急忙抓过来当作自己的"哲学武器"。

列宁还揭露了那些企图寄生在物理学革命上面的唯心主义者。例如，他写道："电被宣称为唯心主义者的合作者，因为它破坏了旧的物质构造理论，分解了原子，发现了新的物质运动形式，而这些新形式极不同于旧形式，也从来没有被人考察和研究过，真是不同寻常，'奇妙非凡'，以致可以把自然界解释为非物质的（精神的、思想的、心理的）运动。"[①]

列宁在自己的书里面就是这样提出和解决哲学唯心主义同自然科学的最新革命的相互关系问题的，他的书的整个第五章都是用来谈这个问题的。

在《哲学笔记》（1914 年）里，列宁批评了客观唯心主义者黑格尔，因为黑格尔认为时间与空间（与表象相联系）在对思维的关系上是某种较低级的东西。可是，列宁附带说明，在一定的意义上，表象当然是比较低级的。"实质在于：思维应当把握住运动着的全部'表象'，为此，思维就必须是辩证的。表象比思维更接近于实在吗？"——列宁问道并且回答说——"又是又不是。表象不能把握住整个运动，例如它不能把握秒速为 30 万公里的运动，而思维则能够把握而且应当把握。从表象中取得的思维，也反映实在；时间是客观实在的存在形式。黑格尔的唯心主义是在这里，即在时间的概念

<hr/>

① 列宁：《列宁全集》（第 14 卷），中共中央马克思恩格斯列宁斯大林著作编译局编译，人民出版社，1961 年版，第 299 页。

中（而不是在表象对思维的关系中）"①。

正如我们看到的，列宁不是把从直观的（机械的）表象向抽象思维（包括运用数学的抽象）的过渡看作脱离实在，而是把它看作接近实在，这也是现代物理学的一个重要特点。在这方面，列宁在1922年对爱因斯坦的相对论所持的立场是重要的。新马赫主义者（新实证论者）抓住相对论，利用它的抽象性，它的关于空间和时间的原理和推论的不寻常性，来为自己的哲学目的服务。同时，他们竭力以主观主义的精神来解释这个理论的实质，全力夸大观察者的作用，说什么对于观察者来说，时空关系的变化取决于爱因斯坦有意把自己假定的"观察者"什么参照系上。

在1922年刚创办的《在马克思主义的帜下》杂志第1～2期合刊上，曾经刊载莫斯科大学物理学教授季米里亚捷夫对爱因斯坦关于相对论的书的评论。季米里亚捷夫是站在古典物理学（包括牛顿力学）的立场上的，而在哲学上则是一个机械唯物主义者，他基本上否定了相对论，认为它是彻头彻尾马赫主义的、伪科学的理论，宣称这个理论在根本上可以归结为马赫的观点，爱因斯坦似乎只不过是赋予马赫的观点以数学的形式。虽然季米里亚捷夫在这里处处引证列宁的《唯物主义和经验批判主义》，但在实际上他完全不理解列宁的观点并且明显地同列宁的观点相矛盾。例如，季米里亚捷夫的出发点是：唯心主义者只喜欢这样的理论，它在内容上是唯心主义的，在科学上则是毫无价值的。既然唯心主义者吹捧爱因斯坦的理论，这就意味着这个理论是唯心主义的——这就是季米里亚捷夫的推理法。

季米里亚捷夫力图弄清引起爱因斯坦的相对论似乎具有如此明显的唯心主义性质的原因是什么。他写道："在健康的科学界，正如列宁同志所指出的那样，学者可以'自发地'变成唯物主义者，但为什么在那里会产生出这种不健康的思潮呢？答案只有一个：与相对论有关的一些问题所涉及的领域，是我们靠目前的技术手段还不能通过实验室的实验来解决的事情。而当自然科学家失掉了自己唯一可靠的支柱时，他的思想就很容易误入歧途。"②

---

① 列宁：《列宁全集》（第38卷），中共中央马克思恩格斯列宁斯大林著作编译局编译，人民出版社，1959年版，第245-246页。

② 《在马克思主义旗帜下》，1922年版，第1-2期合刊，第73页。参看《自然科学哲学问题丛刊》（第一期），1979年版，第81页。

从这些话里可以看出，季米里亚捷夫认为祸根不在于哲学反动派的积极活动和站在不自觉的、不彻底的"自发的"唯物主义立场的自然科学家在哲学上的软弱无力，而在于……进行实验室实验的实验技术手段不足。

读了这篇文章以后，列宁在同一杂志随后一期（1922年3月第3期）上的《论战斗唯物主义的意义》一文中，对季米里亚捷夫实质上是实证主义的立场给予了坚决性的批评。虽然没有直接点季米里亚捷夫的名，列宁却在根本上驳斥了他对某些现代自然科学家滚进唯心主义的原因的解释。

首先，列宁指出，（他在1908年也是这样做的），经唯心主义加了工的不是科学上空洞无物的东西，而是现代物理学的最杰出的发现，并且像从前一样，唯心主义者要利用这些发现的不可解释性、奇异性来进行投机。物理学的成就越是重要和显著，唯心主义者们越是以最大的热心冒充为它的同盟者，借以破坏唯物主义。列宁写道："必须记住，正因为现代自然科学经历着急剧的变革，所以往往会产生一些大大小小的反动的哲学学派和流派。"因此，列宁警告说，马克思主义哲学家必须注意自然科学领域的最新革命提出的问题。"季米里亚捷夫……曾经声明说，爱因斯坦（用季米里亚捷夫的原话来说，爱因斯坦本人并没有对唯物主义原理进行过任何积极的攻击）的学说已被各国资产阶级极大多数知识分子所利用，其实不仅爱因斯坦一人的遭遇如此，就是19世纪末叶以来自然科学界的许多大革新家，甚至大多数的革新家的遭遇都是如此。"

因此，同季米里亚捷夫宣称爱因斯坦的理论是唯心主义的空洞无物的东西相反，列宁把爱因斯坦看作是现代自然科学的一个伟大革新家。资产阶级哲学时髦的崇拜者抓住爱因斯坦和他的理论不放，这个事实在列宁看来，只是证明了爱因斯坦的发现的出色性和重要性。

至于季米里亚捷夫对哲学者们为什么会滑向唯心主义方面的原因的解释，那么在这里（联系到捍卫爱因斯坦的理论免受季米里亚捷夫方面的责难），列宁是这样反驳的："为了自觉地对待这种现象，（指唯心主义者们为了自己的利益而利用像象相对论这样的理论。——引者注）我们必须懂得，任何自然科学，（包括以实验为基础和以利用最现代化的技术手段为基础的一切自然科学。——引者注）任何唯物主义，（包括"自发的"，或者"自然科学的"唯物主义。——引者注）如果没有充分可靠的哲学论据，是无法对资产阶级思想的侵袭和资产阶级世界观的复辟坚持斗争的。为了坚持这个斗争，为了把它进行到底并取得完全胜利，自然科学家就应该作一个现代的唯物主义者，作一个以马克思为代表的唯物主义者。"[①]

列宁就是这样向季米里亚捷夫说明事情的本质的，因为季米里亚捷夫对爱因斯坦的理论原则上作了不正确的解释，并且建议把它当作所谓唯心主义的东西从科学中摒弃出去。只有从辩证唯物主义的立场出发才能揭示出相对论的真实的哲学和物理学内容，也只有从这种立场出发才能坚决打消唯心主义者和主观主义者想要抓住这个理论，并用反动哲学的精神来介绍它的意图。

为了理解列宁怎样能够在季米里亚捷夫发动的反对爱因斯坦的理论的不公正责难的浊流中看清在这里谈到的是真正伟大的发现，我们再引一段列宁读过的季米里亚捷夫的评论。关于爱因斯坦的极其抽象的原理，季米里亚捷夫写道："可是，这是否意味着我们必须无条件地赞同这些为健全的理智至少不能立即接受的假说呢？对这一点我们可以坚决回答：不！从爱因斯坦理论中得出的符合实际的全部结论，能够而且常常成功地借助其他理论用简单得多的方法得到，而且这些理论绝不包含任何不可理解的东西，与爱因斯坦理论所提出的要求也是毫无相似之处。"[②]

但是，像我们前面已经看到的，对于这个新理论与惯常的观念背道而驰，它的抽象性、它的似乎是不可理解的和奇怪的原理的运用，它的那些违反以前的习惯的和简单的观念的要求，列宁根本不认为是新理论的缺点，更不认为它是唯心主义的特征。诚然，唯心主义者们为了自己的利益，企图利用新物理学的所有这些特点。但是，要驳倒这种企图，必须指出所有这一类的反动倾向都是毫无根据的，而不是像季米里亚捷夫那样把新物理学的最伟大成就奉送给唯心主义者。这就是列宁在 1908 年的立场，同样也是列宁在 1922 年的立场。

列宁在 1908 年写道："人的智慧发现了自然界中许多奇异的东西，并且

---

① 列宁：《列宁全集》（第33卷），中共中央马克思恩格斯列宁斯大林著作编译局编译，人民出版社，1961年版，第204页。

② 《在马克思主义旗帜下》，1922年，第1-2期合刊，72页。参看《自然科学哲学问题丛刊》（第1期），1979年版，第80-81页。

还将发现更多的东西，从而扩大自己对自然界的统治，但这不是说，自然界是我们的智慧或抽象智慧所创造的，……"。①

而在 1922 年，列宁又再三指出，"欧洲各国经常出现的大多数时髦的哲学流派，从那些和镭的发现有关的哲学流派起，到那些正在竭力想拿爱因斯坦学说作根据的哲学流派止……"②。

有理由设想，列宁不满意于他在季米里亚捷夫的评论中读到的关于相对论的片面的、偏颇地编造成的报道。可以认为在那以后的日子，列宁打算根据第一手材料来更深入地了解爱因斯坦的理论本身。③

但是，当时大量的日常工作非常忙，接着是重病，阻碍了列宁实现自己的愿望。

这就是在世界全人类科学思想史上，这三位伟大人物——恩格斯、爱因斯坦和列宁从 19 世纪到 20 世纪历时数十年中彼此进行特殊的接触的情形。全世界正在纪念伟大的现代物理学家阿尔伯特·爱因斯坦 100 周年诞辰的时候，我们现在想要提一提这个情况。

（译自《哲学问题》1979，第 3 期）

---

① 列宁：《列宁全集》（第 14 卷），中共中央马克思恩格斯列宁斯大林著作编译局编译，人民出版社，1961 年版，第 297 页
② 列宁：《列宁全集》（第 33 卷），中共中央马克思恩格斯列宁斯大林著作编译局编译，人民出版社，1959 年版，第 199 页。
③ 关于这一点有下述事实可以证明：在克里姆林宫列宁的住处和办公室陈列馆的图书室里，存放着国家出版局在那些年里出版的一些关于相对论的书籍和小册子。

附录 C　论列宁分析自然科学家
　　　唯物主义的某些迫切问题 *
——纪念列宁诞辰 115 周年

随着自然科学认识的世界观方面意义的增长，加强列宁嘱咐的关于马克思主义哲学家同自然科学代表人物的联盟的实际需要，促使人们对作为这一联盟唯一能赖以建立的那个根本基础——马克思主义作理论论证。因此，在 19～20 世纪资产阶级自然科学家世界观中占优势的那种唯物主义形式，即列宁在《唯物主义和经验批判主义》中所如此重视的自然史（自然科学）唯物主义，不能不引起马克思主义哲学家们的注意。正是在这部著作中，列宁确定了它的本质、基本特征、发展趋向，指明了它的矛盾及克服这些矛盾的根本道路。列宁思想的非同一般的内容和深刻性，决定着对列宁遗产作为解决世界观和科学方法论的迫切问题的根本基础进行分析的必要。在我们的哲学文献中，特别是在阿布拉什涅夫、阿列克谢耶夫、卡尔平斯卡娅、凯德洛夫、马尔丁内切夫、帕斯图什内、弗罗洛夫、尤尔洛娃娅等作者的著作中，都很注意分析自然史唯物主义的不同方面和列宁对它的解释。同时，仍有不少有关它的特征、类型、发展趋向的问题，以及唯心主义认识论对自然科学的影响的性质，需要进一步分析和领会。

---

* 原文作者为里·尤·梅尔宗、沃·伊·奥西波夫，杜镇远译，沈真校。译文原载于《自然科学哲学问题丛刊》，1985 年 4 期。

1. 列宁论自然史唯物主义的特征

大家知道，列宁把自然史（自然科学）唯物主义、自然科学家唯物主义确定为"绝大多数自然科学家对我们意识所反映的外界客观实在的自发的、不自觉的、不定型的、哲学上无意识的信念"[①]。就在这里，列宁谈到自然科学家的自发的唯物主义同哲学唯物主义不可分割的联系。而这种联系的存在，却被唯心主义所掩盖或抹杀了。从这一定义本身来看，上述每一个特性的下列认识论底蕴，已经显而易见。它不仅在于划分了哲学基本问题的两个方面，而且首先在于揭示了理论认识概括怎样被科学家们用来论证自己对外界实在性的确信和认识外界的可能性。从这些论点可以看出，对他们理解唯物主义的不同尺度，论证唯物主义根本范畴的不同层次，以及各具体科学本身的初始概念和原则的认可，对社会上流传的各种哲学思想和流派——不论是唯物主义的还是唯心主义的不同态度，也就是对自然科学家的唯物主义的程度不同的哲学成熟性，它的哲学、认识论内容的程度不同的科学性的认可。同时，列宁分析认识论问题的整个进程表明，研究认识主体在自然科学本身中的活动，估计社会特性和实践作为主体基础的其他特点，必须以把自然史唯物主义的认识论方面同社会方面、社会方面及社会心理学方面统一起来考察为前提。这些论点毋庸置疑的意义在于，它们使人有可能描述科学的世界观问题的核心和认识论重点，确定应据以分析和评价自然科学家观点和整个自然史唯物主义的水平。当自然科学的世界观问题往往被归结为理解得极其狭隘的本体论问题时，这就尤为重要了。

列宁的这些论点的重要性在于，它们有助于我们看清科学的那种世界观层次的复杂性、多面性。这种世界观的层次不是显而易见的，有时只有通过科学的结论和结果才能显现出来。它们在一些矛盾的，有时相互排斥的倾向中被揭示出来，科学家的世界观即由这些倾向逐渐形成。这种世界观的主要路线是唯物主义路线，它同资产阶级社会意识形态的影响背道而驰，是由科学认识活动的实践所指使的。当关于自然科学家世界观的自发性的论点被作简单化、片面化的理解，有时被我们理解为超越科学家世界观的其他一切特

---

① 列宁：《列宁选集》（第 2 卷），中共中央马克思恩格斯列宁斯大林著作编译局编译，人民出版社，1972 年版，第 353 页。

性，特别是关于 19 世纪科学家的哲学探索的观念，因而导致把他们的世界观与由于朴素和"本能"而无需进行分析的"朴素实在论"相等同的时候，充分估计上述科学认识活动的全部复杂性就尤其重要。

对科学家世界观作简单化、片面化解释的类似倾向，在很大程度上，正在被前面已经提到的作者们的著作，特别是近年来一些富有内容的研究著作所克服。由于这些著作的基本论点并没有引起反对意见，我们将不再重复其中划分的自然科学家世界观的一些特性。但是，有必要谈谈我们认为很重要的一个问题。

在《唯物主义和经验批判主义》中，列宁谈到不同水平上的自发的唯物主义，谈到"朴素实在论"，谈到体现在自然科学家们论据较充分的理论世界观中的唯物主义，这种唯物主义表现为"怯懦的"、"羞答答的"、不彻底的、没有充分认识的唯物主义的不同形式。由于它是被专门从事科学研究、以非系统方式提出世界观结论的科学家们所发展的，所以就加深了它的自发性。而资产阶级社会把反对唯物主义的成见强加于群众的那种条件，也加深着这种自发性，迫使科学家害怕作出自己的世界观结论，甚至逃避这种结论。然而，也存在另外一些自发性因素，即科学和实践的内容迫使科学家甚至违背他们自己的意志，接受他们所不得不接受的最唯物主义的结论，因为只有唯物主义才有机地符合科学精神，这可以说是自发性的一种积极体现。自然科学家只有在自觉接受和掌握辩证唯物主义的道路上才能克服这些矛盾。

列宁所划分的自然史唯物主义的特性，说明这种唯物主义是真正科学的唯物主义哲学世界观形成中的一个中间阶段。科学家本人还没有充分认识和表述的自然史唯物主义，按其客观特性而言是科学家哲学世界观的一种特殊形式。

2. 自然史唯物主义的类型问题

在阐明科学家们形成唯物主义观点的特点时，列宁揭示的不仅是他们世界观中的一般东西，而且是他们每一个人的个别特点。不论是谈论海克尔或赫胥黎，黑尔姆霍茨或波尔茨曼，赫兹或里凯尔，以及其他的科学家，我们处处都能十分明确地感觉到，他既谈到他们的唯物主义信念，他们的怀疑和动摇的程度，也谈到他们对唯物主义本身及其出发思想和概念的态度，和他们对唯心主义的态度，既谈到他们对自己观点的主观评价，也谈到他们观点的客观意义。所有这一切，都不仅使人能揭示自然史唯物主义的一般特性，而且也有可能划分它的类型形式。

在我们的文献里，关于自然史唯物主义的类型问题有不同的提法。比如，把唯物主义的自发性程度或它的辩证性程度作为基本的分类标志划分出来。有时把这些标志结合在一起，使分类根据不明确。在第一种场合，它的片面性是很清楚的。其实在《唯物主义和经验批判主义》中，对自然史唯物主义特性的评论可以有多种尺度，那是很明确的。这种多尺度性说明，把自然史唯物主义形式按某一个根据，或甚至按上述两个根据去分类都是明显不够的。事实上，列宁首先注意的是自然科学家对作为科学的哲学本身的态度，以及他们对这种哲学必要性的认识的复杂性和多面性，他们对哲学必要性的认识和参与哲学研究的不同程度。例如，如果在论及里凯尔时，列宁曾经写道：他没有从事认识论的研究，但却"坚持了自发的唯物主义观点"[1]，那么在论及福尔克曼时，列宁强调说，这位"物理学家写过许多有关认识论问题的著作。他也像极大多数的自然科学家一样，倾向于唯物主义——虽然是一种不彻底的、怯懦的、含糊的唯物主义"[2]。同时，列宁在揭示自然史唯物主义自发性的不同表现时，也注意自然科学家观点中的唯物主义内容的无意识性的不同程度，他们在解决哲学基本问题时对本体论和认识论观点的非单一的态度，他们对"唯物主义"概念本身，以及对唯心主义的差别，他们与唯心主义对抗的不同形式和方式。上述所有被具体揭示出来，适用于物理学家、生物学家、生理学家观点的因素，都内在地包含在前述自然史唯物主义的定义中，涉及它的不同的认识论侧面。同时，还必须考虑自然史唯物主义的一些特性，它们是同列宁关于辩证法是与发展中的自然科学材料相符合的、唯一形式的原理相联系的。

由于十分明显的原因，列宁优先以物理学家（波尔兹曼、赫兹、基尔霍

---

① 列宁：《列宁选集》（第2卷），中共中央马克思恩格斯列宁斯大林著作编译局编译，人民出版社，1972年版，第238页。

② 列宁：《列宁选集》（第2卷），中共中央马克思恩格斯列宁斯大林著作编译局编译，人民出版社，1972年版，第167页。

夫、里凯尔、福尔克曼）、生物学家（海克尔、赫胥黎）、生理学家（弥勒、黑尔姆霍兹）的观点为例，揭示了自然史唯物主义的基本特性。对比这些科学家的观点，说明了自发唯物主义依各科学对象的特点、它们的范畴体系，被研究客体的本体论特性和对客体认识过程的认识论特性的具有一系列专门的特征，带有种种彼此不同的认识论困难和认识上的矛盾，因此也具有辩证法和形而上学到达其研究过程的专门特点。

所有上述情况清楚证明，对自然史唯物主义的形式依其特征的多样性和复杂性的分类，应当考虑到各种因素的差别。在我们看来，对于这种分类的根据是：①科学家们对自然科学与哲学联系的认识程度；②对哲学基本问题第一方面的解决方案；③对哲学基本问题第二方面的解决方案；④对唯心主义的态度；⑤对根本的方法论解决方案的表述和论证程度及其使用的哲学范畴的充足程度；⑥方法的特点（解决方法的辩证性和形而上学性）；⑦世界观与科学的对象相比、与科学在其一定发展阶段上的材料性质相比所具有的特点；⑧提出和解决社会问题的特点；⑨科学家评价自己观点的特点。

当然，以上所提的方案，我们既不认为是无可争辩的，也不认为是详尽无遗的。但即使如此，我们认为这个方案能更加深入地揭示自然科学家世界观的基本特性，从他们观点的积极内容上提出其独特点，显示出由于他们形成其唯物主义世界观的自发性，由于他们身上发生社会上占统治地位的意识形态同自然科学认识的唯物主义内容的冲突而产生的困难和矛盾。

在我们看来，这样的自然史唯物主义分类法，将有助于更深入地分析自然科学家世界观形成的进程。这种世界观由于科学内在因素和社会文化因素的全部总和的作用而发生变化。同时，上述分析自然史唯物主义类型的种种依据，将能更充分地揭示出，它从开始到今天的发展趋势。

3. 20 世纪的自然史唯物主义

"自然史唯物主义"概念很少用来评述现代自然科学家的世界观。某些作者认为，这一概念已经陈旧，不适应现代自然科学世界观的水平。然而，对科学家，甚至包括那些在最大程度上反应新观念和新倾向的科学家的观点的分析表明，他们在水平、方法、语言、问题范围上的变化，并没有根本取消前述的"自然史唯物主义"，同样的"自然科学唯物主义"概念所包含的那种类型特征，也没有创造出某种根本不同的世界观类型。当然，这并不排除 20 世纪的自然史唯物主义存在一系列可以成为专门研究对象的专门特点。

20 世纪科学的发展，以及同被研究现实的新水平和新方法、同各科学之间，特别是自然科学和数学之间联系的性质特点有关的认识困难，向科学家们提出了极其复杂的认识论问题，——从物理学实在性问题到无论是在科学经验水平还是理论水平上认识主体的特点，以及与此有关的既涉及实在本性、也涉及对它的认识的种种原则（互补性原则、对应原则、不确定性原则等）。这些问题的提出，对自然科学问题的哲学内容和哲学观念（马克思主义哲学的影响是毫无疑义的，不管过去对它采取什么态度）的更深刻的了解，以及往往更为明确的唯物主义的哲学选择，虽然在选择之前也不无摇摆和偏向的唯心主义——所有这些都证明 20 世纪科学家的世界观，他们的认识论观点存在一系列专门的特点。科学的社会"出路"的扩大，科学家们较大程度的社会积极性，以及他们观点形成的更为复杂的多阶段性，就是这一系列特点的表现。

4. 自然史唯物主义和自然科学家的唯心主义

如果认识论分析能更广泛而多方面地显现那些沿着唯物主义路线前进，并且在基本和主要方面不放弃这条路线的科学家的世界观，那么，当问题涉及他们背弃唯物主义的时候，认识论分析就更为重要。列宁以黑尔姆茨和赫胥黎的观点为例就说明了这一点。

认识论及其原则和内容则在更大程度上成了批评自然科学家直接偏向唯心主义的基础。列宁在对待马赫、彭加勒、奥斯特瓦尔德、杜恒和其他某些自然科学家的例子上就详细探究了这一点。

从列宁的原理出发，我们有权提出下列问题：一度走上唯心主义道路的科学家，他们的观点中是否反映（如果是，那么如何是如何反映的）唯物主义的内容和倾向？自然科学家的唯心主义同传统形式上的哲学唯心主义是否可以画等号？这个问题之所以极为重要，正是因为必须考虑自然科学的"唯物主义精神"，它的可能性和界限；它之所以重要，也是因为我们对个别自然科学家摆脱唯心主义俘虏的道路总是很感兴趣。问题的重要性还由于必须始终一贯地和客观地不仅对唯物主义自然科学家，而且对那些因受交错复杂的认识论因素和社会因素的影响而沦为唯心主义认识论俘虏的科学家的思想作出评价。

列宁对不同的唯心主义学派和思潮作了细致的分析，并指出他们在主要点——唯心主义上的相似之处。同时也指出了由不同因素引起的一系列专门特征。自然科学中的唯心主义是受这一或那一科学的特殊的思想范围（如"物理学"唯心主义和"生理学"唯心主义，"唯能论"等）所制约的。这些观念所涉及的，一般都不是局部问题或知识发展的已往阶段，而是与获得崭新的、传统的科学观念所无法容纳的性质上新的结果相联系的。对辩证方法的忽视，使自然科学家在认识论上同占统治地位的哲学唯心主义思潮相接近。类似的接近无疑具有这样的危险，即官方的唯心主义学派正在利用自然科学家的权威来加强自己的影响。同样，自然科学家本身也正借此强化自己的唯心主义论据，这种论据会使他们更加远离科学材料所指使的世界观结论。

但是，必须看到（列宁注意这一点绝不是偶然的），科学家们贯彻唯心主义路线的自发性和自觉性的程度是不同的。例如，在强调马赫的哲学同经验批判主义的直接联系时，列宁同时也注意到，至于杜恒，就"谈不上有什么自觉的康德主义"，关于彭加勒、杜恒、甚至毕尔生，列宁写道："他们有许多共同点，……但是他们的共同点不包括整个经验批判主义学说，特别是不包括马赫关于'世界要素'的学说。后三个物理学家甚至都不知道这两种学说。"① 列宁在强调唯心主义在某些自然科学家的观点中表现程度不同的同时指出，同唯心主义认识论尖锐对立的唯物主义见解的存在，使他们所有人接近起来。例如，关于杜恒，列宁写道："在好多地方，他非常接近辩证唯物主义。"② 在彭加勒的观点中，列宁不仅看到了唯心主义，"带有肯定的信仰主义结论的最反动的唯心主义哲学""一下就抓住了"他的理论，而且把彭加勒承认"感觉是由实在的对象在我们身上唤起的，认为对科学的客观性

---

① 列宁：《列宁选集》（第 2 卷），中共中央马克思恩格斯列宁斯大林著作编译局编译，人民出版社，1972 年版，第 309-310 页。

② 列宁：《列宁选集》（第 2 卷），中共中央马克思恩格斯列宁斯大林著作编译局编译，人民出版社，1972 年版，第 317-318 页。

的‘信仰’就是对外部对象的客观存在的‘信仰’"① 这一点称为"最纯粹的唯物主义"。对奥斯特瓦尔德也是这样，在他的"唯能论"中，对能量的理解绝不是单一的："……在许多场合下，甚至可能在绝大多数场合下，也把能量理解为物质的运动。"② 最后，列宁还更加充分、更加展开地谈到马赫的动摇性和哲学立场的两重性，谈到一系列这样的环节，在那里，他"越过了贝克莱主义的一切荒谬之处"，在有的地方，对他说来，"贝克莱主义的深奥的思辨不屑一顾"③。

科学家们在唯心主义和唯物主义之间动摇和摇摆，他们对唯心主义的离弃，首先是受科学材料制约的。大家知道，在认识论上以实证主义和它的思想前驱休谟主义这样的形式出现的唯心主义，是由丧失本体论基础或正好把认识论关系、认识实在性加以本体化的"没有前提的"认识论沿袭下来的。

在寻求解决物理学面临的理论认识问题时，马赫也沿袭了这条道路，他不仅成了实证主义的继承者，而且是实证主义哲学一个变种的创造者之一。但是，他们能否充分地、彻底地提供关于物理客体、关于空间和时间、关于物理科学中认识和谬误等问题的满意答复呢？既然物理学知识这样那样地指导着他的观点（也指导过杜恒、奥斯特瓦尔德、彭加勒的观点），那么，"没有前提的"认识论就很难坚持。在马赫那里，现实的世界有时作为物理东西，有时作为现实的事实，有时作为经验——马赫把经验同对"内省"的哲学思考对立起来——突出出来。其他的唯心主义物理学家也明显地具有这样的倾向，这就使列宁能这样指出："……物理学家们违反自己的唯心主义坚持了实在论的基本前提，……"④ 这一情况就使人能得出关于在根本认识论观点上遵循唯心主义路线的自然科学家世界观中存在着专门特征的结论。

---

① 列宁：《列宁选集》（第 2 卷），中共中央马克思恩格斯列宁斯大林著作编译局编译，人民出版社，1972 年版，第 297，298 页。
② 列宁：《列宁选集》（第 2 卷），中共中央马克思恩格斯列宁斯大林著作编译局编译，人民出版社，1972 年版，第 278 页。
③ 列宁：《列宁选集》（第 2 卷），中共中央马克思恩格斯列宁斯大林著作编译局编译，人民出版社，1972 年版，第 39，66 页。
④ 列宁：《列宁选集》（第 2 卷），中共中央马克思恩格斯列宁斯大林著作编译局编译，人民出版社，1972 年版，第 292 页。

同官方的资产阶级哲学学派的唯心主义相反,把这些特征区分出来的重要性在于,它不仅确认了自然科学唯物主义精神的力量和不可遏止性,而且,提出了为使科学家们克服自己的唯心主义谬论、为客观地评价他们观点而斗争的任务。不论在《唯物主义和经验批判主义》中还是在《论战斗唯物主义的意义》一文中,列宁都表述了这一任务。

迄今为止,我们往往只考虑和利用列宁分析自然科学中唯心主义动摇的批评方面。然而,尽管在俄国甚至有相当一部分社会民主党人有接受马赫主义的一切危险,列宁仍以他固有的客观性和彻底性指出了可以在马赫的学说中划分出来的那种合理的内容和那些唯物主义的因素,且不说其他一些自然科学家了。充分估计列宁分析的两个方面,能使我们更加展开地因而也更令人信服地揭示科学家们背离同自然科学内容具有有机联系的唯物主义认识论的事实所提供的"认识论教训"。这一教训证明,人们不可避免地要付出哲学抽象的代价,并且不仅在哲学上,而且在自然科学上,都毫无疑义地会带来损失。自然科学自身将十分坚决地"报复"那些唯心主义科学家。

现代自然科学认识的自发唯物主义和自发辩证法的倾向,来源于科学资料本身,这种倾向决定了自然史唯物主义作为同自然科学家中间一切唯心主义杂质和动摇相对立的世界观形式保持下来,用列宁的话说,把它变成"日益宽广和坚固的磐石……"①。

5. 自然史唯物主义和唯物辩证法

在科学家们哲学世界观的形成上存在两条路线,一条直接来自科学资料,而另一条来自哲学本身。在它们完全统一的情况下,必须考虑它们已适用于社会主义社会中的科学。在科学家们的世界观上,自觉实现辩证唯物主义的同时,并不排除一定的自发性因素。科学家们活动的社会的和阶级的,有助于他们形成辩证唯物主义哲学观点的条件,并不是自然而然地实现的,因此形成科学家们世界观的崭新机制的创立也不是自动实现的。

从辩证唯物主义哲学同任何形式的唯心主义和形而上学都不可调和这一点上消除作为对自然科学与辩证唯物主义哲学的联系尚缺乏认识的自发性,

---

① 列宁:《列宁选集》(第2卷),中共中央马克思恩格斯列宁斯大林著作编译局编译,人民出版社,1972年版,第358,257页。

并不能最终取消像这样一些自发性因素，如对哲学基础和科学结论的表述尚不充分，哲学本身的原理尚不足以对它们作充分的论证，或这种论证还不够严密。领先学科的成功，它们的对其他自然科学部门发生重大影响的新的成就，在至今还很少研究的"时髦"机制的功能发挥过程中，会在科学认识上导致对这些科学的认识可能性评价过分和绝对化，使它们的方法和概念机械地搬用到别的科学和哲学本身中去。在这一点上，自发性作为对科学的世界观内容论证不充分的表现也很明显，而这种表现只能使哲学威信扫地，使自然科学迷失方向。也必须从这个角度评价根据自然科学代表人物作出的具有自然哲学性质的那种世界观解答，当他们没有考虑和分析辩证唯物主义的哲学原理与自然科学资料的实际联系而诉诸这种原理，诉诸辩证唯物主义的威望的时候，特别是当上述解答被宣布为科学上唯一可以接受的路线的表现，而其余一切解答都是对这条路线的偏离的时候。

从上述一切观点看，列宁关于辩证唯物主义哲学和现代自然科学结成自觉联盟的原理，具有特殊的意义和迫切性。列宁强调自然科学家和哲学家结成联盟的必要性绝不是偶然的，他所强调的正是联盟，而不是把它们固有的职能混合在一起。而联盟这一概念所表达的，不是暂时性的口号，而是哲学和具体科学对象的特殊性的指使，也是自然科学家和哲学家活动的职业形式，他们的日益加强的专业化的指使。

但是，也不能忘记别的原理。列宁总是强调指出，要在自然科学中自觉贯彻辩证唯物主义原理，要使它们的真正联盟能充分实现，只有在考察自然和社会上实现统一的情况下才有可能。对于自然科学家来说，这意味着不仅必须理解和实行一般哲学唯物主义原则，而且意味着掌握历史唯物主义，而对于哲学来说则意味着关于自然的科学和关于社会的科学在论证唯物主义和辩证法原则上的统一。这后一个要求目前特别具有迫切意义。

恩格斯关于唯物主义的形式将由于科学上的发现而改变的著名论断，有时被引用时却忽略了"甚至"这一重要的用词，这就赋予整个见解以完全不一样的意思。而列宁在《唯物主义和经验批判主义》中所特别加以突出的恰恰就是这一环节。"恩格斯直率地说：'甚至随着自然科学（姑且不谈人类历史）领域中每一个划时代的发现，唯物主义也必然要改变自己的形式'。"①
这些话再次证实了伟大的列宁著作的思想的永恒价值和科学意义，这些思想
是发展辩证唯物主义哲学的基础。

（译自《哲学科学》，1985 年，第 2 期）

---

① 列宁：《列宁选集》（第 2 卷），中共中央马克思恩格斯列宁斯大林著作编译局编译，人民出版社，1972 年版，第 257 页。

后记

　　在本书将要付梓之际，我对促成和帮助本书出版的所有朋友和同志，表示诚挚的谢意。薛勇民教授和殷杰教授从一开始就给予了满怀热情的支持。薛勇民教授从初稿的印制到定稿的完成，提供了全程的帮助。殷杰教授仔细阅读了自序和导论，字斟句酌，提出了多处宝贵的修改意见。张晋斌同志审读了序言的初稿，建议将自序和导论分开，避免了序言过于冗长的弊端。武高寿教授帮助校对了全书的初稿。王继创博士帮助重新编排和校对了送审稿。赵斌副教授在作者与出版社责任编辑之间往返沟通，辛勤尽力。责任编辑牛玲女士对全部书稿的编排提出了很专业的建议，使得本书的论述结构更加明晰，重点更为鲜明突出。作者对他们为本书出版付出的辛勤努力，深致敬意。

作者谨识

2014 年 12 月 5 日